城市树木栽植与管护技术丛书

U0673806

城市树木栽植技术

主　编：刘　勇　杜建军
副主编：赵和文　李国雷　张　博

中国林业出版社

图书在版编目（CIP）数据

城市树木栽植技术／刘勇，杜建军主编．—北京：
中国林业出版社，2017.9
（城市树木栽植与管护技术丛书）
ISBN 978-7-5038-9230-1

Ⅰ.①城…　Ⅱ.①刘…②杜…　Ⅲ.①城市林–栽培
技术　Ⅳ.①S731.2

中国版本图书馆 CIP 数据核字（2017）第 189345 号

中国林业出版社·生态保护出版中心
策划编辑：刘家玲
责任编辑：曾琬淋　刘家玲

出版	中国林业出版社（100009　北京市西城区德内大街刘海胡同 7 号）
	http：//lycb. forestry. gov. cn　电话：（010）83143576　83143519
发行	中国林业出版社
印刷	北京中科印刷有限公司
版次	2017 年 9 月第 1 版
印次	2017 年 9 月第 1 次
开本	880mm×1230mm　1/32
印张	8.5
彩插	16P
字数	260 千字
定价	30.00 元

序

    树木是城市绿化的重要植物材料，在城市绿化、美化和营建适宜人居环境方面发挥着重要作用。树木不同品种的优良特性只有在与之配套的栽植与管护技术措施下才能得到最大限度发挥，即"良种良法"。为此，"北京园林绿化增彩延绿科技创新工程"将树木栽植与管护技术作为一项重要内容开展相关研究，以便促进栽植与管护技术的提升。本系列丛书《城市树木栽植技术》《城市树木整形修剪技术》和《城市树木管护技术》就是该工程的一个小成果。

    本系列丛书以普通读者为对象，从栽植、整形修剪、管护三个方面介绍了城市树木培育过程中的相关技术，并选取城市绿化中常用的150个树种作为具体技术案例，其中针叶树26个，阔叶树55个，灌木和藤本69个。本系列丛书的一个亮点是将一般栽培技术和具体树种的特点有机结合进行具体分析，便于读者有针对性地理解和掌握相关技术。希望本系列丛书的出版对促进城市树木栽培技术的提高起到积极作用。

王小平

北京市园林绿化局副局长

前　言

　　据统计，目前我国城镇人口已达 7 亿多人，而且城市化进程还在不断推进，大多数人生活在城市已是现实。为此，如何营造宜居的城市环境已成为大众关心的重要问题。树木在改善城市生态环境、提高人们生活品质方面发挥着不可替代的作用，而这些作用只有在科学合理的栽植与管护技术下才能充分发挥。在"北京园林绿化增彩延绿科技创新工程"资助下，我们编辑出版了城市树木栽植与管护技术系列丛书：《城市树木栽植技术》《城市树木整形修剪技术》和《城市树木管护技术》，希望对提高城市树木栽植与管护技术水平有所帮助。

　　《城市树木栽植技术》是该系列丛书的第一本，书的第一至第四章结合城市环境的特点，阐述了城市树木栽植的相关技术；第五章则以 150 种常见树种为例，说明了栽植技术在树种上的具体应用。该书由北京市园林绿化局、北京林业大学和北京农学院等单位的多位专家共同完成，其中刘勇和杜建军负责全书统稿，各章的编写分工如下：刘勇、陈晓第一章，赵和文、王建第二章，赵和文、柳振亮第三章，崔金腾、石爱平第四章，李国雷、张博、刘佳嘉、崔金腾、李金苹、周田田第五章，刘勇彩图摄影。

　　由于编者的业务水平和能力有限，书中难免存在错漏之处，欢迎读者批评指正。

编　者

2017 年 7 月 10 日

目　录

三、灌木与藤本栽植技术 /201

第一章
城市树木的生长特点

城市树木是指生长在城市的木本植物，包括各种乔木、灌木、木质藤本等。了解城市树木的生长特点，有利于在树木栽培过程中采取相应的技术措施管护好树木，使其更好地发挥人们所期望的功能和作用。

一、城市树木的生命周期

树木的生命周期是指从受精卵第一次分裂到树木死亡，是树木从生到死的全过程，其中人们肉眼可以观察到的阶段包括：种子在母树上形成，脱离母树的种子在适宜的环境下萌发、长成幼苗，随着枝、叶、根的扩展，长成枝繁叶茂、根系发达的树木，随后开花、结果，出现衰老，直到树木死亡。

这一生命周期中，经过了胚胎、幼年、青年、成年、老年的年龄阶段，它包含了生长和发育两种不同性质的变化。所谓生长，是指树木体积和重量的增长变化，如树干长高了、树枝长长了、树叶变大了等，是树木利用树叶光合作用产生的光合产物，经过代谢合成，使细胞不断分裂、增大和积累物质而实现的。所谓发育，是树木的结构和机能从简单到复杂的变化过程，即树木器官、组织或细胞在质上的变化，也就是新增加的部分在形态结构以致生理机能上与原来部分均有明显区别，如长出了花、果实等生殖器官。

树木生长和发育，既有密切联系，又有质的区别。生长是发育的基础，没有细胞增加和物质积累，就不会有生殖器官的形成。发育是在生长基础上形成的，而发育过程中又包含着生长。有时，又把单纯的生长称为营养生长，把发育尤其是开花、结果等称为生殖生长。树木的一生，既要长到其遗传基因所能到达的个体大小，还要繁殖后代，延续生命。因此，树木的生命周期既包含其个体经历从生到死的生长历程，也包含为"传宗接代"所做出的努力。

但是，树木的生命周期并不都是从胚胎、幼年、青年、成年、老年、死亡的这一完整过程。很多树木没有经历胚胎或种子阶段，而是起源于枝条、根段或树叶等营养器官，这就是常说的"营养繁殖"，其苗木称为"营养繁殖苗"。而用种子繁殖的苗称为"实生苗"，树可称为"实生树"。

1. 不同起源树木的生命周期特点

树木的起源方式或繁殖方式不同，其生命周期有各自的特点。了解这些特点，就能在城市树木栽培中采取相应措施，对树木进行管护，保证其健壮生长，充分发挥城市树木在环境保护、绿化美化以及其他方面的作用。

（1）实生树的生命周期

实生树是由种子繁殖而形成的树木，其生命周期包含了由合子开始至树木死亡的全过程。根据树木个体发育状况，一般可将树木的生命周期分成五个不同的发育阶段。

①胚胎期是从卵细胞受精形成合子开始到种子发芽为止。这一时期的前期是卵细胞受精形成合子，随后合子发育形成种子。该过程在母树体内完成，这时母树营养状况好坏对种子发育影响很大。从栽培管理角度而言，在这个时候应该给母树提供大量营养，适时灌水，防止土壤过于干燥或积水，注意改善土壤理化性质，风大的地方要给母树设置防护林或风障。

这一时期的后期是种子成熟。种子脱离母树后，一般不会马上发芽，而是呈现休眠状态。树种不同，休眠时间的长短不一。例如，桃100~200天，杏80~100天，黄栌、千金榆120~150天，胡桃、女贞60天，桑、山荆子、沙棘等约30天。也有少数树木种子无休眠期，如杨树、柳树、柑橘和枇杷等。在培育苗木时，应该根据不同树木种子的休眠特性，采取相应的种子处理方法，打破休眠，才能使种子正常发芽生长。

②幼年期是从种子萌发开始，到开第一朵花为止。这一时期树木从种子萌发、幼根生长，到随后幼茎出土、展叶、抽条等，都以营养生长为主，是树木积累营养物质的时期。这时树木尚未形成生殖器官，不能开花、结果。这一时期的长短因树种不同而变化很大。农谚"桃三杏四梨五年，枣树当年就换钱"，指的是桃长成能够结果的树要3年，杏树、梨树则分别要4年和5年，而枣树只要1年。另外，紫薇、月季、枸杞等当年播种当年就开花，幼年期不到1年；胡桃除个别品种只需2年外，一般要5~12年；梅花需4~5年；松树和桦树5~10年；银杏15~20年，红松则要60年以上。

在幼年期，树木幼苗可塑性大，适应性强，容易接受外界环境对它的影响，从而形成对新环境的适应。引种工作常常利用幼苗的可塑性对树木进行引种驯化，以达到使树木适应新环境的目的。例如，为了培养树木的耐旱性，常将幼苗置于干旱胁迫环境下进行锻炼，使其干旱时间长、湿润时间短，经过反复驯化培养，最终能极大提高树木的抗旱性。

利用幼苗的可塑性，也可以采取适当措施，延长或缩短幼年期，对树木开花、结果的时间进行控制。例如，加强土壤肥水供应，促进树木营养器官健康而匀称地生长，轻修剪，多留枝条，使树木根深叶茂，形成良好的树体结构，且多积累营养物质，为早开花、多开花打下良好基础。利用矮化砧和中间砧嫁接有利于苗木提早开花、结果。在定植初期的1~2年中，当新梢长至一定长度后，可适当喷施生长抑制剂，以促进花芽的形成，达到缩短幼年期的目的。

③青年期从开第一朵花起至大量开花为止。这一时期花、果形状逐渐稳定，树木可塑性比幼年期减小，遗传保守性增大，这时树木种

子的可塑性较大，是引种的好材料。青年期树木虽然可以开花、结果，开始了生殖生长，但仍然以营养生长为主，树木根系与树冠加速生长，是离心生长最快的时期。当树体达到或接近树木的最大营养面积时，便逐渐转入营养生长与生殖生长相平衡的过渡时期，此时结实量不多，果实种粒大，但空粒较多。这时期为 3~5 年，其长短主要取决于养护管理的水平。

④成年期从开始大量结出果实起，到结实量开始减少为止。这一时期的最大特点是：树木大量结实，种粒饱满，产量高，质量好；树冠和根系伸展达最大范围，形成最大营养面积，所能发挥的生态功能也最大；树木可塑性大大减弱，遗传保守性大大增强；对不良环境条件的抗性强。这也是树木生命周期中经历时间最长的时期，时间较长的如板栗、香樟、银杏、圆柏、侧柏等能达 1000 年以上，时间较短的如杨树、柳树等则能达几十年至上百年。

从栽培目的讲，维持这一时期越长越好。为此，应采取科学的土、肥、水管理措施，满足树体对养分的需求，保证树体健壮，防止树木早衰。还可通过细致的修剪，均衡配备营养枝、叶，使营养生长、开花、结果形成稳定平衡的状态。在花、果过量时，为了保证树体健壮生长，应适当进行疏花、疏果。

⑤老年期从结实量大幅度下降开始，到树木死亡为止。进入老年期，树木的生理功能明显衰退，新生枝条和根系减少，主干茎和主干根由远及近开始死亡，开花结果量越来越少，树木失去可塑性，抗逆性大大降低，树冠更新复壮能力弱，容易遭受病虫害。

就栽培技术措施而言，应根据树木的培育目的而定。对于一般树木，这时应采取更新措施，如萌芽更新或者砍伐后重新栽植。对于古树名木，则应采取更新复壮措施，如施肥、浇水、修剪等，从而延长其生命周期。

以上五个时期就是树木从"生到死"的生命周期，也可以称为"大周期"，与之相对应的是"小周期"，即年生长周期（下面有章节专门论述）。树木大周期套小周期，自始至终均贯穿着新生与死亡的矛盾，但这些矛盾的发展趋势和比例有所不同。总的规律是：在成年期以前，新生的趋势大于衰老的趋势；成年期以后，衰老的趋势大于新生的趋势。

（2）营养繁殖树的生命周期

营养繁殖树是由植物的枝、芽、根、叶等营养器官发育而成的树木。它们不是从胚胎开始发育，而是进行着与母体相似的生命延续活动，因此其遗传基础与母体相同，其发育阶段是原母体树的继续。与实生树相比，营养繁殖树的生命周期有自身特点，其特点决定于繁殖材料取自母树的什么部位。如繁殖材料取自发育已经成熟的营养繁殖母树，或取自实生成年母树树冠外围枝条，在成活时就具备了开花的潜力，但在繁殖成独立植株的头几年，由于树体生长、营养积累和内源激素不足不能开花，一般需要经过一定年限的营养生长才能开花、结实。如繁殖材料取自实生幼树的枝条或成年树干下部幼年区的萌生枝条、根蘖枝条，因其发育阶段处于幼年，尚不能开花。

与实生树不同，营养繁殖树生命周期没有胚胎阶段，幼年阶段因所采用繁殖材料不同而长短不一。所以，营养繁殖树生命周期主要划分为幼树期、成年期和老年期。幼树期的生长特点与实生树的幼年期和青年期类似，而成年期和老年期的生长特点与实生树相同。

由于营养繁殖树的特点，乔木的营养繁殖材料多采用实生幼树或成年植株下部幼年区的萌生枝条、根蘖枝条，以延长营养生长。而灌木的营养繁殖材料多用已经成熟的营养繁殖的母树，或取用实生成年母树树冠成熟区外围的枝条，这有利于及早开花、结果。

2. 树体发育的空间特点

以上描述的树木生命周期特点，主要是指树木随时间变化在生长发育上表现出的特点。然而，同样是一株成年树木，在空间结构上，也表现出不同的发育特性。了解这一特点，对城市树木的科学培育有重要意义。

树体发育空间特性的一般规律是：越接近树干基部，年龄越大，但发育阶段越年轻；相反，离树干基部越远，年龄越小，而发育阶段则越老。通常以花芽开始出现的部位作为幼年阶段过渡的标志，最低花芽着生部位以下空间范围内不能形成花芽的区域，其发育属于幼年阶段（图1-1，J）。树冠和根系的最外层属于发育的老年阶段（图1-1，S），枝条也许是新长出的，但发育阶段已衰老。然后是成熟阶段（图1-1，M）和生长阶段（图1-1，G），分别相当于实生树生命周期中的成年期和青年期。

从树上采集枝条进行营养繁殖时，应特别注意其发育阶段。如果树种本身属于不容易生根的类型，就应从发育的幼年阶段采集繁殖材料，即成年树干下部幼年区的萌生枝条或根蘖枝条；若用树冠外围的老年阶段枝条，则很难生根成活。

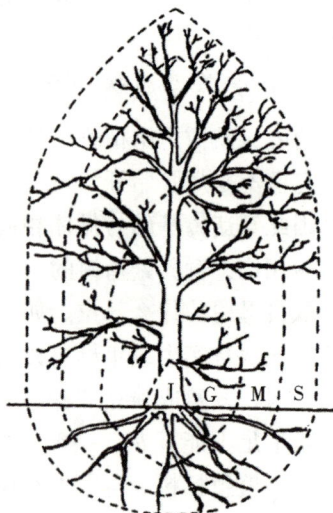

图 1-1　树木生长发育阶段的空间分布（赵和文）

J. 幼年阶段　G. 生长阶段
M. 成熟阶段　S. 老年阶段

二、城市树木的年生长周期

树木每年随外界环境条件变化在形态和生理上产生的周期性变化，称为树木的年生长周期。最典型的莫过于北方的落叶树，在一年四季中表现出明显的生长期和休眠期的循环交替。春天随着气温升高，原本光秃的树枝开始萌芽进入生长期。有的树木先开花，后枝叶生长，如玉兰、贴梗海棠、梅花等。有的则先发芽、长叶，然后开花、结实，如泡桐、石榴、月季等。秋季随着温度降低，树木逐渐停止生长。进入冬季，树叶脱落，树体内水分减少，木质化程度提高，进入休眠状态，以适应严寒。常绿树没有明显的落叶阶段，落叶是新老叶的交替，其生长期和休眠期的区别，主要看其芽是否萌动、枝是否在生长。

生长期和休眠期的长短主要受温度或水分等因素的控制。纬度直观地反映出温度在空间上的变化情况，纬度越高，温度越低，生长期越短，休眠期越长；反之，纬度越低，温度越高，生长期越长，休眠期越短。同一个纬度的山区，海拔高度不同，温度各异，也会表现出与纬度类似的规律。有的低纬度地区，虽然一年四季的温度都适合树木生长，但水分差异却很大，有明显的旱季和雨季之分，受水分限制，树木在形态和生理上同样会表现出随干旱季节变化的特点。

树木年生长周期一般分为以下几个时期：

1. 生长期

生长期从春季树液流动开始，至秋季落叶为止。这一段时间树木生长旺盛，生理活动最活跃，新陈代谢快。初期主要是树木细胞分裂，树体不断扩大，生物量增加。生长至一定程度后，转入生殖生长，产生花、果、种子等生殖器官。生长期的长短与当地气候有关，气候越温暖，生长期越长。生长期的进程，如开花时间、长叶时间、果实成熟期等，与树龄、树势和栽培条件有关。生长期又可以根据树木生长的进程，具体划分为以下几个阶段：

（1）萌芽

通常以芽的萌发作为树木从休眠期转入生长期的形态标志，但生理活动则更早。这时叶芽或花芽膨大，长出幼叶或露出花瓣。树种不同，长花或长叶的先后顺序各异。先花后叶树木，一般是花芽首先萌发。先叶后花树木则是叶芽先萌发。混合芽则花、叶同时萌发。

萌芽早晚主要与温度有关。通常落叶树在昼夜平均温度达 5℃ 以上开始发芽，以刺槐为例，在南京地区日平均温度 8.9℃ 时叶芽萌发。但常绿阔叶树对温度要求较高，如柑橘类需 9℃ 以上。

（2）高径生长

萌芽后，随着抽枝展叶，新梢开始生长，一直到顶芽出现，高生长停止为止。这一时期是树木生长量最大的时期，一般开始新梢生长比较缓慢，一定时期后高生长和枝叶生长明显加快，随后进入缓慢生长。树木新梢生长次数及强度受树种、地区、年龄及环境条件等的影响，有些树种每年只抽梢一次，如胡桃、油松等。有些树种一年可以多次抽梢，形成 2~3 次新梢，分别称为春梢、夏梢和秋梢，如马尾松、白兰、桂花。在较好的环境条件下，柑橘、桃、葡萄等一年内能抽梢 2~4 次。

枝条在高度旺盛生长后即转入加粗的径生长，其特点是枝条粗度增加，营养物质积累，植物组织充实，枝条由柔嫩转为木质化，抗风折倒伏能力增强。一般高生长高峰和径生长高峰相互错开，在高生长旺盛时，径生长较慢，当高生长高峰过后 1~2 周，才出现径生长高峰。在秋季一般当高生长停止后，径生长仍在持续。以油松为例，高生长主要在春季，3 月下旬芽开始膨大，5 月上旬前生长迅速，5 月下旬停止生长，形成新的顶芽，生长期约 60 天。而径生长从 5 月中、下旬开始，7 月中、下旬有一段时间生长缓慢，8~9 月出现第二次生长高峰，一直延续到 11 月初结束，生长期约 5 个月。

(3) 花芽分化

由叶芽生理和组织状态转化为花芽生理和组织状态的过程，称为花芽分化。它是开花结果的基础，没有花芽分化就不会有开花结果。当枝条生长到一定程度后，在叶腋逐渐形成叶芽和花芽。大部分树种芽的形成时期是在枝条生长旺盛期后，在积累了大量营养物质的基础上进行的，且依树种、气温而定。芽生长点形成后，随着内部营养状态、生长激素水平等变化，决定是否分化形成花芽。桂花于 6~8 月在小枝顶部及老干上形成花芽。梅花在 7 月形成花芽。有些植物如白兰、月季等一年可多次抽梢，也可多次形成花芽。

花芽分化的多少和质量直接影响到第二年花的数量和质量，与城市树木的观赏效果密切相关。新梢的生长状况对花芽的质量、数量和花芽分化影响很大，新梢充实健壮，花芽形成多，相反，弱枝花芽很少。如月季在 3~4 月抽梢旺盛阶段，遇寒潮枝条生长差，会严重影响花蕾形成，出现大批无花新枝。

(4) 果实发育与成熟

该阶段从授粉开始，经过受精、果实膨大、果实发育到果实成熟为止。这一时期的长短因树种和气候而异，针叶树的松、柏类球果，第一年受精，第二年才发育成熟，历时一年以上；樱桃需要 40~50 天；杏需要 80~130 天；榆树、杨树、柳树等仅需 10 天左右，当年春季即可成熟。如遇低温、潮湿等会推迟果实成熟。对秋季、初冬成熟的果实，如果一直处于较高的气温条件下，缺少必要的低温处理，就会推迟成熟，如板栗、油茶等。

(5) 根系生长

根系开始生长时间比地上部分早，结束生长时间比地上部分晚。在树木年生长周期中，根系生长高峰与高径生长高峰交替进行，根系生长加快时也正是高径生长减慢时。第一次生长高峰多在萌芽前，树木刚从休眠期进入生长期。最后一次生长高峰在秋季，高径生长逐渐停止后，树木开始逐渐过渡到休眠期。

根系生长高峰出现次数依树种、年龄、树体营养状况和外界环境条件等而不同。外界环境中的温度、水分与根系生长关系密切。一般根系开始生长的温度要求比地上部分低，因此根系生长比地上部分开始早，结束晚。原产北方的树种对土壤温度要求较低，而南方树种要求土温较高（表1-1）。最适宜根系生长的土壤含水量为田间最大持水量的60%~80%，若土壤过干，根系木质化加速，自疏现象加重，生长缓慢。若土壤过湿，则通气不良，抑制根系呼吸，轻则影响根系生长，重则造成烂根死亡。

表1-1　根系生长与温度的关系

树种	开始生长温度（℃）	最适生长温度（℃）	停止生长温度（℃）
'国光'山定子	12	1421	30
桃	7	24	35
柑橘	12	26	37

引自：北京农业大学 Prochsting Girton 水培试验。

2. 休眠期

从秋季树叶落尽或完全变色开始，至第二年春季树液流动、芽开始膨大为止。树木在休眠期最明显的特点是冬芽形成，枝条变色成熟，绝大部分落叶树地上部分叶片完全脱落，没有任何生长发育的表现，体内水分含量减少，木质化程度提高。停止生长，进入休眠，是树木为适应冬季低温而进化出的一种生存策略。如果没有这种特性，正在生长着的幼嫩组织就会受冻害而死亡。

休眠期的树木虽然从外表上看不出有任何生长的迹象，其体内仍然进行着各种生命活动，如呼吸作用、蒸腾作用、根吸收、物质合成、芽进一步分化以及树体内养分的转化等，只是这些活动比生长期微弱得多。根据休眠期的生态表现和生理活动特性，可分为自然休眠和强迫休眠。

（1）自然休眠

自然休眠又称生理休眠或深休眠，是由树木生理过程所引起或遗传特性所决定的。落叶树木进入自然休眠后，要经过一段时间的低温条件才能解除休眠，如未经过低温或经历的低温时间不够，即使给予适宜树木生长的外界条件，树木也不能萌芽生长。一般原产寒温带的落叶树，自然休眠期要求积累 0~10℃ 一定时数，才能解除休眠；原产暖温带的落叶树，要求积累 5~15℃ 一定时数，具体情况因树种、品种、生态类型、树龄、不同器官和组织而异。例如，苹果需要 5℃ 条件下 50~60 天，可解除休眠；桃需要 7.2℃ 下 100~200 小时，但有的品种需要 900~1200 小时才能解除休眠。

冬季低温不足，会引起萌芽或开花参差不齐。北树南移，常因冬季低温不足，导致花芽发育不良，翌年发芽延迟，开花不正常，或虽开花而不能结果，或果实易脱落，或新梢节间短，叶片呈莲座状等现象。

（2）强迫休眠

落叶树通过自然休眠后，已经开始或完成了生长所需的准备，但因外界条件不适应，被迫不能萌发而呈现休眠状态，一旦条件合适，就会开始萌发生长。这种情况一般容易出现在早春，树木所要求的低温累积时数已经达到，但温度还比较低，树木仍然不会萌发，处于强迫休眠中。这时如遇到一段暖和天气，树木枝芽便开始萌动，但如果又遇寒流天气，容易发生冻害。

自然休眠与被迫休眠从外观上不易区分，但解除休眠的标准是一样的，都是以芽是否萌发为准。

3. 物候期

一年中，树木随气候的季节性变化，在形态特征上发生相应的改变，如春天随气温的升高而发芽、抽枝、展叶、开花，秋天随温度降低而落叶、休眠等。树木这种有节律的与季节性气候变化相适应的器官动态时期，称为生物气候学时期，简称物候期。观测研究物候期是了解树木生长发育规律的重要方法，是制定树木周年养护管理技术措施的主要依据之一。例如，何时播种、扦插、嫁接，才能够避免晚霜危害，获得最高成活率？何时实施土壤管理、施肥、灌水、修剪和病虫害防治等养护技术，才能达到最佳效果？如何搭配树种，才能使城市呈现出四季常青、三季有花的景象？这都与物候期密切相关。

（1）树木物候期的特征

①连续性和顺序性。树木的每一个物候期都不是孤立的，它以前一个物候期为基础，同时由为下一个物候期做好准备，反映出物候的连续性。例如，萌芽物候期是在花芽分化基础上发生的，又为抽枝、展叶和开花做好了准备。然而，不同树种，甚至不同品种，各物候期先后出现的顺序是不同的，表现出物候的顺序性。如梅花、玉兰、蜡梅、紫荆等是先花后叶，而紫薇、木槿、合欢等是先叶后花。由于器官变化的连续性，有些物候期之间的界限不是很明显，如萌芽、展叶和开花会在一棵树上同时出现。

②重演性。由于环境条件出现非节律性变化，树木在正常情况下每年只出现一次的物候期重复出现。例如，病虫危害、高温干旱、去叶施肥等都可能造成多次抽梢、开花、结果和落叶。桃、海棠、梨、苹果、连翘、丁香等一年早春开一次花的树种，由于某些原因在秋季再次开花，这种因非正常情况造成的重演性往往对树木的生长不利，但在生产上又可以利用树木的这一特性来达到某种目的。如要在秋天使丁香、山桃、榆叶梅等春季开花的树木开花，可在8月中旬将树木的叶片剪去一半，9月上旬将剩余的一半叶片全部剪除，并进行施肥、灌水等精细管理，则9月底或10月初可以开花。

③交错性。树木各个器官的形成、生长和发育习性不同，因此不同器官的同名物候期并不同时发生，而是相互交错，高峰错开。例如，根与枝梢的生长有交替进行的规律，花芽分化与新梢生长的高峰错开，新梢生长往往抑制坐果和果实发育。

（2）树木物候期的影响因素

树木的物候期受树种、品种及外界环境条件的制约，同时还受年份、年龄和栽培技术措施等的影响。

①树种不同，即使在同一地区、同样的气候条件下，物候期也不一样。如迎春花和连翘在北京是 3 月中下旬或 4 月初开花，黄刺玫、紫荆 4 月下旬开花，紫薇、珍珠梅、木槿夏秋开花。

②品种不同，物候变化也有差异。在杭州地区，桂花中的'金桂'品种，花期在 9 月下旬，而'银桂'品种的花期在 10 月上旬，'四季桂'则一年中多次开花和结果。

③地区不同，环境条件各异，即使树种、品种相同，物候期也不一样。春天开花的时间顺序是由南往北，梅花在武汉 2 月底至 3 月初开花，在无锡 3 月上旬开花，在青岛 4 月初开花，在北京则 4 月上旬开花。这是由于纬度不同使温度变化所引起的。而同一个纬度，海拔低的先开，海拔高的后开，如唐代白居易的诗中就说"人间四月芳菲尽，山寺桃花始盛开"，这同样与温度有关。

④年份不同，物候变化有差异。虽然一个地区气候的年变化有着周期性规律，但每一年的气候变化，在气温、降水量等方面却会有很大差异，这种年际间气候的变化，会影响到物候期的提早或推迟。如榆叶梅在北京一般在 4 月中旬开花，而 2002 年则 3 月下旬开花。

⑤树木的年龄不同，物候期出现的早晚也各异。一般成年树木，春天萌动早，秋天落叶早。幼年树木，春天萌动晚，秋天落叶迟。

⑥栽培技术措施也会引起物候变化。树干涂白或土壤化冻后灌水，会使春天增温减缓而推迟树木萌芽和开花。花前的修剪对树木的花期有延长作用。夏季的强度修剪和多施氮肥，可推迟树木落叶和休眠。

（3）树木物候期观测

城市树木物候观测的目的，是掌握树木的季相变化，既为城市树木种植设计选配树种，也为树木栽植季节的确定和养护管理措施提供依据。

观测物候期时，在开阔地选择所要进行物候期观测的树种，一般选开花结实 3 年以上的生长发育正常的树木。如果有许多株，应选

3~5株有代表性的作为观测对象，做好标记，并记录当地环境状况，绘制平面位置图存档。

观测应常年进行，树木生长旺盛季节应隔日观测记载。如物候期变化不大，可减少观测次数。冬季树木停止生长，可停止观测。一般选择向阳面枝条的上部枝，如高树顶部不易看清，可用望远镜或高枝剪剪下小枝观察，无条件时可观察下部的外围枝。应靠近植株观察各发育期，不可远距离估计判断。物候期观测应随看随记，不应凭记忆事后补记。

观测物候期应有统一标准，否则结果混乱，无法比较。以下是一些常见的观测项目和标准：

- 树液开始流动：树木解除休眠后、芽萌动之前。
- 芽膨大期：芽鳞开始分离，鳞片错开，鳞片侧面显露出浅色的线形或角形时，以全树有25%左右芽鳞分离为准。
- 芽开放期：芽鳞开裂，芽顶部出现新鲜颜色的幼叶或花蕾时。
- 展叶期：全树萌发的叶芽中，有25%的叶芽第一片叶展开。
- 花蕾花序出现期：春季芽开放后露出花蕾或花序蕾。
- 初花期：全树有5%的花开放。
- 盛花期：全树有50%的花开放。
- 开花末期：树上只留有约5%的花朵。
- 果实成熟期：全树50%的果实变为成熟时的颜色。
- 果实脱落期：全树25%的果实开裂脱落。
- 新梢开始生长期：分为春梢、夏梢、秋梢开始伸长。
- 新梢停止生长期：新梢顶端形成顶芽或枯黄。
- 秋叶色期：多见于落叶树种，在秋天叶色变为深色，可分秋色叶初期（5%叶变色）、盛期（50%叶变色）及全秋色叶期（95%叶变色）。
- 落叶期：主要指落叶树在秋、冬季正常落叶时间，分落叶初期（5%脱落）、落叶盛期（50%脱落）和落叶末期（95%脱落）。

三、城市树木的茎生长

茎是树木地上部分的重要器官，茎通过不断分枝，构成完整的树冠结构，主要起到支撑、联系、运输、储藏、分生、更新等作用。一般把树木的主干称为茎，由茎上分出的为枝。树木每年以新梢生长来扩大树冠。新梢既包括茎的新梢也包括枝的新梢，因此茎生长也就是新梢生长，它包括伸长生长和增粗生长两个方面。

1. 伸长生长

（1）新梢伸长生长

新梢伸长生长是芽生长和发育的结果。由叶芽发育成生长枝的过程并不是匀速的，一般都表现出慢—快—慢的规律，可分为以下三个时期：

①开始生长期。随着春季气温升高，芽开始萌动，叶芽的幼叶伸出芽外，随之节间伸长，幼叶分离。其特点是：光合作用弱，生产碳水化合物的能力不强，生长所需的能量和物质主要靠上一年积累贮藏的营养，因此叶小而嫩，含水量高，生长量小，节间短。这也可以看出，上一年树木的生长状况与当年春季新梢生长有密切关系。

②旺盛生长期。开始生长期之后，随着幼叶迅速分离，叶片增多，叶面积扩大，生长量迅速增加，节间迅速伸长。叶片形态也具有了该树种的典型特征，叶片较大，寿命长，叶绿素含量高，光合作用能力强，此时生长所需物质主要由当时产生的光合产物提供。因此，对光合作用有重要影响的气候条件和肥水状况对新梢生长量影响较大，如水分不足会出现提早停止生长的现象。

③缓慢生长和停止生长期。由于外界环境如温度、湿度、光周期等的变化，芽内生长抑制物质积累，使新梢生长速度变慢，生长量减小，节间缩短，顶芽形成，枝条停止生长。随着叶片衰老，光化作用也逐渐减弱，枝内形成木栓层，积累淀粉、半纤维素，枝条从基部开始逐渐木质化，为过冬做好了准备。如果枝条有徒长现象，没有适时停止生长进入木质化，将受冻害。

（2）枝条伸长生长

枝条伸长生长期的长短与树种的遗传特性有直接关系，大致可分为春季生长型和全期生长型两大类型：

①春季生长型。该类型又可称为前期生长型。这类树木的茎伸长生长期及侧枝延长生长期很短，在北方地区只有1~2个月，在南方地区为1~3个月，而且每个生长季只生长1次。一般到5~6月高生长即结束。这类树种有油松、樟子松、红松、白皮松、马尾松、云南松、华山松、黑松、赤松、油杉、云杉属、冷杉属、银杏、白蜡、栓皮栎、槲栎、麻栎、蒙古栎、臭椿、胡桃、板栗、漆树和梨树等。由于生长期很短，因此上一年的营养物质积累对本类型树木当年的茎生长很重要。

春季生长型树木有时也出现二次生长现象，如分布更南边的马尾松，一年抽梢2~3次，而靠北方的则一年只抽梢一次。北方的树木如出现二次生长，其生长的部分当年如不能充分木质化，则不耐低温、干旱，经过寒冬和春旱，枯梢率较高，如油松、红松、樟子松和胡桃等容易出现这种现象。产生二次生长的原因主要有遗传因素、秋季高温和土壤水肥分过多等。

②全期生长型。茎生长期持续在全生长季。北方树种的生长期为3~6个月，南方树种的生长期可达6~8个月，有的达9个月以上（热带地区的树种除外）。这类树种有杨树、柳树、榆树、刺槐、紫穗槐、悬铃木、泡桐、山桃、山杏、桉树、杜仲、椴树、黄檗、油橄榄、落叶松、侧柏、杉木、柳杉、圆柏、杜松、湿地松、雪松和罗汉柏等。全期生长型树木的树叶生长和新生枝条的木质化都是边生长边进行，到秋季达到充分木质化。茎生长一般要出现1~2次生长暂缓期，即出现茎生长速度明显缓慢、生长量锐减甚至生长停滞的状态。茎生长暂缓期是根系的速生高峰期，待根系速生高峰期过后，茎生长出现第二次速生高峰期。

2. 增粗生长

树干、枝条的增粗是形成层细胞分裂、分化、增大的结果。在新梢伸长生长的同时，也在进行增粗生长，但增粗生长高峰稍晚于伸长生长，一般这两个高峰是相互错开的，在伸长生长旺盛时，增粗生长进行得较缓慢，在伸长生长高峰1~2周后才出现增粗生长高峰，且秋季停止增粗生长时间也较晚。新梢增粗的顺序是由基部到梢部，同一株树，下部枝条停止增粗生长比上部晚。

春天当芽开始萌动时，增粗生长最先在接近萌芽部位的形成层开始活动，然后由上而下开始微弱增粗，因此，离新梢较远的部位，形成层活动较晚，增粗生长的时间也较晚。秋天由于叶片中的大量光合作用产物回输树枝和树干，尤其是落叶树种，枝干明显加粗。但从增粗生长的量看，级次越高的枝条增粗生长高峰期越早，增粗生长量越小。级次越低的枝条，增粗生长高峰期越晚，增粗生长量越大。一般幼树增粗生长时间比老树长，同一树体上增粗生长的开始和结束都是从上到下逐渐进行的。

四、城市树木的根生长

树木的根长在地下，平时人们看不见。但根对树木而言则非常重要，它发挥着支撑树木地上部分、吸收水分和养分、贮藏营养、合成和转化有机物、繁殖树木及根再生等作用。俗话"根深才能叶茂"就很好地反映了人们对根重要性的认识。

种子萌发时，胚根突破种皮，逐渐生长形成根。一般把由胚根直接生长发育而形成的根称为主根，由主根上发生的根称为侧根，侧根上还可以发生侧根，可分别称

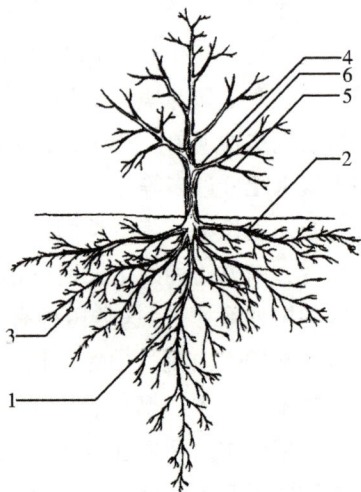

图1-2 树木根系结构(张秀英)
1. 主根 2. 侧根 3. 须根
4. 主枝 5. 侧枝 6. 枝组

为一级侧根、二级侧根、三级侧根等，最顶端的侧根统称须根（图1-2）。由于主根和侧根起源于胚根，其发生有一定的位置，因此称为定根。有的树木的根可自茎、叶或老根上发生，并非直接来源于胚根，其位置不固定，故称为不定根。树木的根就是由这样一些大小不一、起源不同的根组成，最终形成庞大的根系，因此又把其称为根系。例如，一株27年生的'青香蕉'苹果树，根系延展范围是树冠的2~3倍。

1. 根系的类型

（1）按起源和形态分

植物学上根据根的起源和形态的不同，将根系分为直根系和须根系。

①直根系。由胚根发育产生的初生根及次生根组成，主根发达，较各级侧根粗壮而长，能明显区分主根和侧根。大多数双子叶植物和裸子植物树种的根系都属于这种类型，如栎类、玉兰、松柏、银杏等。

②须根系。主根不发达或早期停止生长，由茎基发生许多粗细相近的须根，呈丛生状，根与根之间区别不明显。单子叶植物树种的根系都属于这种类型，如竹子、棕榈等。

（2）按繁殖方式分

根据繁殖方式还可将根系分为实生根系、茎源根系和根蘖根系三种类型（图1-3）。

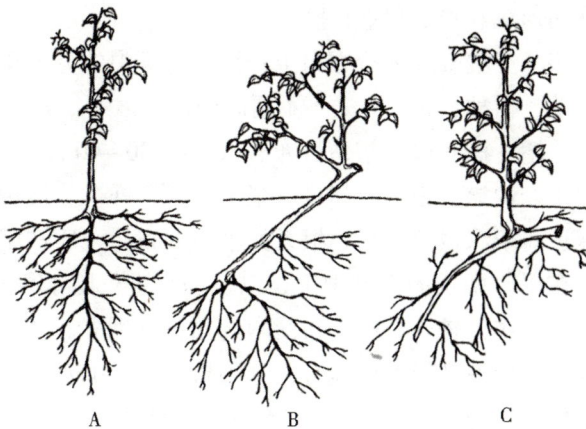

图1-3　树木根系的类型（张秀英）

A. 实生根系　　B. 茎源根系　　C. 根蘖根系

①实生根系。由种子的胚根发育而成的根系。其特点包括：主根发达，根系分布较深；发育年龄较轻，生活力和对外界环境的适应性强；受遗传因素影响，实生根系个体间的差异较大。

②茎源根系。从树木地上部分器官（茎、枝、芽和叶）生长出的

根系。如利用扦插、压条、埋干等繁殖方法培育的苗木，其根系源于茎、枝形成层和维管束组织形成的根原始体上长出的不定根。其特点是：主根不明显，根系分布较浅；发育年龄较老，生活力和对环境的适应性相对较弱；不同茎源根系个体间差异较小。

③根蘗根系。从根上的不定芽发生而形成的根系。将其与母体分离可形成单独的植株，如枣、石榴、桂花、银杏等可分株繁殖成活。其特点与茎源根系相似。

2. 树木根系生长习性

（1）向地性

树木一旦发根，都有向下生长的特性，这是树木在地球引力作用下，长期进化而形成的本能。

（2）根系在土壤中的分布

各类根系在土壤中生长分布的方向不同，有的水平生长，有的垂直生长，从而形成水平根和垂直根。

水平根多沿土壤表层平行方向生长，在土壤中的分布深度和范围依地区、土壤、树种、繁殖方式等不同而变化。杉木、落羽杉、刺槐、梅花、桃、连翘、榆叶梅等根系分布较浅，在 30～40 厘米的土层内，属浅根性根系。油松、银杏、胡桃、梨、樟树、栎树等树种的水平根系分布较深，属于深根性根系。根系的水平分布受土质和肥水管理的影响很大，在深厚肥沃的土壤中生长以及经常进行肥水管理的树木，水平根的分布区域比较小，而分布区内的须根特别多。在干燥瘠薄的土壤中，根系能伸展到很远的地方，且须根稀少。据观察，苹果根在树冠范围内分布的占 30%～40%，而在外围的则占 60% 以上。8 年生麻枣的根系分布可超过树冠 6 倍。根系与地上部的比例，在土壤越贫瘠干旱的地区，根幅与冠幅之比越大。

垂直根是树木向下生长的根系，与地面大体垂直。入土深度与土层厚度及土壤理化特性有关，在土质疏松、通气好、水分及养分充足的土壤中，垂直根发育较强；而在地下水位高或土壤下部有不透水层的情况下，则限制根系向下发展。

根系的深浅取决于植物的遗传特性，也受气候和土壤条件的影响。长期生长在河流两岸或低湿地区的树种，如柳树、枫杨等，由于在较浅的土壤中就可获得足够的水分，因而形成浅根性根系。而生长在干旱地区的马尾松、栓皮栎和生长在沙漠地区的骆驼刺则要从土壤深层获取水分，因而形成深根性根系。同一个树种，因生长条件不同，根系也会发生变化，如生长在黄河故道沙地的苹果树，因地下水位高，根系深度仅60厘米。而生长在黄土高原的苹果树，因其地下水位低，则根系深度可达4~6米。

3. 树木根系的年生长动态

根系与地上部分不同，它没有自然休眠期，只要条件适合，就可全年生长，也可以随时由生长状态迅速过渡到停滞状态，反之亦然。其生长势强弱和生长量大小随土壤温度、水分、通气条件与树体营养状况以及其他器官的生长状况而异。

根系的生长与树木原产地气候有直接关系，如在寒冷的北方，春天气温高于地温，树木往往是地上部分先发芽，然后发根；而在秋末，地温高于气温，地上部分停止生长，进入休眠后，根系还在继续生长。

一年中根系活动的次数因树种不同而异。柿树在北方，一年中根系只有一次生长高峰。油松的根系一年中有两次生长高峰，第一次在土壤解冻后开始生长，4~5月达到高峰，分出大量新根，而初夏干旱时生长停滞；第二次在8月加速生长，到11月土壤冻结时生长停止。

苹果树根系一年则有三次生长高峰，据河北农业大学（1965年）对初结果的'金冠'苹果树观察：第一次，3月上旬土温达到3~4℃时根系开始生长，4月中旬达到高峰，然后是地上部分迅速生长，而根系生长趋于缓慢，这次根系生长量和发根数量与上一年树木体内贮藏的营养物质多少有关。第二次，从新梢将近停止生长开始，到果实加速生长和花芽开始分化前后，6月底至7月初达到高峰，这次根系生长强度大、发根多、时间长（高峰前后约有10周）、生长快，是全年发根最多的时期，随后由于果实迅速发育而转入低潮。第三次，9月上旬至11月下旬，随着叶片养分的回流积累，根的生长又出现高潮，但随土温下降，根生长越来越慢，12月下旬土温接近0℃时便停止生长。

有的常绿树根系在一年中有多次生长高峰。据观察侧柏的根系，在生长季节每月差不多都有一次生长高峰。

4. 根的生命周期

树木地下部分的根系与地上部分的枝叶一样，同样要经历发生、发育、衰老、死亡和更新的过程。在树木的幼年期，根系生长很快，一般都超过地上部分的生长速度。随着年龄的增加，根系生长速度趋于缓慢，并逐渐与地上部分的生长形成一定的比例关系。

在树木整个生命活动过程中，根系始终发生局部的自疏和更新。根系生长开始一段时间后就会出现吸收根逐渐木栓化，外表变为褐色，逐渐失去吸收功能直至死亡的现象。须根的死亡，起初发生在低级次的骨干根上，其后发生在高级次的骨干根上，以致较粗骨干根的后部出现光秃现象。这种根系在离心生长过程中，随着年龄的增长，骨干根早年形成的须根由根颈沿骨干根向尖端出现衰老死亡的现象，称之为"自疏"。

根系在达到最大根幅后，便发生向心更新，但受土壤环境的影响，更新不像地上部分那样规律，常出现大根季节性间歇死亡现象。更新所发生的新根，仍按上述规律生长和更新，随着树体衰老，地上部分濒临死亡时，根系仍能保持一段时间的活动。

五、城市树木的开花和结果

树木长到一定年龄，度过幼年期后就会逐渐开花和结果。这是树木为繁殖后代所采取的策略，但对城市树木而言，花、果在颜色和形状上所表现出的千姿百态，却是人们种植树木的另一重要理由。因此，了解树木开花和结果的习性，对于采取相应措施提高树木开花和结果的效果，提高树木观赏价值有重要意义。

1. 花芽分化与开花

（1）花芽分化的概念

花芽分化是树木由营养生长向生殖生长转变的标志，其表现为植物的茎、枝从只分生叶片或腋芽到分生出花序。狭义的花芽分化指的是形态分化，而广义的花芽分化一般由生理分化、形态分化和性细胞形成组成，受树种遗传特性的影响，不同的树种的花芽分化期存在很大差异。

（2）花芽分化期

①花芽生理分化期。花芽生理分化期是花芽能否成功分化的关键时期，这一时期芽内生长点的生理状态由分化叶芽向分化花芽转变化，这一阶段为是花芽形态形成的准备。根据研究，这一时期大约在形态分化期前1~7周。

②花芽形态分化期。花芽形态分化期是花芽分化发生形态变化的时期，在这一时期，根据花或花序各器官原始体的形成，又可划分出以下五个时期。

a. 分化初期。芽内生长点由叶芽形态转向花芽形态的最初阶段，此时花芽分化不稳定，在不良条件下，可能会出现花芽退回叶芽的可逆变化。

b. 萼片形成期。萼片原始体形成，表现为下陷、四周产生突起物，此阶段花芽才真正形成，其后续的分化是不可逆的。

c. 花瓣形成期。在萼片原始体内侧发生突出体，即花瓣原始体。

d. 雄蕊形成期。在花瓣原始体内侧发生突起物，即雄蕊原始体。

e. 雌蕊形成期。在花瓣原始体的中心底部发生突起，即雌蕊原始体。

③性细胞形成期。性细胞多在年内气温较高时形成，以夏秋分化型树木为例，其夏季形成花芽分化后，经过冬春季低温积累形成花器，第二年春季之后气温升高直至开花之前，性细胞才形成。

（3）花芽分化的类型

不同树种受遗传特性影响，其生长特性和和对环境的需求不同。根据这一特点，可将花芽分为夏秋分化型、冬春分化型、当年分化型、多次分化型。

①夏秋分化型。多为早春或春夏相交时开花的树木的花芽，如丁香、连翘、迎春花、泡桐等。这种类型的树木，花芽分化形成需经低

温积累，一般第一年夏、秋开始形成花芽，第二年才能完成性器官发育，进而完成整个花芽分化过程。

②冬春分化型。花芽分化多发生在秋梢生长停止后到第二年春季萌芽前，即第一年12月到第二年3月期间，分化期较短，但连续进行，多于春期开花。

③当年分化型。花芽在当年生新梢生长过程中形成，于当年夏、秋季开花，如槐、紫薇、木槿等。这类树木的花芽分化不受低温影响，往往随着温度的升高，积累养分而分化形成。

④多次分化型。有些树种一年中可多次生长新梢，且每次新梢生长时都会伴随着花芽分化和开花，如无花果、茉莉花等。这类树种当主茎达到一定高度或受到一定刺激后可在一年内多次开花、结实。

（4）影响树木花芽分化的因素

①影响花芽分化的内部因素。不同树种花芽分化存在差异，从内因角度分析，其可包括花芽分化的基本内在条件和树木各种器官对花芽分化的影响。

a. 花芽分化的基本内在条件。

其一，营养物质基础。树木在花芽分化时，其体内光合产物、矿质盐类、氨基酸和蛋白质等营养物质要比叶芽分化时期更为充足，这是花芽分化的物质和能源基础。

其二，调节物质基础。在树木体内的调节物质如内源激素［生长素（IAA）、赤霉素（GA）、细胞分裂素、脱落酸（ABA）和乙烯］和树体内进行物质调节、转化的酶类等满足一定条件时，才可进行花芽分化。

其三，遗传物质。花芽分化的代谢方式和发育方向直接由遗传物质如脱氧核糖核酸（DNA）和核糖核酸（RNA）等决定。

b. 树木各种器官对花芽分化的影响。树木由枝叶、根、花和果等组成，在生长期内，各器官均进行着不同的生理活动，不同阶段、不同器官对花芽分化影响不同。

其一，枝叶生长影响花芽分化。树木枝叶的营养生长与花芽分化的生殖生长在不同时期有着不同的关系。以往研究表明，花芽分化往往在新梢停止生长后进行，此时树木枝叶积累的营养开始由消耗向积累转变。因此，树木前期枝叶越茂盛，光合面积越大，则越有利于新梢停止生长后养分的积累，越能为花芽分化创造有利的物质基础条件，此阶段枝叶的生长对花芽分化起到促进作用。相反，若在花芽分化期间，树木枝叶依然保持旺盛生长，则不但不会进行大量的养分积累，反而与花芽竞争养分，此阶段枝叶的生长对花芽分化起到抑制作用。

其二，根系生长影响花芽分化。树木根系生长，尤其是吸收根的生长与花芽分化存在显著的正相关关系。一方面，这与根系在生长过程中吸收水分、养分以及合成蛋白质和细胞分裂素有关；另一方面，当枝叶量最大时，根系的良好生长也有利于满足树木的蒸腾作用，进而促进光合作用，有利于树木本身养分积累。

其三，花、果影响花芽分化。花、果既属于树体的生殖器官，又属于消耗器官。如先花后叶树种，若前期开花多则会大量消耗树体养分，影响叶片生长，进而影响后期的养分积累，不利于花芽分化。果实多一方面消耗养分多，另一方面幼果中种胚生长可产生大量赤霉素，抑制花芽分化。

②影响花芽分化的外界因素。外界因素随着气候、季节变化而变化，其可刺激树木内部因素变化，进而影响有关的开花基因，促使开花基因指导形成有利于花芽分化的基本物质。

a. 光照。光照影响树木花芽分化。一方面，光照影响树木光合作用和蒸腾作用，进而影响树木体内营养物质积累，影响花芽分化；另一方面，光照影响温度变化及土壤微生物活动，进而间接影响花芽分化。光照对树木花芽分化的影响主要表现在光照量、光照时间和光质等方面。

b. 温度。温度是影响树木光合作用、蒸腾作用、根系吸收、内源激素合成和活化等一系列生理活动的关键因素，并以此间接影响花芽分化。

c. 水分。水分是植物体生长、生理活动中不可缺少的因素，但是若花芽分化期水分过多，不利于花芽分化。适度干旱有利于树木花芽形成。目前有以下几种解释：其一，水分的控制抑制了新梢的生长进而减少了养分消耗，促进了养分积累进而有利于花芽分化；其二，适度缺水造成生长点细胞液浓度提高进而有利于花芽分化；其三，缺水有利于精氨酸的合成进而有利于花芽分化；其四，水分含量高可提高植物体内氮含量进而不利于花芽分化。

d. 养分。树木体内矿质养分的含量对花芽分化产生影响，施肥可以影响树木体内矿质养分含量进而影响花芽分化。如施大量氮肥会对花原基产生造成剧烈影响，而树木缺氮则会影响树木枝叶生长进而影响养分积累，间接影响花芽分化；施磷肥对树木花芽分化的影响则因树种而异，施磷肥有利于苹果树开花，而对梨、桃、李等没有作用。

e. 栽培技术。栽培技术如施肥、修剪、改善环境条件等可改变树木的外部条件，平衡各器官比例，进而调控影响树木花芽分化的内部因素，达到人为控制的目的。如对于成年树来说，在其要进行花芽分化时，应加强肥水管理，并注重病虫害防治、疏花、疏果，以促进花芽形成。

（5）花芽分化的特性

不同树种由于遗传特性等差异，其花芽分化特性不同，同一树种不同外界环境条件下花芽分化也存在差异。然而，尽管有这么多的差异存在，各种树木在分化时期的变化仍有着共同的特性。

①花芽分化的长期性和不一致性。树木均有较多的芽，每个芽的发育阶段因树体营养供给和外界环境等影响而存在差异。因此，树木的花芽无法集中在一个较短的阶段发育完成，而是需要较长的时间分散陆续完成，这便是花芽分化的长期性。每个枝条的营养情况、顶端组织停止生长时间不同，且芽本身存在异质性，因此每个花芽分化成熟的时期不一致，这便是花芽的不一致性。

②花芽分化的相对集中性和相对稳定性。尽管不同地区、不同年份树木的花芽分化从开始期到相对集中分化期存在差异，但差异并不十分巨大，如多数树木均在新梢停止生长或果实成熟以后达到花芽分化高峰，这便是树木花芽分化的相对集中性和相对稳定性。

③花芽分化均有生理分化期。生理分化期也称为分化临界期，尽管其是花芽分化期中一个不稳定状态，且无法通过解剖进行判断，但

树木花芽分化都需经过这一时期，其大致在多数短枝开始形成顶芽到大部分长梢形成花芽的一段时间内。

④树种、品种决定单个花芽形成时间。因树种的遗传特性决定，一个花芽形成需要的时间很长，从生理分化开始到雌蕊形成结束，不同树种其单个花芽形成所需时间不同。

⑤花芽分化早晚因树木年龄、生长状况、花芽着生部位等因素而存在差异。相同树种不同树龄花芽分化不同，如幼树以营养生长为主，因而较成年树花芽分化晚。同一树种同一树龄，生长旺盛树新梢的封顶较弱树晚，所以花芽分化晚。同一株树，中、长枝的新梢封顶比较短枝晚，在营养物质供给充足的前提下，短枝腋芽进行花芽分化早，中、长枝腋芽进行花芽分化晚。

(6) 树木开花

树木开花是指树体上发育正常的花芽（或花蕾），在花粉粒和胚囊发育成熟时，花萼和花冠展开的现象。一朵花从花蕾的花冠伸展到花冠脱落或树木从整株有少量开花到所有花落尽为止称为树木的开花期，简称花期。树木开花是树木成熟的标志。

①树木开花的习性。树木开花具有顺序性。

a. 不同树种的开花顺序有先后之别，这与树种遗传特性有关。不同树种在同一地区、同一年，开花期均有一定的顺序。树木开花的这一特性可以被利用而充分发挥城市树木的观赏价值。

b. 同一树种不同品种的树木开花也存在顺序先后，这也由遗传差异引起。同一环境、同一树种的不同品种遗传基因存在差异，进而导致了开花顺序不同，形成早花、中花和晚花。这对一个树种来说，延长了其开花期。

c. 雌雄同株异花树的雄花和雌花开放存在顺序先后，在实生繁殖的树木上差异表现明显，既有同时开放的，也有雄花先开或雌花先开的。

d. 同株树不同部位枝条的花序开放存在顺序先后，这与树体生理状况、外界环境有关。如外围的花较内膛花先开，阳面花比阴面花开得早。同一个花序上开花早晚也有不同，如伞形总状花序的花从顶部先开，伞形花序的花先从基部开。

②花、叶先后开放的类型。不同树种开花和展叶的先后次序不同，据此可分为三种类型。

a. 先花后叶类。这类树木在春季萌动前已完成花器的分化，春季芽萌动时，花芽先萌动开放，先开花后展叶，如早春开花的迎春花、连翘、山桃、梅等。

b. 花、叶同放类。这类树木的花器分化也是在春季萌芽之前，在春天萌芽时，开花和展叶几乎同时进行。据芽的性质和生长差异可分为两种：一种是先花后叶类的花、叶同放，以纯花芽、纯叶芽的形式出现，开花和展叶虽同时进行，但花蕾型大，叶芽型小，如碧桃等；另一种是先叶后花类的花、叶同放，以混合芽的形式出现，在萌芽生长时，虽先展叶后开花，但混合芽枝短叶小，展叶后立刻显出开花，如苹果、海棠等。

c. 先叶后花类。这类树木先生长出一定长度的枝叶，然后开花。据花芽分化和开花时期的不同可分为两种：一种在上一年花芽进行分化并逐渐形成混合芽，萌芽后抽生相当长的新梢，于新梢上开花，开花较晚，多在前两类之后，如黄刺玫、牡丹、柑橘等；另一种树木的花器多是在当年生长的新梢上形成并完成分化，花期较晚，一般在夏、秋开花，如木槿、凌霄、珍珠梅、荆条、合欢等。

③花期长短与影响因素。树木开花期延续时间长短受树种、品种、外界环境条件以及树体营养状况等影响。

a. 树种、类别不同影响花期长短。树木种类繁多，且还有很多栽培品种和类型，几乎包括各种花芽分化类型的树木，花芽分化时期、开花时间不同都可影响花期的长短。如夏秋分化型的树种，经过花芽分化期后，随着秋季树体营养物质积累和冬天休眠期，春季树木萌动时，花芽生长整齐，几乎在同一段时间内开始进行，所以花期较短而整齐，如玉兰、榆叶梅、丁香等。对于当年分化、多次分化的树种、品种，由于受营养状况的影响，每个枝条、芽逐渐先后成花、生长、开花，分化有早有晚，导致花与花之间开放的时间差异。新梢生长的长短、花芽分化早晚均会导致开花的不一致，短枝开花早，长枝开花晚，加上个体差异大，致使花期较长。

b. 树龄、树体营养状况不同影响花期长短。同一树种青壮龄或树势强时，枝条生长旺盛，营养供给充足，单朵花期长，或长、短枝差异大，延长花期；老龄或树势弱时，营养状况较差，发枝弱，则单朵花期短，花量少，开花不整齐。

c. 气候因素影响花期长短。气候因素影响花期主要体现在光照、温度和水分的影响。光照过强及气温高、空气湿度低可造成花期缩短，相反则可延长花期。

④开花次数。树木每年的开花次数与树种、品种、树体营养状况和环境因素密切相关。

a. 树种、品种遗传特性差异影响开花次数。大多数树种、品种每年只开一次花，但有些树种、品种一年中随着新梢的多次生长而多次开花，如月季、四季桂、柠檬等。

b. 再度开花。原产温带和亚热带地区的大多数树种一年只开一次花，但有时一年中可能发生二次开花的现象，如碧桃、杏、苹果。再度开花的出现主要有两种原因：其一，由于不良条件，花芽分化发育或树体营养不足，部分花芽延迟到春末夏初在营养充足、花芽发育完全后开花，如苹果；其二，是发生在秋季的又一次开花现象，属典型的再度开花，也是由于经历不良条件到条件改善的过程而形成的，多发生在春季开花、夏季开始花芽分化的树种上。当树木春季开完花、夏季花芽分化完成后，因秋季病虫害的发生失去叶子或过旱后遇大雨而落叶，促使新梢上花芽重新萌发生长从而再度开花，如紫叶李。

⑤花期管理养护。树木花期管理养护主要是为了使人们能够适时观花，且防止花器受到低温危害。由于树木花期的提前和推后受环境因素的影响，因此可以此采取人为措施进行调节。像杏、桃的早花品种易受晚霜、寒流的侵袭，萌芽过早会出现冻芽现象，可采取喷水等措施对其进行缓解。若已经萌动并形成花蕾，应在霜冻到来之前对处在开放状态的花喷以磷酸二氢钾溶液，以增加细胞液浓度，提高抗寒能力，也可采用喷水的方法，通过用水降温放热防霜。

2. 果实生长发育

（1）授粉和受精

授粉是指树木开花后花药开裂，成熟的花粉通过媒介到达雌蕊柱头上的过程。受精是指花粉萌发形成花粉管伸入胚囊，精子与卵子结合的过程。影响树木授粉和受精的主要因素有以下几个。

①授粉媒介。授粉的媒介主要包括风媒和虫媒。其中，木本植物里很多属于风媒花，靠风将花粉从雄花传送到雌花柱头上，如松柏类、杨柳科等；大多数花木则属虫媒花。树木的授粉媒介并非绝对风媒或虫媒，有些风媒花也可借助昆虫传播，有些虫媒花也可以借风力传播。

②授粉选择。在自然界中，树木针对自身繁殖特点，对授粉有不同的适应性。同朵花、同品种或同一植株上的雄蕊花粉落到雌蕊柱头上（称为自花授粉）并结果实称为自花结实，自花授粉结实后无种子称为自花不育。不同品种、不同植物间的传粉称为异花授粉，包括雌雄异株授粉和雌雄异熟。雄蕊、雌蕊成熟早晚不同，有利于异花授粉；雌蕊、雄蕊不等长，影响自花授粉和结实；雌蕊柱头对花粉的选择影响授粉。

③树体营养状况、环境条件。树体营养是影响授粉和受精的主要内因。氮素不足会导致花粉管生长缓慢；施磷能提高坐果率；硼对花粉萌发和受精有促进作用，并有利于花粉管伸长；钙有利于花粉管的生长。花期中喷施磷、氮、硼肥有利于授粉和受精。

环境条件变化影响树木授粉和受精。不同树种授粉最适宜的温度不同，在开花期若温度低、期间长，则开花慢，花粉管生长慢，未到珠心时胚囊已失去功能，不利于受精，且低温也不利于昆虫授粉。阴雨潮湿不利于传粉，花粉不易散发并极易失去活力，雨水还会冲掉柱头上的黏液。微风有利于风媒花传粉，大风导致柱头干燥蒙尘，花粉难以发芽，而且大风影响昆虫的授粉活动。

（2）坐果与落果

经过授粉和受精，花的子房膨大发育成果实称为坐果。发育膨大的子房在受精并形成激素后才能继续生长。花粉中含有少量生长素、赤霉素和芸苔素，花粉管在花柱中伸长，进而促进形成激素的酶系统活化，且受精后的胚乳也能合成生长素、赤霉素。子房中激素含量越高，越有利于调运营养物质并促进基因活化，有利于坐果。

树木落花、落果的原因很多：其一，花器在结构上存在缺陷，如雌蕊发育不全，胚珠退化；其二，树体营养状况较差，果实激素含量不足；其三，气候环境的变化，如土壤干旱、温度过高或过低、光照不足；其四，病虫害对果实的伤害也会导致落花、落果；其五，果实间的挤压、大风、降雨、冰雹等自然因素也是造成落花及落果的因素。

第二章
城市树木的生长环境与栽植前整地

一、影响树木生长的环境因子

1. 非生物因子对树木生长的影响

（1）气候因子对树木生长的影响

①光照。光照是树体生命活动中起重大作用的因子。它不仅为光合作用提供能量，还作为一种外部信号调节植物生长发育。只有在一定的光照强度下，植物才能进行光合作用，积累碳素营养。如何提高光的利用率，是园林树木栽培的重要研究内容。以下从光照强度、光照延续时间两个方面分析光对植物生长的影响。

a. 光照强度。园林树木需要在一定的光照条件下完成生长发育过程，但不同树种对光照强度的适应范围有明显的差别。各种植物对光照强度都有一定的适应范围，这与其原产地的自然条件有关。如生长在我国南部低纬度、多雨地区的热带、亚热带常绿树种，对光的要求就低于原生于北部高纬度地区的落叶树种。一般可将园林树木分成三种类型：

喜光树种：喜光，不能忍受任何明显的遮阴，其光饱和点高，光合速率和呼吸速率也较高。在弱光下生长发育不良。原生在森林边缘空旷地区的树种绝大部分都是喜光树种，如落叶树种中的落叶松、杨树、悬铃木、刺槐、桃、杏、枣等，常绿树种中的椰子、香蕉等。园林树种中典型的喜光树种有马尾松、桦木、杨、柳等。

喜阴树种：具有较强的耐阴能力，在气候干旱的环境下，常不能忍受过强光照。能在较弱的光照条件下生长良好。喜阴树种在全日照光强的 1/10 时即能进行正常的光合作用，其光补偿点低，仅为太阳光照强度的 1%，如落叶树种的天目琼花和猕猴桃及常绿树种中的杨梅、柑橘、枇杷、水青冈等，光照强度过高反而影响其正常生长发育。园林树种中典型的喜阴树种有铁树、橡皮树、龙血树等。

耐阴树种：介于上述两者之间，比较喜光、能稍耐阴，光照过强或过弱均对其生长不利，大部分园林树种属于此类。

b. 光照延续时间。光照延续时间是指一天中日出到日落的时数，其随纬度和季节不同而各不相同。树木对昼夜长短的日变化与季节长短的年变化的反应称为光周期年现象，主要表现在诱导花芽的形成与休眠。不同树种在发育上要求不同，根据植物开花所需要的日照长度将园林树木分为三类：

长日照树种：日照长度超过某一数值才能开花的植物。该类树种大多生长在高纬度地带，通常需要 14 小时以上的光照延续时间才能由营养生长向生殖生长的转化，花芽才能分化和发育。如日照长度不足，或在整个生长期中始终得不到所需的长日照条件，则会推迟开花甚至只进行营养生长。

短日照树种：日照长度短于某一数值才能开花的植物，光照延续时间超过一定限度则不开花或推迟开花。该类树种通常需要 14 小时以上的黑暗。如果把低纬度地区的短日照树种引种到高纬度地区栽种，因夏季日照长度比原产地延长，对花芽分化不利，尽管株形高大，枝叶茂盛，花期却延迟或不开花。

中日照树种：对光照延续时间反应不甚敏感的树种，如月季，只要温度条件适宜，几乎一年四季都能开花。

进一步研究证明，对短日照植物的花原基形成起决定作用的不是较短的光期，而是较长的暗期。根据这个认识，人们用闪光的方法打断黑暗，可以抑制或推迟短日照植物的花期，促进长日照植物提早开花。

②温度。太阳辐射是热量的主要来源。热量是植物生命活动中不可缺少的条件，它会影响植物的生理代谢反应，并使植物周围的环境增温。所以温度是树木的重要环境因子，它决定着树种的地理分布，是不同地域树种组成差异的主要原因之一。温度又是影响树木生长速度的重要因子，对树体的生长发育以及生理代谢活动有重要的影响。

a. 温度对树木生长发育的影响。植物的生长发育需要有一定的温度范围，并且要有一定的温度总量才能完成其生长周期，植物生长所需的基础温度主要有年平均温度和生长季积温，植物的生态分布和气候带的划分主要以此为依据。

对园林树木来说，在综合外界环境条件下能使树体萌发的日平均温度为生物学零度，即生物学有效温度的起点。不同物种的生物学零度是不同的，但在同一热量带相差不大，一般温带地区的生物学零度为5℃，亚热带地区的生物学零度是10℃。落叶树种的生物学零度多在6~10℃，常绿树为10~15℃。树木生长季中高于生物学零度的日平均温度总和，即生物学有效温度的累积值，称为生长季积温（又称为有效积温），其总量为全年内具有效积温的日数和有效温度值的乘积。不同植物要求不同的有效积温，一般落叶树种为2500~3000℃，而常绿树种多在4000~4500℃，如柑橘需要有效积温4000~5000℃才能正常生长发育。根据各植物的生长发育需要的积温量，再根据各地的温度条件，初步可知各园林植物的引种范围。此外，还可根据各种园林植物对积温的需求量，推测和预报各发育阶段的到来，以便及时安排各生产栽培措施。

b. 温度的空间变化对树木分布的影响。地球表面上各地的温度条件随所处纬度、海拔高度、地形和海陆分布条件的不同而有很大变化。从纬度来说，随着纬度增高，太阳高度角减少，太阳辐射量也随之减少，年均温度逐渐降低；一般纬度每升高1°，年平均温度下降0.5~0.9℃。从赤道到极地可以划分为热带、亚热带、温带和寒带，不同气候带的树木组成成分不同，森林景观各异。如从高纬度到低纬度分别为：寒温带针叶林、温带针阔叶混交林、暖温带落叶阔叶林、亚热带常绿阔叶林、热带季雨林、雨林等。温度还随着海拔高度而发生有规律的变化。随着海拔升高，虽然太阳辐射增强，但由于大气层变薄，大气密度下降，保温作用差，因此温度下降。所以海拔每升高100米相当于纬度向北移1°。例如，我国长白山地区植物带分布随海拔变化明显，从低海拔到高海拔依次为落叶阔叶林、针叶阔叶混交林、针叶林和苔原。温度还受到地形、坡向等其他因素的影响。一般情况下，南坡接受太阳辐射量最大，气温、土温比北坡高，但一般西南坡土壤温度比南坡更高，这是因为西南坡蒸发耗热较少，热量多用于土壤增温。所以南坡多生长阳性喜温暖耐旱植物。海陆分布影响气团流动，同时影响温度分布。我国的东部沿海为季风性气候，从东南向西北，大陆性气候逐渐增强。夏季温暖湿润的热带海洋气团将热量从东南带向西北，冬季寒冷而干燥的大陆性气团使寒流从西北向东南移动，造成同样方向的温度递减。

c. 温度的时间变化对树木生长发育的影响。温度的时间变化是指全年的季节性变化与一日中昼夜的变化。温度的全年变化节律主要表现在四季的变化，温度由低逐渐升高再逐渐降低。我国大部地区一年中根据气候寒暖、昼长夜短的节律变化，可分为春、夏、秋、冬四季。大多数植物在春季温度开始升高时发芽、生长，继而出现花蕾；夏、秋季高温下开花、结实和果实成熟；秋末低温条件下落叶，随即进入休眠。我国大部分地区位于亚热带和温带，一般是春季气候温暖，昼夜长短相差不大；夏季炎热，昼长夜短；秋季和春季相似；冬季寒冷而昼短夜长。

温度的昼夜变化也是有规律的。一般气温的最低值出现在日出前，日出后气温逐渐升高，至13：00~14：00达到最高，以后又逐渐下降。温度的昼夜变化对植物的生长和果实的质量产生影响。一般情况下，在光照强度大且温差大的高海拔山地、高原，果实性状比在平原地区表现好，果实含糖量高、色鲜、品质佳，其主要的原因是高原地区日较差较大，导致生化反应不同从而物质积累有异。但是昼夜温差只是在夜间温度下降到一定范围以内时，才对植物有良好的作用，如夜晚过于寒冷，则植物生长受到抑制。

d. 极端温度变化对树木生长发育的影响。树木在长期的进化过程中，适应了年生长周期中温度所呈现的正常季节变化和日变化，由于气象因子的作用导致温度的突然升高或降低对树体的生长十分有害。其中，低温的伤害比高温涉及的面大、程度也深，严重时甚至导致树体的死亡。降温速度愈快、低温持续的时间愈长，对树体的危害愈大。特别是在生长发育的关键时期，寒潮以后的温度急剧回升对树体的危害更加严重。如冻害后即遇太阳直射，树体组织细胞间隙内的水分迅速解冻蒸腾，会导致细胞原生质破裂而失水死亡。

低温对树体的危害主要表现在：低温既可伤害树木的地上或地下组织与器官，又可改变树木与土壤的正常关系，进而影响树木的生长与生存。低温伤害其外因主要为降温的强度、持续的时间和发生的时期，内因主要为树木种类（品种）的抗寒能力，此外还与树势等发育状况有关。低温对树木造成的危害，主要发生在春、秋季和冬季，特别是温度回升后的突然降温，对树木危害更严重。早春的温暖天气，使树木过早萌发生长，最易遭受寒潮和夜间低温的伤害。根据低温对树木伤害的机理，可以分为冻害、冻旱、霜害和寒害四种基本类型。冻害，即因受零下低温侵袭，树体组织发生冰冻而造成的伤害。具体表现为：树干黑心，树皮或树干冻裂，休眠的花芽被冻伤，幼树被冻拔。冻旱又称为冷旱，是低温与生理干旱的综合表现。霜害，即秋、春季的早晚霜危害。寒害，即受0℃左右低温影响，树体组织虽未冻结成冰但已遭受的低温伤害。

在异常高温的影响下，树木的生长速度下降甚至会受到伤害。这实际上是在太阳光强烈照射下树木所发生的一种热害，以仲夏和初秋最为常见。高温对树木的伤害程度不但因树种、年龄、器官和组织状况而异，而且受环境条件和栽培措施的影响。不同树种（品种）忍受高温的能力不同，如叶片小、质厚、气孔较少的树种，对高温的耐性较高；同一树种的幼树，因树皮薄、组织幼嫩而易遭高温的伤害。同一棵树，当季新梢最易遭高温的危害。生长期温度高达 30~35℃ 时，一般落叶树种的生理过程受到抑制，温度升高到 50~55℃ 时受到严重伤害。常绿树种较耐高温，但温度达到 50℃ 时也会受到严重伤害。而落叶树种于秋、冬温度过高时不能顺利进入休眠期，影响翌年的正常生长萌芽。

③降水。水是植物生存的重要因子，也是植物体的重要组成部分。树体内的一切生理活动都要在水分参与下才能进行，水是植物新陈代谢的直接参与者和光合作用的原料。水通过不同质态、数量和持续时间的变化对树体起作用，水分过多或不足都影响树体的正常生长发育，甚至导致树体衰老、死亡。各种质态的水对树体起不同的作用，但其中以液态水最为重要。

a. 水分对树木生理变化的影响。水能调节生物体和环境的温度，水的比热容很大，因此水的温度变化不如大气温度变化显著，能为生物创造一个相对稳定的温度环境，保证正常的生理代谢活动。同时水是树木生命过程中不可缺少的物质，细胞间代谢物质的传送，根系吸收的无机营养物质输送，以及光合作用合成的糖类的分配，都是以水作为介质进行的。树木在不同的发育时期对水分的需求不一样。在种子萌发时期，需充足的水分软化种皮，增强透性，将种子内凝胶状态的原生质转变为溶胶状态，才能保证种子的萌发。生长季内的降水能满足植物进行代谢所需的水分，促进生长。如花果期降水过多则不利于昆虫的传粉和风媒授粉，降低授粉效率，延长果实成熟期，而干旱则会增加落花、落果，降低种子质量。

b. 水分对树木生长的影响。在不同地区水资源的供应有很大差距，植物长期适应不同的水分条件，从形态和生理两方面发生变异，并由此形成了不同的植物类型，它们对水因子的要求各不相同。根据植物对水分的需求量和依赖程度，可以把植物分为旱生类型、湿生类型和中生类型。

旱生类型：是指生长在干旱环境中，能长期忍受干旱环境，且能维持水分平衡和正常生长发育的植物。这类植物在形态和生理上有多种多样的适应干旱环境的特征，主要从根、茎和叶三个方面表现出来，较常见的有仙人掌、牧豆树和骆驼刺等。

湿生类型：在潮湿环境中生长，不能忍受较长时间的水分不足，有的甚至能耐受短期的水淹，即抗旱能力最弱的陆生植物。这类树种的生态适应性表现在：植物叶面大，光滑无毛，角质层薄，无蜡层，气孔多而经常开张等。其中以棕榈、池杉、垂柳和枫杨等较为常见。

中生类型：介于旱生和湿生类型之间的树种，生长在水分条件适中的生境中。多数园林树木属于此类型。对水分的反应差异性较大，有的倾向旱生植物性状，如油松、侧柏和牡荆等；有的倾向湿生植物性状，如桑树、旱柳和乌桕等。

④空气。

a. 空气组成成分对树木的影响。空气成分主要是氧气、氮气和二氧化碳，另外还有一些极微量的稀有气体，其中氧气占全部空气成分的21%，氮气占全部空气成分的78%。空气组成成分对园林植物的生长具有十分重要的影响，如氧气对植物的呼吸作用有重要影响，二氧化碳对植物光合作用有重要影响。

氧气是植物进行呼吸作用所必需的物质，氧气不足直接影响呼吸速率和呼吸性质。在氧气浓度下降时，有氧呼吸强度降低，无氧呼吸强度增高，短时期的无氧呼吸对植物的伤害不大，但是时间一长植物就会死亡。

氮气在空气中的含量虽然有78%，但是它不能直接被多数植物利用，空气中的氮气能被少数植物的固氮根瘤菌固定成氨或铵盐，这些氨或铵盐再经过硝化细菌的作用变为硝酸盐或亚硝酸盐被植物吸收，进而合成蛋白质。

二氧化碳在空气中的含量虽然大约在0.03%，但是对植物的生长却十分重要。二氧化碳是绿色植物进行光合作用所必需的物质。光合作用是植物在可见光的照射下，叶绿体把经由气孔进入叶子内部的二氧化碳和由根部吸收的水转变成为淀粉等能源物质，同时释放氧气的过程。光合作用是一系列复杂的代谢反应的总和，是生物界赖以生存的基础，是一种重要的固碳作用，也是地球碳氧循环的重要媒介。

b. 空气污染对树木的影响。园林树木对空气污染都具有一定的抵抗能力，但是空气中的污染物浓度超过园林树木的忍耐限度时，会使园林树木的细胞、组织和器官受到伤害，生理功能和生长发育受阻，群落组成发生变化，甚至造成个体死亡，种群消失。园林树木受大气污染物的伤害一般分为两类：受高浓度大气污染物的袭击，短期内即在叶片上出现坏死斑，称为急性伤害；长期与低浓度污染物接触，因而生长受阻，发育不良，出现失绿、早衰等现象，称为慢性伤害。园林树木对空气污染的抗性因树种、树龄、发育期和环境因子的不同而有差异，具体表现为：木本植物比草本植物抗性强，阔叶植物比针叶植物抗性强，常绿阔叶植物比落叶植物抗性强，壮龄树比幼龄树抗性强，叶片厚、具有角质层、单位面积内气孔疏少的抗性强，具有乳汁或特殊汁液的抗性强。不同的园林树木种和变种对污染物的抗性不同，同一种园林树木对不同污染物的抗性也大有差异。在发生急性伤害的情况下，树木叶面部分坏死或脱落，光合面积减少，影响植株生长，产量下降。在发生慢性伤害的情况下，代谢失调，生理过程如光合作用、呼吸作用等不能正常进行，引起生长发育受阻。

⑤风。风是气候因子之一。风对植物生长的影响是多方面的，风能直接影响植物，有助于花的传粉以及树种果实和种子的传播。风也可改变环境温度、湿度状况和空气中二氧化碳浓度，从而间接影响树体的生长发育。微风可以促进空气的交换，增强蒸腾作用，改善光照条件，促进光合作用，消除辐射霜冻，降低地面高温，对树木生长极为有利。但是大风或是强风对植物的蒸腾作用有极显著的不利影响。当风速较大时，蒸腾作用过大，耗水过多，根系不能供应足够的水分供蒸腾作用所需，叶片气孔便会关闭，光合作用强度下降，植物生长减弱。特别是春、夏生长期的旱风、焚风等干燥的风，因加速蒸腾作用导致树木失水过多而枯萎；在我国北方较寒冷地带，冬末春初的风，加强了枝条的蒸腾作用，但此时地温低，根系活动微弱，造成干梢；我国西北、华北和东北地区的春季常发生旱风，致使新梢枯萎、花果脱落、叶片变小，呈现生理干旱现象，影响树体器官发育及早期生长。另外，大风可降低空气的相对湿度，引起土壤干旱，黏土由于土壤板结、干旱易龟裂造成断根现象；沙土地有营养的表土会被吹走，严重时因移沙现象造成明显风蚀，影响根系正常的生理活动。冬季大风会降低土壤表面温度，增加土层冻结深度，使树体根部受冻加剧。飓风、台风等则更可造成树木的机械伤害，在强风的作用下，一些浅根性的

树种能被连根拔起。

各种树木对大风的抵抗力不同，树木的抗风性与树种的生物学特性、形态特征、树体结构有关，凡树冠紧密、材质坚韧、根系深广的树种抗风性强，而树冠庞大、材质柔软或硬脆、根系浅的树种抗风性弱。同一树种的不同个体间，抗风性又因繁殖方法、立地条件和栽培方式的不同而有异。扦插繁殖者比播种繁殖者根系浅，相对易受风吹后倒伏；在土壤松软而地下水位较高处根系浅，固着不牢，易倒伏；稀植的树木和孤立树比密植树木易受风害。

（2）土壤因子对树木生长的影响

土壤是岩石圈表面能够生长植物的疏松表层，是绝大多数植物生长的基础，是树木生长发育所需水分和矿质营养元素的载体，更是固定植物的介体，树木通过生长在土壤中的根系来固定支撑其庞大的树体。由于植物根系和土壤之间具有很大的接触面，在植物和土壤之间有频繁的物质交换，彼此强烈影响，因而土壤是重要的生态因子。良好的土壤结构能满足树体对水、肥、气、热的要求。土壤对树木生长的影响主要表现在土壤厚度、质地、结构、含水量、通气、温度等物理性质，土壤酸碱度、营养元素、有机质等化学性质，以及土壤的生物环境。

①土壤酸碱度。土壤酸碱度指的是土壤溶液中的氢离子的浓度，以 pH 值表示一般在 4.4~9.5。土壤酸碱度对树木生长影响很大，因此可以种植和土壤酸碱度相适应的植物，如红壤地区可种植喜酸的茶树。土壤酸碱度对养分的有效性影响也很大，如中性土壤中磷的有效性大，碱性土壤中微量元素（锰、铜、锌等）有效性差。在树木生长和养护中应该注意土壤的酸碱度，积极采取措施，加以调节。根据不同树木对土壤酸碱度的要求，可将树木分为三类：喜酸性树木，适宜 pH 值 5.5~6.5，如杜鹃、山茶和杨梅等；喜碱性树木，适宜 pH 值 7.5~8.5，如侧柏、紫穗槐等；中性树木，适宜 pH 值 6.5~7.5，如杨、柳和杉木等。

②土壤肥力。土壤肥力是土壤为植物生长提供、协调营养条件和环境条件的能力。土壤肥力是土壤物理、化学、生物化学和物理化学

特性的综合表现，包括自然肥力、人工肥力和二者相结合形成的经济肥力。不同树木对土壤肥力的适应性不同，分为瘠土树种和肥土树种。瘠土树种指能够在较为贫瘠的土地中生长的树种，具有耐贫瘠的能力，如构树、酸枣和马尾松等；肥土树种指喜欢在肥沃、深厚和适当湿润的土地中生长的树种，如胡桃、梧桐和樟树等。

③土壤含水量。矿质营养物质只有溶解在水中才能被吸收和利用，所以土壤含水量是提高土壤肥力的重要因素。一般树木的根系适应田间最大持水量 60%~80% 的水分，通常落叶树在土壤含水量为 5%~12% 时叶片萎蔫。干旱时土壤溶液浓度增高，根系非但不能正常吸水，反而产生外渗现象，所以施肥后应立即灌水以维持正常土壤溶液浓度。

④土壤通气。一般在土壤空气中含氧量不低于 15% 时，树木根系可以生长正常，不低于 12% 时可以发新根；土壤空气中二氧化碳含量增加到 37%~55% 时，根系停止生长；土壤淹水造成通气不良，尤其是有机物含量过多或温度过高时，氧化还原电位显著下降，使得一些矿质元素成为还原性物质，抑制根系呼吸，造成根系中毒，影响根系生长。各种树木对土壤通气条件要求不同，可生长在低洼水沼地的水杉、池杉忍耐力最强，可生长在水田地埂上的柑橘、柳、圆柏、槐等对缺氧反应不敏感，桃、李等对缺氧反应最敏感。

（3）地势因子对树木生长的影响

地势因子主要包括海拔高度、坡度、坡向和小地形等，地势因子通过对环境条件的影响间接地对树木产生影响，因此与树木的生长发育关系密切。在日常的建园、配植以及栽培管理制度等都要根据地势情况统筹安排。

①海拔高度对气候有很大影响。一般来说，温度随海拔升高而降低，海拔平均每上升 100 米，温度下降 0.6℃，而降水量分布在一定范围内随海拔升高而增加。由于树木对温、光、水、气等生存因素的不同要求，具有各自的"生态最适带"这种随海拔高度成层分布的现象，称为树木的垂直分布。山地园林应按海拔垂直分布规律来安排树种、营造园景，以形成符合自然分布的景观。树木在高海拔条件下往往表现为寿命长、衰老慢，这是由于生长季随海拔升高而缩短，生理

代谢活动减缓所致。

②坡度对土壤含水量影响很大。坡度越大，土壤被冲刷越严重，土壤含水量越少；同一坡面上，上坡比下坡的土壤含水量小。在一般情况下，山脚的坡度小，土层深厚，肥力和水分条件也好。地势越陡，径流量越大，流速越快，冲刷力也越大，从而土壤越瘠薄，肥力越低，水分条件也越差。坡度对土壤冻结深度也有影响。一般坡度为5°时结冻深度在20厘米以上，而15°时则为5厘米。

③不同坡向的日照强度差异较大。在北半球同一地理条件下，南向坡日照充足，而北向坡日照较少；温度的日变化，阳坡比阴坡一般可高2.5℃。由于生态因子的差别，不同坡向的树木表现不同。生长在南坡的树木，物候早于北坡，但受霜冻、日灼、旱害较严重；北坡的温度低，影响枝条木质化成熟，树体越冬力降低。

2. 生物因子对树木生长的影响

在树木生长环境中，影响其生长发育的生物因子主要有动物、植物和微生物。它们与树木间有着各种或大或小、直接或间接的相互作用。对树木生长有害的生物为有害生物。有害生物的种类很多，如有害昆虫、细菌、真菌、病毒等。对树木生长有益的生物为有益生物，如蜜蜂、蚯蚓和螳螂等。另外，人类的经营活动也影响到园林树木的生长。在栽培过程中正确利用有益生物，抑制有害生物，可以大幅促进树木生长。

(1) 动物对树木生长的影响

依据昆虫的习性不同，对树木有害的昆虫可分为刺吸类害虫、食叶害虫、钻蛀性枝干害虫、种实害虫和地下害虫五大类。如鞘翅目幼虫蛀食树干和树枝，影响树木的生长发育，使树势衰弱，导致病菌侵入且易被风折断，如图2-1所示。受害严重时，整株死亡。天牛主要是木本植物的害虫，在幼虫期蛀蚀树干、枝条及根部。还有少数种类，幼虫是在土壤中取食根部，如大牙土天牛及曲牙锯天牛、草天牛等。如鳞翅目襄蛾以雌成虫和幼虫食叶危害，致使叶片仅剩表皮或穿孔，危害对象多，可达几百种，如茶树、山茶、柑橘类、榆、梅、桂花等。昆虫中还有许多种类的益虫。常见的如：螳螂是一种肉食性昆虫，能够猎捕各类昆虫和小动物，在田间、林区能消灭多种害虫；蜜蜂在取得食物的过程中，同时替植物完成授粉任务，为植物授粉的重要媒介；蚯蚓的自然活动和排泄物对改善土壤的质量非常有益，蚯蚓能疏松土壤，可使土壤的透气性保持良好，增加土壤有机质并改善土壤结构，还能促进酸性或碱性土壤变为中性土壤，增加有效磷等速效成分，对园林树木的生长有重要作用。

图 2-1　绿刺蛾幼虫对树木的危害（崔金腾摄）

除昆虫外，大型哺乳类植食性或杂食性动物以及大多数鸟类以树木的果实为食物，在吃掉果实后以粪便的形式将树木的种子传播出去。这些动物作为一种载体，有利于树木种子的传播，对树木的繁殖演化起到了重要的作用。

（2）植物对树木生长的影响

在自然森林群落中，藻、苔藓、地衣等孢子植物和菟丝子等草本植物是生态系统中重要的组成部分，对维护生态系统平衡起着重要的作用。但是，在城市这样一个特殊环境中，这些附生于植物上的植物其存在却常常会带来许多负面的影响，成为一类不可忽视的有害生物。主要表现在以下几个方面：

①对树木的寄生性和增加病虫害发生的概率。草本植物中，菟丝子以其茎蔓缠绕在寄主植物（小叶榕、一串红等）的茎、叶上，不断产生吸器固定并伸入茎、叶的细胞内吸取营养，造成寄主植物矮小、

衰弱、叶片黄化以致枯萎，如图 2-2 所示。藻类植物中的少数种类，

图 2-2 树木与寄生植物之间的作用（崔金腾摄）

如橘色藻目的藻类，具有一定的寄生能力，其中最著名的例子就是由藻类引起的藻斑病。藻类具有类似低等真菌的丝状体、刚毛、孢囊梗及游动孢子等结构，同时还容易与真菌共生形成地衣。另外，枝干上如果长有较密的苔藓或地衣植物，不但会给一些害虫提供越冬或产卵场所，还会有利于寄生性植物种子的固着，苔藓或地衣植物贮藏的水分还会助其发芽。

②影响树木的新梢发芽和光合作用及气体交换。覆盖于枝条上的藻、苔藓与地衣植物如果过密，会导致叶芽不能正常萌发或推迟萌发，导致植物生长不良和衰退。生长于树叶上的藻、苔藓与地衣植物将会直接影响叶片光合作用的正常进行，从而影响植株的正常生长；而枝干上生长过于旺盛的时候（图 2-3）也会通过阻碍枝干组织的气体交换及光线的吸收而影响枝干的正常生

图 2-3 树干上生长的地衣植物
（崔金腾摄）

长，甚至会导致一些小枝的死亡。

③苔藓和地衣的生长是加快植物衰退进程的重要参与者。衰退的植物枝上长满苔藓及地衣植物，虽然这并不意味这些苔藓或地衣植物的附生导致了植物衰退，然而正是由于植物发生衰退后形成了对苔藓及地衣植物生长有利的条件，使得苔藓与地衣植物得以快速发展，与此同时，苔藓及地衣植物的侵入生长促使植物的衰退进程加快，从而进入一个恶性循环之中。

④影响植物的景观效果和环境卫生。藻、苔藓或地衣植物发生严重时，可见植物的叶、干、枝上布满厚厚的青苔或藓，很大程度上影响了园林植物自身的观赏价值。另外，枝、干、叶上的藻层如果不慎被接触，很容易弄脏游人的身体或衣物。藻、苔藓或地衣植物在发生凝冻时会加重枝干冰层厚度及重量，增加枝干折断概率，大大降低城市树木的观赏价值。

（3）微生物对树木生长的影响

树木中的绝大多数病害由真菌导致，病害的发生使植株生长不良，失去其观赏及绿化效果，造成生态破坏和无法挽回的经济损失。树木在生长发育过程中常遭受各种病害的侵袭，轻者影响生长、形态失常、降低观赏性，重者枯萎死亡。城市绿地中的树木、花卉等的病害以真菌致病性最为严重。另外，也有许多微生物是对园林树木生长有益的。其中，土壤中有很多种类的微生物生存在植物根系周围，即根际。根际是一个很特别的微区域，由于植物根系的影响，根际在物理、化学和生物方面与土壤主体不同。根系微生物在根际微生态系统中对养分的转化吸收和根系的生长有其独特影响。主要体现在以下几个方面：

①固氮作用。共生固氮根瘤菌已在全球范围内成功应用。其中有些固氮菌与豆科植物建立了共生固氮体系，也有一些固氮菌与一些非豆科木本植物建立了共生固氮体系。这两种共生固氮体系增加了豆科与非豆科植物的氮素营养。而一些非共生固氮菌也在一定程度上增加了多种植物对氮素的吸收。

②促进植物营养生长。微生物通过固定土壤、空气中的营养物质以及产生生长调节物质、分泌抗生素类物质促进植物生长。土壤微生

物的作用增加了植物对氮、磷等主要营养元素的吸收，从而促进了植物的生长。目前的研究热点主要集中在植物根际促生细菌促进植物生长的机制、微生物类群组成以及它们之间的关系、接种到土壤中的有益微生物对植物生长的影响等方面。同一属中只有特定的种和菌株是植物根际促生细菌，而另一些种可能是有害根际细菌；对同一菌株而言，在不同植物根际可能起不同作用。

③释放土壤中难溶性物质。微生物在其生命活动期间能分解土壤中难溶性的矿物质，并把它们转化成易溶性的矿质化合物，从而有助于植物吸收各种矿质元素。土壤中含有很多钾细菌和磷细菌，它们能够将土壤矿物质中无效态的钾和磷释放出来，供植物生长发育用。

二、城市环境与树木生长

城市是人类集聚活动的中心。人类活动对城市环境的影响也表现得最为显著，因此城市形成其特有的生态环境，城市的气候、土壤、水资源、大气与树木的生长之间有密切的相互作用。

1. 城市气候特点与树木生长

城市地域范围内的气候特点明显不同于周围乡村的气候特点，主要表现为：平均气温升高，热岛效应明显；风速减小，相对湿度降低；太阳辐射强度降低，晴天减少。

（1）城市的光照特点

在城市地区，空气中的悬浮颗粒物较多，凝结核随之较多，因而较易形成低云。因此，城市的低云量、雾、阴天的时数比郊区多，城市接收的太阳辐射总量少于乡村。虽然城市接收的太阳辐射总量减少，但下垫面的反射率小而减少了反射辐射，因此城市接收的净辐射并不因为辐射总量降低而减少，实际上与周围农村相差并不明显。城市环境中太阳辐射的波长结构发生的变化较大，集中表现在短波辐射的衰减程度大，紫外辐射部分减少，而长波辐射变化不明显。

在城市环境中，除了自然光照外，还有人工光照，如城市夜景照明、大型公共性建筑照明、城市街道照明、霓虹灯、喷泉照明等。有些研究认为，城市夜景照明会延长光照时数，因而可能打破树木正常的生长和休眠，不利于落叶树木过冬。而建筑物的玻璃幕墙对光的强反射产生的眩光对树木的生长也会产生一定的影响。

（2）城市的气温特点

城市气温高于郊区的现象称为热岛效应，是城市气候的明显特征之一，使城市具有一种特殊的水平和垂直的温度结构。用闭合等温线表示城市气温的分布，其形状似小岛，故被称为热岛。从气温的水平分布状况来说，市中心区温度最高，向郊区逐渐减低，农村的温度最低。城市的热岛效应会使城市的春天来得较早，秋季结束得较晚，城内的无霜期延长，极端低温趋于缓和，但这些有利于树木生长的条件会由于温度过高、湿度降低而丧失其有利作用。

（3）城市的湿度特点

城市的下垫面相对于自然环境已经发生了很大变化，建筑物和路面多为不透水层，降雨后很快形成径流，由排水系统排出，雨停后路面很快干燥，加之城市植物覆盖面积小，所以城市的空气湿度比郊区小，形成所谓的"干岛"，树木容易受到缺水的影响。而在夜间，城市的绝对湿度反而比郊区高而形成"湿岛"。这是由于在夜晚郊区降温快，易形成露水，致使空气绝对湿度降低，而城区由于热岛效应，气温比郊区高，结露量和凝露量都小于郊区，因此这时城市近地面空气湿度反而比郊区大，这对树木生长有利，但也容易产生病害。

（4）城市的风场特点

城市的风场非常复杂。首先，城市具有较粗糙的下垫面，摩擦系数增加，使得城市风速一般要比郊区低 10%~20%。其次，在城市内部，局部差异很大，很多地区为风影区，风速极小，另一些地区的风速可能大于同高度的郊区。产生这种差异的原因在于当风吹过城市建筑物时，因阻碍摩擦产生不同的升降气流、涡流和绕流等，致使风的局部变化更加复杂。树木被风刮倒的情况常常发生。

2. 城市土壤变化与树木生长

自然界的土壤是地壳表面的岩石经过长期的风化、淋溶作用逐步形成的。城市的土壤由于深受人类各种活动的影响，其物理、化学和生物学特性都与自然状态下的土壤有很大的差别。

（1）城市发展对土壤结构的改变以及对树木生长的影响

城市土壤与城市的形成、发展及建设关系密切。市政施工常常在改变地形的同时破坏了土壤结构，而土壤质地的改变，会影响土壤中的水分和空气容量，同时影响树木根系的伸展与生长。在城市地区，由于人为的践踏和车辆的碾压，土壤坚实度增大，土壤的空隙度相应减小，导致土壤通气性下降。因此，土壤中氧气含量常严重不足，这对树木根系进行呼吸作用等生理活动产生极不利的影响，严重时可使树木因窒息死亡。另外，这些土壤无法与外界进行水分的渗透与排出，通常处于长期的潮湿或干旱状态，行道树通常生长在这类土壤环境，其根系的生长受到很大的影响。

（2）冬季除雪剂对城市土壤以及树木生长的影响

城市土壤的 pH 值一般高于其周围郊区的土壤，一些北方城市通常在冬季以施钠盐来加速街道积雪的融化，直接导致路侧土壤的 pH 值增高。pH 值增加降低了土壤中铁、磷的有效性，当 pH 值大于 8 时，会引起植物缺铁，叶片黄化，同时干扰土壤微生物的活动，进而影响有机物质和矿质元素的分解和利用，限制了城市环境中可栽植树种的选择。

（3）枯枝、落叶的清运对土壤营养循环以及树木生长的影响

市区内植物的枯枝、落叶常作为废弃物被清运，使土壤营养元素循环中断，同时又降低了土壤营养元素的含量。由于缺少有机物，土壤团粒结构减少进而造成水分、通气条件的变化，影响土壤微生物的活动，树木会出现营养元素缺乏的情况。

3. 城市的水资源状况与树木生长

随着经济发展，城市规模越来越大，我国大多数城市还面临着水资源的短缺问题，尤其是华北和西北城市地区，缺水问题十分严重。越来越多的城市将地下水作为主要水源，由于地下水的超量开采而引起一些城市和地区的地面沉降、河流干涸，加剧了城市区域生态环境的恶化，加速了土壤沙化、盐渍化的产生，湿地面积减少、水域面积

缩小，使区域生态用水需求量更大，因此城市的水文环境成为影响树木生长、制约绿地发展的主要因素之一。城市土壤不像郊区的土壤疏松而具有很高的持水能力，城市降雨后地表径流会在短时间内急剧增高并很快出现峰值，然后径流量迅速降低，因而减少了对地下水的补充，需要从外系统输入大量的水（这些水主要来自附近的河流、湖泊、水库以及地下水）。城市水资源状况决定了城市树木常会受到水分亏缺的威胁，在树种选择和养护管理时应充分考虑这一因素。因此，水资源严重不足的城市应逐步走向节水园林，通过节水灌溉技术、中水开发利用技术以及抗旱节水园林植物材料的应用来减少园林绿化用水。

4. 城市的环境污染与树木生长

城市是经济社会发展的产物。在城市化的进展过程中，不少城市遇到了诸如人口膨胀、交通拥挤、能源紧缺、供水不足、大气污染等问题。其中与树木生长有关的城市环境污染主要有大气污染、土壤污染、水资源污染。

（1）大气污染

大气污染指在空气的正常成分之外，又增加了新的成分，或原有成分大量增加对人类健康和动、植物生长有害。在城市地区，大气污染主要是源于燃料的燃烧、工矿企业生产过程中产生的废气或颗粒物、交通运输排放的废气和颗粒物。粉尘是飘浮在大气中的细微颗粒，也是城市大气污染的主要类型之一。粉尘在空气中散射和吸收阳光，改变城市的辐射平衡，使能见度降低，或降落沉积在叶表面堵塞气孔，妨碍叶片对辐射能量的吸收，影响植物正常的气体交换。

（2）土壤污染

当土壤中的有害物质含量过高，超过了土壤的自净能力时，会导致土壤自然功能失调，肥力下降，影响植物的生长发育，或污染物在植物体内积累，通过食物链危害人类健康。土壤污染引起土壤系统成分、结构和功能的变化，使土壤质量下降，土壤微生物活力受抑制或破坏，导致土壤正常功能失调，对树木生长产生不良影响，甚至成为不能生长植物的不毛之地。同时土壤污染物又向环境输出转化，使大气、水体等进一步被污染。重金属是土壤的主要污染物，它不能被微生物降解，可在生物体内聚集，并可把某些重金属转为毒性较大的金属化合物。植物在这样的土壤中生长，会因积累较多的重金属元素导致根的老化和死亡。

(3) 水资源污染

水资源污染是指排入水体的污染物超过水体对该污染物的净化能力，使水的组成和性质发生了变化，从而使动、植物的生长环境恶化，人类生活和健康受到不良影响。城市水资源污染包括地面水污染与地下水污染，地下水污染常常容易被忽略，但它的影响却更为深远，因为一旦被污染就很难净化。城市水资源污染主要源于工业废水和生活污水的排放。污染物主要有无机物、有机物、生物。排放到水体中的污染物通常以可溶态或悬浮态存在，以不同的形式迁移，污染最重的是有毒化学物和重金属。用污染水灌溉会造成对土壤的污染，并直接影响植物生长，树木体内有毒物质浓度增加后，树木将表现出受害症状。许多污染物能够抑制甚至破坏树木的生理生化活动，如镍、钴等元素能严重妨碍根系对铁的吸收，铅妨碍根系对磷的吸收，许多重金属能破坏酶的活性。

三、城市树木栽植前的整地

土壤是树木生命活动所需求的水分和各种营养元素的供应库和贮藏库。土壤的好坏直接关系到树木的生长状况。城市树木栽植前的整地工作是通过多种综合措施来改善土壤结构和土壤理化性质，提高土壤肥力，以保证树木后期生长所需的养分、水分等要素的有效供给，提高后期树木的存活率和生长状况。

1. 城市中土壤常见的种类及特性

城市绿地的土壤条件十分复杂，既有各种自然土壤，又有人为干预过的各类土壤；既受城市地域性气候的影响，又受城市高密度人口和特殊的气候条件及各种污染物的干扰。因此，城市绿地的土壤中常常见到土壤层次紊乱、土壤物理性质较差、土壤中有机质含量较少、土壤盐碱性较强、土壤中建筑垃圾较多而且分布不均等问题。城市绿地的土壤根据性质和条件不同大致可分为以下几类。

①原生肥土。平原肥土是理想的城市树木栽培土壤，最适合园林树木的生长。

②酸性红壤。在我国长江以南地区常常分布红壤。红壤呈酸性，土粒细，缺乏氮、磷、钾等元素，许多树木不能适应这种土壤。

③水边低湿地的土壤。土壤一般都很坚实，水分多、通气不良，不利于树木根系的生长。

④沿海地区的土壤。沿海地区的土壤非常复杂，受海潮影响严重。如果是沙质土壤，盐分被雨水溶解后能在短期内排除；如果是黏性土壤，因透水性小，盐分便会长期残留，不利于树木的生长，必须经过土壤改良才能栽植树木。

⑤城市荒地。土壤未经深翻熟化，孔隙度低，肥力差。

⑥市政工程施工后的场地。在城市市政工程的施工过程中，常将未熟化的心土翻到表层，再加上机械的碾压，土壤的原有结构被破坏，造成土壤紧实度增加，孔隙度减小，通气不良，肥力降低，并且这类土壤中常含有建筑垃圾。建筑垃圾是建筑施工后的残留物。少量的砖头、木块或木屑等建筑残留物可以增加土壤的孔隙度，对树木生长无害，而水泥、石灰及其灰渣等建筑残留物提高了土壤的 pH 值，对树木生长危害很大。

⑦工矿污染地。矿山和工厂排出的废料中含有有害成分，被其严重污染过的土壤往往不适宜树木的生长，必须换土后才能进行绿化。

⑧人工土层。在城市建筑物上，待建筑结构完工后由人工覆盖到建筑物顶部的土壤，称为人工土层。由于建筑负荷的限制，与天然土层相比，人工土层一般比较薄，土壤的有效水分容量小，土壤很容易失水变干，若仅靠天然降水，树木的生长很难维持，必须得到人工补水。

2. 土壤改良的方法

城市树木栽植前的整地工作主要是了解所栽植范围内的土壤性质，并根据土壤的特性进行改良处理，使其到达使用要求。土壤改良工作是保证树木成活和以后健壮生长所采取的前期措施。土壤改良是采用物理、化学及生物措施，改善土壤理化性质，提高土壤肥力的方法。

（1）土壤耕作改良

对土壤板结、黏重、耕性差、通气及透水不良的土壤，通常采用土壤耕作改良的方法。通过土壤耕作改良，可以有效地改善土壤的水分和通气条件，促进微生物的活动，加快土壤的熟化进程，使难溶性营养物质转化为可溶性养分，从而提高土壤肥力。同时，由于大多数城市树木都是深根性植物，根系分布深广，通过土壤耕作可以为根系提供更广阔的伸展空间。土壤耕作改良应包括：

①深翻熟化土壤。深翻是在城市树木种植前对栽植范围内的土壤采用全面或局部深翻方式进行深度翻垦，以加快土壤的熟化。深翻结合施肥，特别是施有机肥，对土壤改良效果更好。此方法适用于在城市荒地、水边低湿地、市政工程施工后的场地等地段栽植树木时使用，特别是在以上类型土地中栽植深根性的乔木时。在土层浅、下部为半风化岩石，或土质黏重、浅层有砾石层和黏土夹层，或地下水位较低的土壤作业时，深翻深度应较深为宜。深翻应与施肥、灌溉同时进行。深翻回填土时，维持原来的层次不变，就地翻松后掺入有机肥，将心土放在下部，将表土放在最上面。

②客土栽培。在栽植城市树木时对栽植地实行局部换土，通常是在土壤完全不适宜树木生长的情况下进行的。在沿海地区的土壤、工矿污染地、建筑垃圾或其他废弃物严重污染地等土地作业中，或在选定的树种需要一定酸度的土壤而本地土质不合要求时，适宜采用客土栽培方法进行。在客土栽培实施前应要选用质地好、肥力较高的土壤作为客土。

（2）土壤化学改良

①施肥改良养分含量。土壤的施肥改良以施有机肥为主。有机肥所含营养元素全面，能有效地供给树木生长所需的营养，还能增加土壤腐殖质，提高土壤保水、保肥能力，改良黏土的结构，增加土壤的空隙度，缓冲土壤的酸碱度。有机肥需经过发酵腐熟后才可使用，生产上常用的有机肥料有厩肥、堆肥、禽肥、饼肥以及城市中的有机垃

圾等。

②对土壤进行酸化或是碱化处理。绝大多数园林树木适宜生长在中性至微酸性土壤中，然而在我国许多城市的园林绿地中，酸性和碱性土壤所占比例较大。一般说来，我国南方城市的土壤 pH 值偏低，北方城市的土壤 pH 值偏高。土壤的酸碱度主要影响土壤养分的转化与有效性、土壤微生物的活动和土壤的理化性质等，与城市树木的生长发育密切相关。土壤酸化是对偏碱性的土壤进行必要的处理，使 pH 值有所降低，以适宜某些喜酸性土的园林树种的生长需求。目前，土壤酸化主要通过施用释酸物质来调节土壤的 pH 值，如施用有机肥料、生理酸性肥料、硫黄等，通过这些物质在土壤中的转化，产生酸性物质，降低土壤的 pH 值。土壤碱化是对偏酸的土壤进行必要的处理，使 pH 值有所提高，以适宜某些碱性树种生长需求。土壤碱化的常用方法是向土壤中施加石灰、草木灰等碱性物质，但以石灰应用较普遍。土壤碱化处理采用的石灰是农业上用的"农业石灰"，即颗粒较细的碳酸钙粉。

③使用疏松剂。土壤疏松剂可大致分为有机类、无机类和高分子化合物类三种类型，其功能主要表现为膨松土壤，增多孔隙，促进微生物活动，使土壤粒子团粒化。大量使用的有机类疏松剂以泥炭、锯末粉、谷糠、腐殖土等为主，这些材料来源广泛，价格便宜，效果较好，使用经过发酵腐熟的材料，并与土壤混合均匀。生产上广泛应用的高分子化合物类疏松剂主要是聚丙烯酰胺，用其配制成合适浓度的溶液，对需要改良的土壤进行浇灌，使土壤形成团粒结构，可以达到改良土壤的目的。

（3）利用动物和微生物改良土壤

生物改良主要分为两个方面：一是利用土壤中的动物，土壤动物能分解树木的枯落物，促进土壤形成良好的团粒结构，改良土壤的通气状况，提高土壤的保水、保肥能力，对土壤改良具有积极意义；二是使用根瘤菌、固氮菌、磷细菌、钾细菌等微生物肥料，它们生命活动的分泌物和代谢产物既能直接给树木提供营养元素、激素类物质、各种酶等，又能改善土壤的理化性能。

3. 整地的工作内容

不同的树种对土壤的要求是不同的，但是一般而言，树木都要求保水、保肥性能好的土壤，而在干旱贫瘠的土壤或水分过多的土壤中，树木往往生长不良。由于城市绿地的土壤条件十分复杂，所以城市树木栽植前的整地工作既要做到严格细致，又要因地制宜。除要满足树木生长发育对土壤的要求外，还要注意地形、地貌的美观。城市绿化整地工作包括适当整理地形、翻地、去除杂物、碎土、耙平、填压土壤等内容。

（1）一般平缓地区的整地

对比较平缓的耕地或半荒地，可采取全面整地。通常翻耕深度为30厘米左右，以利于蓄水保墒。对于重点布置地区或深根性树种种植区，整地深度应达到50厘米以上，并施有机肥，以改良土壤。平缓地区的整地要有一定的倾斜度，以利于在雨季排除多余的水分。

（2）低湿地区的整地

低湿地区的土壤一般比较紧实，通气不良，盐碱含量高，即使树种选择正确，也常生长不良。通过填土、挖排水沟、松土晒干和施有机肥等措施，能有效地降低地下水位，防止返盐。通常在植树的上一年，每隔20米左右就挖出一条深1.5~2.0米的排水沟，并将掘起的表土翻至一侧培成垄台。经过一个生长季，土壤受雨水的冲洗，盐碱减少，土质疏松，不干不湿，即可在垄台上植树。

（3）市政工程施工后的场地的整地

城市的市政工程完工后，在工地上常遗留大量灰槽、灰渣、砂石、砖石、碎木等废物，在整地前应将这些遗留物全部清除。由于建筑工程施工机械的碾压或夯实，土壤常变得十分坚硬，因此在整地时，还应将坚实的土壤挖松，并根据设计要求处理地形。对因挖除建筑垃圾而缺土的地方，应换入肥沃土壤。

（4）新堆土山的整地

挖湖或挖掘地下室堆山是城市建设中常见的改造地形的措施之一。人工新堆的土山，要令其自然沉降之后方可整地植树。因此，通常在土山堆成后，至少要经过一个雨季才能开始整地。人工土山往往不太大，也不太陡，又全是疏松新土，可以按设计要求进行局部块状整地。

　　另外，整地季节直接影响整地效果，这点应尤为注意。在一般情况下，应提前整地，以充分发挥其蓄水保墒的作用。这一点在干旱地区尤为重要。一般整地应在植树前 3 个月以上的时期内（最好经过一个雨季）进行。若现整现栽，整地效果将会大受影响。

第三章
城市树木的选择、配置与苗木准备

一、城市树木的选择

城市树木选择的主要意义在于使栽培树种最大限度满足生态和观赏效果的需要。城市树种选择的正确与否，关系到园林绿化的成败。树种选择适当，立地或生境条件能够满足其生长要求，树木就能旺盛生长、发育正常，不仅可大大提高绿化、美化效果，更可以节约建设投入及管理养护费用。反之，如果树种选择不当，树木栽植成活率低，即使成活也会生长不良，价值低劣，不仅影响园林树种的观赏性，同时也影响其维护城市生态平衡的作用。树木的寿命长，在其漫长的管护过程中，需要花费大量的人力与财力。所以，每种下一棵树，都要仔细考虑它是什么种类（品种）、会给城市带来什么以及给后人产生什么影响。在合适的立地上种植合适的树种，是栽植开始前最为关切的问题。树种的选择必须遵循科学性原则，有些工作人员不了解树种的习性，盲目从外地引入树木，结果树种因不能适应该地区而"全军覆没"，大大降低了城市树木的栽植效率和浪费了大量财力物力。

1. 城市树木选择的主要原则

在城市造林和绿化工作中，城市树木选择的主要原则为：一是要满足栽植的功能和目的要求，即栽植功能和目的性原则；二是树种的生态学特性与栽植地的立地条件要适应，即适应性原则；三是要考虑栽植成本和日后养护成本，即经济性原则。

（1）栽植功能和目的性原则

城市树木具有美化环境、改善防护及经济生产等方面的功能，在树种选择中，要明确树木所要发挥的主要功能是什么及栽植的主要目的是什么。当前，随着社会的进步人们对园林绿化的要求越来越高，不仅要具有绿的效果、美的享受，而且要发挥最大的改善环境的生态功能。过去过分强调植物的观赏效果，但在当今城市生态环境日益严峻的情况下，更应充分发挥树木的生态价值、环境保护价值。目前，城市中栽植树木的目的主要集中于公园绿地、生产绿地、防护绿地、附属绿地、生态旅游绿地以及自然保护区绿地的使用。在不同的城市绿地中，因地制宜地选择不同类型的树种是很有必要的。比如，在街道中，应选择速生、耐修剪、易移植的树种；在公园、庭院的绿地中，应选择长寿树种等。在城市树种选择中，还要注意选择根深、抗风力强、无毒、无臭、无飞絮、无花果污染的优良树种。

（2）适应性原则

适应性原则就是使栽植树种的生态学特性与栽植地的立地条件相适应，即选择合适的树种以适应树木生长地的自然条件。适地种树是充分发挥土地和树种的潜力，使树木在相应立地上最大限度发挥生态功能与美化功能，这是树木栽培养护工作的基本原则，也是其他一切工作的基础。适地种树是从理论到实践都得到证明的原则，但在许多树木种植实践中并没有得到很好地运用，相反，往往过于看重人的力量，片面强调通过各种人为措施来改造立地环境以满足树木生长的需求，结果适得其反。适应性原则又分为以下三个方面内容，主要包括适树适栽、适时适栽和适法适栽。

①适树适栽。我国地域辽阔，物种丰富，可供城市绿化选用的树种繁多。南树北移和北树南引日渐普遍，国外的新优园林树木也越来越受国人的青睐。因此，适树适栽的原则在园林树木的栽植应用中也愈显重要。

首先，必须了解规划设计树种的生态习性以及对栽植地区生态环境的适应能力，要有相关成功的驯化引种试验和成熟的栽培养护技术，方能保证效果。因此，贯彻适树适栽原则的最简便做法，就是选用性状优良的乡土树种。所谓乡土树种，是指未经人类作用引进的那些树种，乡土树种最适应当地的气候及土壤条件，在各地的乡土树种中都有具有较高观赏价值的树种，选用它们一般无须对土壤作特殊处理。更重要的是，乡土树种能很好地显示地方特色。作为景观树种中的基调骨干树种，特别是在生态林的规划设计中，更应实行以乡土树种为主的原则，以营造生态群落效应。

其次，可充分利用栽植地的局部特殊小气候条件，突破原有生态环境条件的局限性，满足新引入树种的生长发育要求。在城市树木栽植中，更可利用建筑物防风御寒，利用小庭院围合聚温，以减少冬季低温的侵害，延伸南树北移的疆界。

再次，地下水位的控制在适树适栽的栽植原则中具有重要的地位。地下水位过高是影响树木栽植成活率的主要因素。现有城市树木种类中，耐湿的树种极为匮乏，一般城市树木的栽植，对立地条件的要求为：土质疏松，通气、透水。适树适栽原则中还要求了解树种对光照的适应能力，尤其是在多树种群体配植时，对树木耐阴性和喜阳性的考虑很重要。

②适时适栽。园林树木的适宜栽植时间，应根据各种树木的不同生长特性和栽植地区的气候条件而定。一般落叶树种多在秋季落叶后或在春季萌芽开始前进行，此期树体处于休眠状态，生理代谢活动滞缓，水分蒸腾较少且体内贮藏营养丰富，受伤根系易于恢复，移植成活率高。常绿树种栽植，在南方冬暖地区多进行秋植，或于新梢停止生长期进行；在冬季严寒地区，易因秋季干旱造成"抽条"而不能顺利越冬，故以新梢萌发前春植为宜；在春旱严重地区可在雨季栽植。随着社会的进步和人类文明的发展，人们对环境生态建设的要求愈加迫切，园林树木的栽植也突破了时间的限制，"反季节""全天候"栽植已不再少见，关键在于如何遵循树木栽植的原理，采取妥善、恰当的保护措施，以消除不利因素的影响，提高栽植成活率。

③适法适栽。依据树种的生长特性、树体的生长发育状态、树木栽植时期以及栽植地点的环境条件等，园林树木的栽植可分别采用裸根栽植和带土球栽植。

a. 裸根栽植。此法多用于常绿树小苗及大多落叶树种。裸根栽植的关键在于保护好根系的完整性，骨干根不可太长，侧根、须根尽量多带。从掘苗到栽植期间，务必保持根部湿润、防止根系失水干枯，根系打浆是一种常用的保护方式。

b. 带土球栽植。常绿树种及某些裸根栽植难于成活的树种，大树栽植和生长季栽植，要求带土球进行，以提高成活率。对直径在30厘米以下的小土球，可采用束草或塑料布简易包扎，栽植时拆除即可。如土球较大，使用蒲包包装时，只需稀疏捆扎蒲包，栽植时剪断草绳撤出蒲包物料，以使土壤与土球紧密接触，便于新根萌发、吸收水分和营养。如运输距离较近，可简化土球的包装手续，只要土球标准大小适度，在搬运过程中不致散裂即可。

（3）经济性原则

树种的选择要注意经济性原则，要尽可能减少施工与养护成本，选择来源广、繁殖较容易、苗木价格低、移栽成活率高、养护费用较低的树种或品种。如有些树种生长快，需要频繁修剪；有些树种抗病性比较弱或是易受虫害威胁，需要经常喷施农药等，这些无形中都增加了大量的养护成本。树种或品种确定后，应尽量在与栽植区生态条件相似的地区就近购苗，避免远途购苗。如果确实需要从外地调运苗木，必须细致做好苗木包装保护工作，严防根系失水过度，影响定植成活率。另外，经济性原则还体现在所选的树种要有一定的经济开发前景，能满足市场的需求。

2. 不同用途城市树木的选择和配置

（1）行道树的选择和配置

行道树指的是按一定方式配植在道路两旁成行的乔木或灌木，又称为荫道树或路树，如图3-1所示。道路系统是现代社会建设中的基础设施，而行道树的选择应用，在完善道路服务体系、提高道路服务质量方面，有着积极、主动的环境生态作用。行道树的主要栽培场所为人行道绿带、城市中道路两侧、分车线绿岛、市民广场游径、河滨林荫道以及高速公路两侧等。行道树种植的环境条件比园林绿地中的环境条件要差得多，这主要表现在土壤条件差、烟尘危害较大、地面行人的践踏摇碰和损伤、空中电线电缆的障碍、建筑的遮阴以及地下管线对根系生长的障碍。因此，行道树树种首先须对城市街道的种种不良条件有较高的抗性，在此基础上要求具有树冠大、荫浓、发芽早、落果少、无毛絮飞扬、扎根深等特点。

图 3-1　行道树配置（崔金腾摄）

理想的行道树树种选择标准为：从养护管理要求出发，应该是适应性强、病虫害少；从景观效果要求出发，应该是干挺枝秀、景观持久。常用树种有悬铃木、油松、银杏、七叶树、加拿大杨、旱柳、槐、合欢、刺槐、女贞、枫杨、臭椿和梧桐等。

（2）孤植树的选择和配置

孤植树又称为独赏树、标本树、赏形树或独植树，如图 3-2 所示。广义地说，孤植树并不等于

图 3-2　孤植树配置（崔金腾摄）

只种 1 株树。有时为了构图需要，增强繁茂、雄伟的感觉，常用 2 株或 3 株同一品种的树木紧密地种于一处，形成一个单元，给人们的感觉宛如一株多干丛生的大树，这样的树也被称为孤植树。孤植树的主要功能是遮阴并作为观赏的主景以及建筑物的背景和侧景，主要表现树木的体形美，可以独立成为景物供观赏用。

作为孤植树应具备的条件：孤植树主要表现树木的个体美，在选择树种时必须突出个体美，如体形特别巨大、轮廓富于变化、姿态优美、花繁实累、色彩鲜明、具有浓郁的芳香等。可以是常绿树，也可以是落叶树，通常选用具有美丽的花、果、树皮或叶色的种类。

孤植树的种植位置选择：孤植树种植的位置要求比较开阔，不仅要保证树冠有足够的生长空间，而且要有比较适合观赏的视距和观赏点。一般在园林中的空地、岛、半岛、岸边、桥头、转弯处、山坡的突出部位、休息广场、树林空地等都可考虑种植孤植树。

孤植树的树冠应开阔宽大，呈圆锥形、尖塔形、垂枝形或圆柱形。宜于作为孤植树的树种有雪松、金钱松、马尾松、白皮松、垂枝松、香樟、黄樟、皂荚、广玉兰、桂花、七叶树、银杏、紫薇、海棠、樱花、红叶李、石榴、罗汉松、玉兰和蜡梅等。

（3）庭荫树的选择和配置

以遮阴为主要目的的树木，由于最常见于建筑形式的庭院中，故称为庭荫树，又称为绿荫树、庇荫树，主要以能形成绿荫供游人避免日光暴晒和装饰用，如图 3-3 所示。由于庭荫树一般均枝干苍劲、荫浓冠茂，因此无论孤植或丛栽，都可形成美丽的景观。热带和亚热带地区多选常绿树种，寒冷地区以选用落叶树为主。庭荫树一般要求生长健壮、树冠高大、枝叶茂密荫浓、无不良气味、无

图 3-3 庭荫树（崔金腾摄）

毒、少病虫害、根蘖少、根部耐践踏或耐地面铺装所引起的通气不良条件、适应性强、管理简易、寿命较长、树形或花果有较高的观赏价值等。在选择庭荫树树种时以观赏效果为主，结合遮阴的功能来考虑。许多具有观花、观果、观叶的乔木均可作为庭荫树。适合当地应用的行道树，一般也都宜用作庭荫树。

庭荫树可孤植、对植或3~5株丛植于园林、庭院，配植方式根据面积大小以及建筑物的高度、色彩等而定。如建筑物高大雄伟，宜选高大树种；如建筑物矮小精致，宜选小巧树种。庭荫树与建筑之间的距离不宜过近，否则会影响建筑物的基础和采光。在园林中多植于路旁、池边、廊、亭前后或与山石建筑相配，或在局部小景区三五成组地散植各处，形成有自然之趣的布置；亦可在规整的有轴线布局的地区进行规则式配植。

我国常见的庭荫树，东北、华北、西北地区主要有合欢、旱柳、白蜡树、泡桐、刺槐等，华中地区主要有悬铃木、银杏、枫杨、垂柳、三角枫、桂花等，华南、台湾和西南地区主要有樟树、榕树、橄榄、金合欢、红豆树、木棉、蒲葵等。

（4）园景树的选择和配置

园景树是园林绿化中应用种类最为繁多、形态最为丰富、景观作用最为显著的骨干树种。树种类型既有观形、赏叶型，又有观花、赏果型。既有参天伴云的高大乔木，也有株不盈尺的矮小灌木。常绿、落叶相宜，孤植、丛植均可，不受时空影响，不拘地形限制。本类树种具有巨大作用，应用极广，具有多种用途。有些可作独赏树兼庭荫树，有些可作行道树，有些可作花篱或地被植物用，在配植应用的方式上亦是多种多样。在园景树的选择应用中，树形高大、姿态优美是首要标准。

①观花树。凡具有美丽花朵或花序，其花形、花色或芳香有观赏价值的乔木、灌木、丛木及藤本植物均称为观花树或花树。常用树种有山桃、蜡梅、玉兰、紫薇、木槿、凌霄、合欢、桂花、山茶、紫叶李、迎春花、连翘等，如图3-4所示。

②观果树。园林树木的果实有多种类型，观果树种的应用，给园

林景观绿化起到了锦上添花的效果。常用树种有山楂、葡萄、冬青、栾树、金银木、火棘、天竺、柿子、石楠、石榴、柑橘、枇杷等，如图3-5所示。

图3-4　观花树（崔金腾摄）

图3-5　观果树（崔金腾摄）

图3-6　观叶树（崔金腾摄）

③观叶树。园林中最基本的色调是由树木的叶色烘托出来的，观叶树在园林中群植时可配置出大色块图案。在整个生长期都有鲜艳颜色的树种有紫叶李、小叶黄杨、洒金柏等；入秋红叶树种有柿树、三角枫、元宝枫、黄栌、重阳木、乌桕等；入秋叶转金黄色的有银杏、金钱松、水杉、楸树、鹅掌楸、梧桐等，如图3-6所示。

④观形树。树形也是城市造景中常用的元素，可以根据群体构图需要以及与周围建筑协调的原则，选择不同树形的树木进行配置。这类树种中常见的自然树形有龙爪槐、龙柏、垂柳和水杉等，还有一些树种经过人工修剪可形成各种形状，常见的有黄杨、冬青、

女贞和圆柏等，如图 3-7 所示。

图 3-7　观形树（崔金腾摄）

⑤藤本树种。本类包括各种缠绕性、吸附性、攀缘性等茎枝细长难以自行直立的木本植物，本类树木在城市绿化中有多方面的用途，可用于各种形式的棚架供休息或装饰用，可用于建筑及设施的垂直绿化，可攀附灯杆、廊柱，亦可使之攀缘于施行过防腐措施的高大枯树上形成独赏树的效果，又可垂悬于屋顶、阳台，还可覆盖在地面作植被植物用，如图 3-8 所示，对美化空间环境等具有独特的功能。常用树种有藤本月季、凌霄、爬山虎、五叶地锦、常春藤、扶芳藤、葡萄、金银花、紫藤等。

图 3-8　藤本树种配置（崔金腾摄）

（5）绿篱树种的选择

　　绿篱树种是用于密集栽植形成篱垣状整体的乔木或灌木。用绿篱植物栽成的绿色篱垣状物，称为绿篱或植篱，如图3-9所示。绿篱可

图3-9　绿篱树种的配置（崔金腾摄）

分为整形式与不整形式两大类，还可按其主要特色分为普通绿篱、刺篱及彩篱等，按其高度不同则可分为矮篱（高0.5米以下）、中篱（高0.5~1.2米）、高篱（高1.2~2.0米）及绿墙（高2米以上）等。该种树木应有较强的萌芽更新能力和较强的耐阴力，以生长较缓慢、叶片较小的树种为宜。普通绿篱中常用的有大叶黄杨、女贞、圆柏、侧柏、凤尾竹等。刺篱中常用的有酸枣、金合欢、枸骨、火棘、黄刺玫等。花篱通常用花色鲜艳或繁花似锦的树种，常用的有扶桑、叶子花、木槿、棣棠、五色梅、锦带花、栀子、茉莉花、迎春花、绣线菊、金丝桃、月季等。果篱通常用果色鲜艳、果实累累的种类，如小檗、紫珠、冬青等。彩篱通常用终年有彩色叶或紫红色叶的种类，如金边桑、变色木、红背桂、彩叶大叶黄杨、金边卵叶女贞等。

（6）地被树种的选择

　　凡能覆盖地面的植物均称为地被植物，木本植物中的矮小丛木、偃伏性或半蔓性的灌木均可用作地被植物，如图3-10所示。地被植物对改善环境、防止尘土飞扬、保持水土、抑制杂草生长、增加空气

湿度、减少地面辐射热、美化环境等方面有良好作用。选择不同环境地被植物的条件是很不相同的，主要考虑植物生态习性需能适应环境条件，如全光、半阴、干旱、土壤酸碱度、土层厚度等条件。常用树种有圆柏、平枝栒子、地被月季、八角金盘和常春藤等。

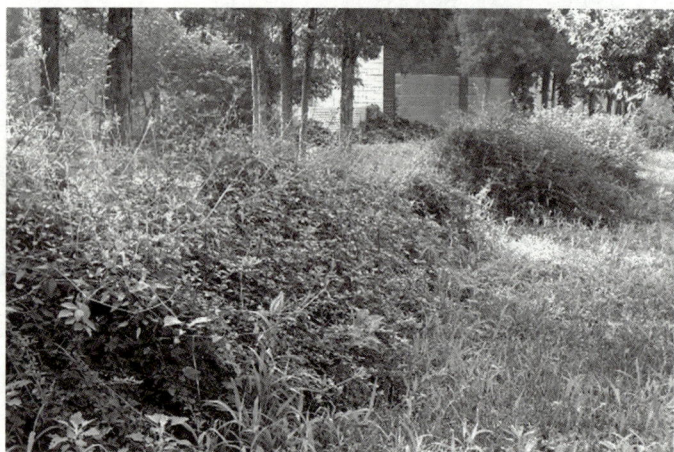

图3-10　地被树种的配置（崔金腾摄）

3. 不同地区城市树木的选择

由于我国幅员辽阔，不同地区所处的气候带不同，生态环境状况不同，加之各类树木生长的生态习性和表现的观赏价值不同，各类园林绿地的绿化功能不同，因此各城市选择树种也应不同。下面列举数种常用树种供参考。

（1）不同气候带的园林绿化常用树种

①热带（海南、广东、广西、台湾南部）：南洋杉，肉桂，秋枫，昆栏树，刺竹，海南松，相思树，荔枝，菩提树，麻竹，水松，凤凰木，幌伞枫，青皮竹，鸡毛松，羊蹄甲，石栗，椰子，芭蕉，竹柏，软夹红豆树，白千层，槟榔，银桦，木麻黄，楹树，红千层，白兰花，孔雀豆，胡桐，棕竹，榕树，象牙树，橄榄，波罗蜜，桉树。

②亚热带（秦岭山脉、淮河流域以南、云贵高原、福建、浙江、江西、四川、湖南、湖北、江苏）：马尾松，格木，波罗蜜，油橄榄，

银桦，湿地松，桢楠，台湾相思，黑荆树，柑橘，火炬松，榕树，池杉，橄榄，八角，白千层，落羽杉，木棉，肉桂，杨桃，芭蕉，竹柏，猴欢喜，蒲葵，黄皮树，棕竹，罗汉松，番石榴，南酸枣，人心果，大叶桉，蒲桃，乳源木莲，兰花楹，刺竹，柠檬桉，素馨，红豆树，九里香，麻竹，红椿，黄花夹竹桃，一品红，青皮竹，象牙树，毛竹，红椿，茶梅，冬青，月季，棣棠，水杨梅，糯米椴，苦槠，玫瑰，凌霄，南京椴。

③暖温带（沈阳以南、山东辽东半岛、秦岭北坡、华北平原、黄土高原东南、河北北部等）：油松，锦带花，蜡梅，大果榆，杏，云杉，梨，冷杉，香荚迷，花楸，华北落叶松，白榆，臭椿，槐，紫荆，华山松，千金榆，栾树，胡桃楸，紫藤，黑松，黑榆，黄连木，毛泡桐，细叶小檗，日本赤松，小叶朴，黄栌，刺楸，侧柏，大叶朴，火炬树，锦鸡儿，十大功劳，圆柏，蒙桑，平基槭，高丽槐，山楂，杜松，柽柳，五角枫，海棠果，牡丹，椴，茶条槭，绣线菊，山荆子，板栗，紫椴，复叶槭，榆叶梅，红瑞木，麻栎，鄂椴，丁香，七叶树，楝木，槲栎，小叶椴，黄刺玫，黄檗，花曲柳，毛白杨，石榴，连翘，鸡爪槭，水蜡树，小叶杨，桂香柳，白蜡，紫槭，白桦，箭杆杨，胡颓子，秦岭白蜡，元宝槭，棣棠，银白杨，马鞍树，血皮槭，池杉，旱柳，玉兰，木瓜，落羽杉。

④温带（沈阳以北松辽平原，东北东部，燕山、阴山山脉以北，北疆等）：樟子松，千金榆，毛榛，梓树，鸡条树，红松，玉铃花，疣点卫矛，榆叶梅，软枣猕猴桃，鱼鳞，云杉，天女花，马鞍树，连翘，猕猴桃，红皮云杉，灯台树，暴马丁香，蔷薇，山葡萄，冷杉，元宝槭，黄花忍冬，绣线菊，北五味子，落叶杉，槲栎，小花溲疏，珍珠梅，刺苞南蛇藤，杜松，蒙古栎，花楷槭，山梨，刺楸，紫杉，辽东栎，东北山梅花，玫瑰，赤杨，紫椴，春榆，小檗，山杏，刺槐，椴，花楸，荚蒾，京桃，银白杨，水曲柳，白桦，接骨木。

⑤寒温带（大兴安岭山脉以北、小兴安岭北坡、黑龙江等）：红松，杜松，紫椴，丁香，绢毛绣线菊，兴安落叶松，兴安桧，香杨，赤杨，叶蓝靛果，红皮云杉，白桦，矮桦，榛子，狭叶杜香，黄花松，

黑桦，朝鲜柳，兴安杜鹃，椴，鱼鳞松，山杨，粉枝柳，越橘，蒙古栎，樟子松，胡桃楸，沼柳，兴安茶，柳叶绣线菊，臭冷杉，光叶春榆，柳，长果刺玫，北极悬钩子，偃松，黄檗。

（2）不同生态习性的园林绿化常用树种

①喜光树种：马尾松，青杨，柽柳，油松，银白杨，垂丝海棠，枣，瑞香，黑松，钻天杨，梨，梧桐，胡颓子，雪松，小叶杨，红叶李，相思树，茉莉花，长叶松，旱柳，杏，桉树，栀子花，五针松，馒头柳，桃，紫藤，一品红，赤松，垂柳，梅，扶桑，紫荆，毛白杨，海棠果，无患子，金丝梅，龙爪槐，紫穗槐，枸杞，小叶女贞，山桃，榔榆，枸橘，木绣球，华山松，毛樱桃，沙枣，黄栌，蝴蝶树，樟子松，台湾相思，黄檗，丝棉木，荚蒾，云南松，凤凰木，苦楝，葡萄，金银木，长白落叶松，枫香，木槿，锦带花，池杉，新疆杨，复叶槭。

②耐阴树种：香榧，云南山茶，波缘冬青，铁杉，冷杉，红背桂，瑞香，蚊母树，桂花，云杉，八仙花，海桐，丝兰，桃叶珊瑚，紫杉，结香，珠兰，棕竹，冬青，十大功劳，罗汉松，茶花，蒲葵，栀子花，阔叶十大功劳，罗汉柏，竹柏，棕榈，杜鹃，南天竹，珊瑚树，肉桂，楠木，紫金牛，锦熟黄杨，八角金盘，杨梅，三尖杉，天目琼花，小叶黄杨，交让木，厚皮香，鸡爪槭，马银花，山茶，常春藤，棣棠，南方红豆杉，接骨木。

③耐湿树种：水松，垂柳，桑树，皂荚，乌桕，旱柳，丝棉木，棕榈，胡颓子，枫杨，杞柳，赤杨，水竹，白蜡，龙爪柳，木芙蓉，楸树，池杉，雪柳，紫穗槐，三角枫，水杉，水曲柳，接骨木，金缕梅，白桦，落羽松，卫矛，枫香，柽柳，水杨梅，夹竹桃，黄连木，小檗，河柳，喜树，栀子花，青檀，栾树，朴树，紫藤，化香，六月雪，榉树，马甲子，石榴，箬竹，枸杞，糙叶树，构树，山楂。

④耐瘠薄土壤的树种：赤松，女贞，苦楝，相思树，胡杨，圆柏，石楠，蜡梅，九里香，银白杨，杜松，桑树，海桐，小叶女贞，旱柳，刺柏，柳树，南天竹，杨梅，木麻黄，马尾松，臭椿，丝兰，樟子松，榔榆，白皮松，枣，火棘，柽柳，白榆，油松，合欢，刺槐，木棉，丝棉木，黑松，紫薇，槐，柠檬桉，沙枣，侧柏，泡桐，麻栎，巴旦

杏，花椒，铅笔柏，黄杨，黄檀，小青杨，元宝枫，棕榈。

⑤喜酸性土的树种：红松，银杏，栀子花，九里香，杜仲，马尾松，香榧，瑞香，小叶女贞，悬铃木，云南松，池杉，广玉兰，丝兰，黑桦，湿地松，红豆杉，女贞，苦楝，白桦，金钱松，杉木，飞蛾槭，白兰花，榔榆，龙柏，油茶，冬青，鹅掌楸，木波罗，赤松，山茶，观光木，阴香，小叶榕，油松，金银木，冷杉，茉莉花，桉树，乌桕，石斑木，云杉，含笑，银桦，金缕梅，枫香，红皮杉，石楠，棕榈，元宝枫，赤杨，长白落叶松，苏铁，楠木，大叶桉，山茶，池杉，榕树，槐，乌饭树，紫杉，杜鹃，三尖杉。

⑥耐盐碱土的树种：黄杨，银杏，胡杨，白蜡，龙舌兰，柽柳，桑树，毛白杨，泡桐，枸杞，棕榈，旱柳，新疆杨，黑松，紫荆，丝兰，杞柳，箭杆杨，侧柏，元宝枫，胡颓子，构树，木麻黄，刺柏，花楸，合欢，梧桐，榉树，枣树，苦楝，巴旦杏，白榆，铅笔柏，红海榄，乌桕，皂荚，沙枣，桃叶珊瑚，紫薇，刺槐，夹竹桃，木麻黄，柳树，槐，柿树，海桐，椰子，臭椿，紫穗槐，水曲柳，槟榔。

二、城市树木的配置方式

城市树木的配置，是指根据树木的一般习性在栽植地对树木按一定方式进行的种植，包括树种搭配、排列方式以及间距的选择。通过将树种合理搭配，组成一个相对稳定的人工群落。

1. 城市树木配置的主要原则

（1）体现城市树木的综合功能

①城市树木的防护功能。城市树木在改善和保护环境方面起着显著作用。它有一定的防治和减轻环境污染的能力，如净化空气、吸收有毒气体、减少噪声以及滞尘等功能。

②城市树木的美化作用。城市树木有其特有的形态、色彩与风韵之美，且这些特色能随季节与年龄的变化而有所丰富与发展；城市树木配置不仅有科学性，还有艺术性，并且富于变化，给人以美的享受。

③城市树木的生产作用。很多城市树木既有很高的观赏价值，又是经济树种，只要安排合理，便可使城市绿化与生产紧密结合起来。

（2）满足城市树木的生态需求

各种城市树木在生长发育过程中，对光照、水分、温度、土壤等环境因子都有不同的要求。应根据城市生态环境的特点选择树种，做到适地适树。有时还需创造小环境或者改造小环境来满足城市树木的生长发育要求。在进行城市树木配置时，只有满足城市树木的这些生态要求，才能使其正常生长。除适地适树外，还要有合理的种植结构：不同树种进行配植就需要考虑种间关系。也就是考虑上层树种，下层树种；速生，慢生树种；常绿，落叶树种等。

（3）满足适用功能要求

首先，选择树种时要注意满足其主要功能。可从城市绿地的性质和功能来考虑。如为了体现烈士陵园的纪念性质，就要营造一种庄严肃穆的氛围，在选择城市树木种类时，应选用冠形整齐、寓意万古流芳的青松翠柏；如行道树，虽然也要考虑树形美观，但树冠高大整齐、叶密荫浓、分枝点高、主干通直、生长迅速、根系发达、抗性强、耐土壤板结、抗污染、病虫害少、耐修剪、发枝力强、不生根蘖、寿命长则是其主要的功能要求。

其次，树种及搭配方式的选择，需要注意与发挥主要功能直接有关的生物学特性，并切实了解其影响因素与变化幅度。以庭荫树为例，不同树木遮阴效果的好坏与其荫质优劣和荫幅的大小成正比，荫质的优劣又与树冠的疏密、叶片的大小和质地以及叶片不透明度的强弱成正比。

（4）美观原则

城市融自然美、建筑美、绘画美、文学美等于一体，是以自然美为特征的一种空间环境艺术。因此，在配置中宜切实做到在遵循生物学规律的基础上努力讲究美观。

首先，树木的美观应以自然面貌为基础，充分表现其本身的特点和美点。城市树木应充分发挥其自然面貌，除少数需人工整枝修剪保持一定形状外，一般应让树木表现其本身的典型美点。这就要求做到正确选用树种，妥善加以安排，使其在生物学特性上和艺术效果上都能做到因地制宜，充分发挥其特长与典型之美。

其次，配置城市树木时要注意整体与局部的关系，要在大处着眼的基础上安排细节问题。进行城市树木配置时的通病是：过多注意局部、细节，而忽略了主体安排；过分追求少数树木之间的搭配关系，而较少注意整体的群体效果；过多考虑各株树木之间的外形配合，而忽视了适地适树和种间关系等问题。

最后，城市树木的配置要满足城市设计的立意要求，设计公园、风景区、绿地都要有立意，创造意境，配置时常常加一些诗情画意，从而达到设计者的要求

（5）经济性原则

首先，合理使用名贵树种。常见的树种如桑、朴、槐、楝等，只要安排，管理得好，可以构成很美的景色。当然，在重要风景点或建筑物迎面处，仍需用名贵树种酌量搭配，重点使用。

其次，多用本地乡土树种。本地乡土树种适应本地风土的能力最强，而且易活，还可突出本地城市的地方特色。

再次，切实贯彻适地适树原则，审慎安排植物间的种间搭配，避免无计划的返工和栽植后短时间内进行计划外的大调整。

最后，在树木配置中与生产途径结合，可以选择既发挥了城市树木观赏的主要功能，又能较容易产生经济实效的城市树木，如北方种植山楂树、北五味子等既可观赏又可入药的树种。也可以在不妨碍满足功能以及生态、艺术上的要求时，考虑选择对土壤要求不高、养护管理简单的果树树种等，通过科学地选择观赏植物，充分发挥城市植物树种配置的综合效益，尽力做到社会效益、环境效益和经济效益的协调统一。

2. 按种植点的平面配置

按种植点在一定平面上的分布格局，可将平面配置分为规则式配置、不规则式配置和混合式配置三种。

（1）规则式配置

这种方式的特点是有中轴对称，株行距固定，同向可以反复延伸，

排列整齐一致，表现严谨规整，如图 3-11 所示。

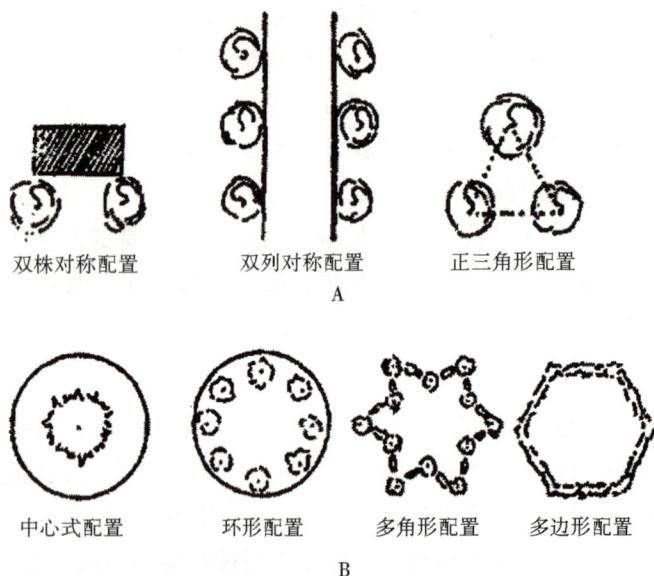

图 3-11　规则式配置（陈有民，1990）
A. 左右对称式配置　B. 辐射对称式配置

①中心式配置。在某一空间的中心进行强调性栽植，如在广场或绿地的中心位置种植单株或具整体感的单丛。

②对称式配置。在某一空间的进出口、建筑物前或纪念物两侧对称地栽植一对或多对树木，两边呼应，大小一致，整齐美观。

③行状配置。树木保持一定株行距成行状排列，有单行、双行或多行等方式，也称为列植。一般用于行道树、树篱、林带、隔障等。这种方式便于机械化管理。

④三角形配置。有正三角形或等腰三角形等配置方式。两行或成片种植时，实际上就是多行列植。正三角形方式有利于树冠与根系的平衡发展，可充分利用空间。

⑤正方形配置。行距相等地成片种植，实际上就是两行或多行配置。采用该方式配置，树冠和根系发育比较均衡，空间利用较好（仅次于正三角形配置），便于机械作业。

⑥长方形配置。株行距不等，其特点是正方形配置的变形。

⑦圆形配置。按一定的株行距将植株种植成圆环。这种方式又可分成圆形、半圆形、金环形、半环形、弧形及双环、多环、双弧、多弧等多种形状的变化方式。

⑧多边形配置。按一定株行距沿多边形种植。多边形可以是单行的，也可以是多行的；可以是连续的，也可以是不连续的。

⑨多角形配置。包括单星、复星、多角星、非连续多角形等配置。

（2）不规则式配置

不规则配置也叫作自然式配置，不要求株距或行距一定，不按中轴对称排列，不论组成树木的株数或种类多少，均要求搭配自然。其中又有不等边三角形配置和镶嵌式配置的区别，如图 3-12 所示。

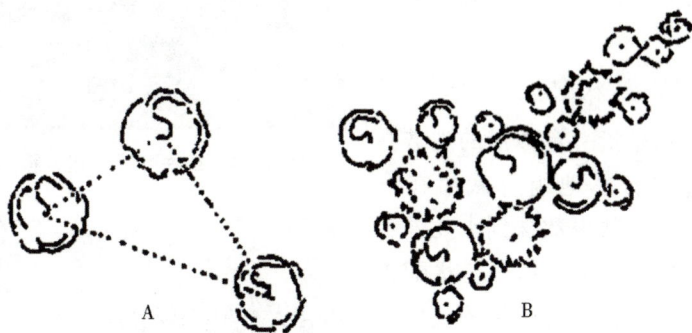

图 3-12 不规则式配置（陈有民，1990）
A. 不等边三角形配置 B. 镶嵌式配置

（3）混合式配置

在某一植物造景中同时采用规则式和不规则式相结合的配置方式，称为混合式配置。在实践中，一般以某一种方式为主而以另一种方式为辅结合使用。

3. 按种植效果的景观配置

（1）单株配置

单株配置的孤立树，无论是以遮阴为主，还是以观赏为主，都是为了突出树木的个体功能，必须注意其与环境的对比与烘托关系。该方式在草坪、花坛中心、道路交叉或转折点、岗坡及宽阔的湖池岸边等处常见，如图3-13所示。一般以阳性和中性树种为主，常用于单株配置的树种有白皮松、油松、马尾松、黄山松、圆柏、侧柏、雪松、金钱松、香樟、广玉兰、合欢、海棠，樱花、梅花、桂花、木棉、山楂、水杉、银杏、七叶树、鹅掌楸等。

（2）丛状配置

丛植是指一定数量的观赏乔木、灌木自然地组合栽植在一起，树木株数由数株到十几株不等，如图3-14所示。丛状配置有较强的整体感，少量的丛植也有独赏树的艺术效果。以观赏为主的丛植，应以乔木、灌木混植，并配置一定的宿根花卉；以遮阳为主要目的的丛状配置，常全部由乔木组成。

（3）群状配置

群状配置通常是由十几株至几十株树木按一定的方式混植成人工群落，比丛状配置规模要大，组成既可以是单一树种，也

图3-13 单株配置（崔金腾摄）

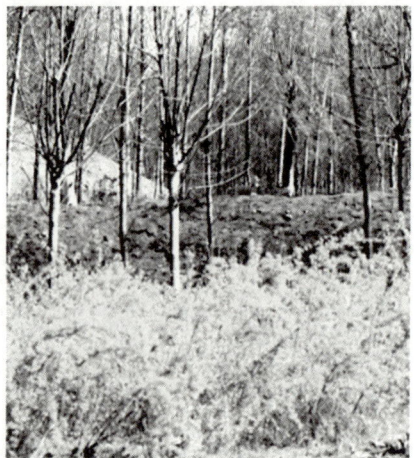

图3-14 丛状配置（崔金腾摄）

可以是多个树种，如图 3-15 所示。

图 3-15　群状配置（崔金腾摄）

（4）林分式配置

林分式配置是指大规模的成片、成带的树林状的配置方式，可形成自然式人工林，如图 3-16 所示。在自然风景游览区中进行林分式配置时应以造风景林为主，应注意林冠线的变化、疏林与密林的变化、

图 3-16　林分式配置（崔金腾摄）

林中下木的选择与搭配、群体内及群体与环境间的关系以及按照休憩游览的要求留有一定大小的林间空地等。

（5）疏散配置

疏散配置是以单株或树丛等在一定面积上进行的疏密有致、景观自然的配置方式，如图3-17所示。这种配置可形成疏林广场或稀树草地，既能表现树木个体的特性，又能表现其整体韵律。

图3-17　疏散配置（崔金腾摄）

4. 配置的艺术效果

树木（植物）配置的艺术效果是多方面的、复杂的，需要细致地观察、体会才能领会到其奥妙之处。欲充分发挥树木配置的艺术效果，除应考虑美学构图上的原则外，还必须了解树木是具有生命的有机体，它有自己的生长发育规律和生态习性要求。在掌握有机体自身及其与环境因子相互影响的规律基础上，还应具备较高的栽培管理技术知识，并有较深的文学、艺术修养，才能使配置艺术达到较高的水平。此外，应特别注意对不同性质的绿地运用不同的配置方式。例如，园中的树丛配置跟城市街道上的配置是有不同的要求的，前者大都要求表现自然美，后者大都要求整齐美，而且在功能要求方面也是不同的，所以配置的方式也不同。

三、栽植密度和树种组成

在城市绿地中，树木的栽植密度直接影响着营养空间的分配与树冠的发育程度。幼树在栽植期间基本处于孤立状态，随着树木的生长，树冠生长加速，在密度较大的群体中相邻植株的枝叶开始相接。之后，树木的平均冠幅出现随密度增加而递减的趋势，即密度越大，平均冠幅越小。另外，由于密度影响树冠的透光度和光照强度而影响树冠的发育，从而影响到叶面积指数的大小和光合产物的多少，进而影响树干和根系的生长，也影响树木开花、结果的数量。一般树干和根系的生长与树冠大小成正相关，即密度越大，冠幅越小，树木的平均直径和根量也就越小。同样，密度越大、光照越弱，开花、结实也就越少。

1. 确定栽植密度的原则

研究栽植密度的意义在于了解由各种密度所形成的群体以及组成该群体的个体之间的相互作用规律，进行树木的合理配置，使每株树木在群体发育过程中通过人为措施形成稳定的结构，使这种群体结构既能使每一个体有较充裕的生长条件，又能较大程度地利用空间，达到生态效果和艺术效果的和谐统一。

（1）树种的生物学特性

树种的栽植密度要以树种的生物学特性为基础。由于各树种的生物学特性不同，它们的生长速度及其对光照等各方面条件的要求具有很大的差异，因此栽植密度也不一样。生长快、冠幅大的树种其栽植密度应小些，反之，应大些。一般耐阴树种对光照条件的要求不高，生长较慢，密度可大一些；喜光树种不耐庇荫，密度过大则影响生长发育。

（2）栽培目的

城市树木的功能多种多样，在具体栽植中目的可能有所不同，因而要采用不同的密度，形成不同的群体结构。如以观赏为主，则要注意配置的艺术要求，欲突出个体美感以观花、观果为主要目的，一般栽植密度不宜过大。如以防护为主，则其密度应根据防护效果决定。

以防风为主的防护林带，其密度要以林带结构的防风效益为依据。在较大区域内的防风效果，以疏透型结构为最好。水土保持和水源涵养林要求迅速遮盖地面，并能形成厚的枯枝落叶层，因此栽植密度以大些为好。

（3）立地条件

立地条件的好坏是树木生长快慢的最基本影响因素。好的立地条件能给树木提供充足的水肥，树木生长较快；相反，在贫瘠的立地条件上树木生长较慢。因此，同一树种在较好的立地条件上，栽种的间距应该加大，防止树冠相互挤压。相反，在较差的立地条件上，栽种的间距应该减小。

（4）经营要求

有时为了提前发挥树木的群体效益或为了贮备苗木，可按设计要求适当密植，待其他地区需要苗木或因密度太大将要抑制生长时及时移栽。

2. 树种组成

树种组成也称为林分组成，是指树木群集栽培中构成群体的树种成分及其所占比例。由一个树种组成的林分称为纯林或单纯林，由两个或两个以上树种组成的林分称为混交树群或混交林。城市树木的群集栽培多为混交林。

（1）混交林的优点

在城市树木栽植中，混交林应用相比单纯林有许多优点，具体表现在以下几个方面：

①营养空间的利用。通过把具有不同生物学特性的树种适当地进行混交，能够比较充分地利用空间。如把耐阴性（喜光与耐阴）、根型（深根性与浅根性，吸收根密集型与吸收根分散型）、生长特点（速生与慢生、前期生长型与全期生长型）以及嗜肥性（喜氮、喜磷、喜钾、吸收利用的时间性）等不同的树种搭配在一起形成复层混交林，可以占有较大的地上/地下空间，有利于树种分别在不同时期和不同层次范围利用光照、水分和各种营养物质。

②立地条件的改善。混交林较之单纯林，林内光照减弱，气温、地温略低而变幅小，风速降低，蒸发量减少，空气湿度增加，有利于改善林内小气候。混交林的冠层厚，叶面积指数较大，枯落物较多，成分较复杂，比单纯林更能提高土壤肥力。

③抗御自然灾害的能力较强。混交林与单纯林相比，由于树种多，生境条件好，林内的小气候可以使害虫或病菌失去大量繁殖的生态条件，同时在复杂环境条件下，寄生性昆虫、菌类等天敌增多，招来各种益鸟、益兽，因而混交林的病虫害不像单纯林那么严重，混交林对病虫害的抵抗能力较强。混交林内温度低，湿度大，风速小，各种可燃物不易着火，因而火险可能性小。针阔叶混交林有阔叶树的隔阻，可以防止树冠火和地表火的蔓延和发展，不像针叶树单纯林那样一旦发生火灾便成燎原之势而难以扑救。混交林对不良气象因素的抗性较强。如深根性树种与浅根性树种混交，可以减轻风害；常绿针叶树与落叶阔叶树混交，可以减轻雪压、雪倒等。

④能较好地发挥防护效益。混交林林冠浓密，根系深广，枯落物丰富，地上与地下部分的结构比单纯林复杂，在涵养水源、保持水土、防风固沙以及其他防护效益方面都优于单纯林。

⑤景观艺术效果。混交林树种组成复杂，结构层次分明，只要配置适当就能产生绚丽的景色效果，产生较高的美学价值和旅游价值，带给人们极大的身心享受。

（2）树种混交的种间关系

在一定的环境条件下，树种种间关系表现为有利还是有害主要决定于各种树本身的生物学特征。一般当任何两个以上的树种接触时，其种间关系可表现为有利（互助、促进）和有害（竞争、抑制）两种情况，只是在一定的条件下，有时为单方的利害，有时为双方的利害。这里所说的有利和有害关系都不是绝对的，而是相对的。一般生态习性悬殊或生态要求不严、生态适应幅度较宽的树种混交，种间多显现出以互利促进为主的关系；相反，生态习性相似或生态要求严格、生态幅度狭窄的树种混交，种间多显现出以竞争、抑制为主的关系。不同树间的有利和有害关系是随时间、环境和其他条件的改变而相互转化的。这些因素的变动，有时甚至是微小的变动，都可以引起原有的均衡关系的波动和破坏，使以有利为主或有害为主各向其相反方向演变。如喜光树种与中性树种混交，在幼年期，前者遮阴，有利于后者生长；但随着年龄的增长，中性树种对光照条件的要求逐渐提高，喜光树种的过度遮阴，不利于中性树种的生长和发育。不同树种间相互作用的方式主要有如下几种：

①生理生态关系。是指一个树种通过改变小气候及土壤水肥条件而对另一个树种产生影响的关系。生理生态作用，是不同树种间相互作用的主要方式，也是当前选择搭配树种及混交比例的重要依据。如生长比较迅速的树种，可以较快地形成稠密的冠层，使林内光照量减少，光质异变，对适应此种荫蔽条件的耐阴树种的生长反而有利，而对不适应这种低水平光照条件的喜光树种的生长则产生不良影响。由于不同树种的枯落物数量、成分及分解速度是有差异的，利用这种差异可使一个树种给另一个树种创造良好的营养条件，落叶量大、养分含量高、分解迅速的阔叶树与针叶树混交，往往可以明显地促进针叶树的生长。

②生物化学关系。是指树种地上部分和根系在生命活动中不断向外界分泌或挥发某些化学物质，并进而对相邻的其他树种产生影响。通常存在或产生于树种各器官的化学物质有乙醇、乙醛、乙烯、萜类精油，以及酚类、生物碱、赤霉素等。它们通过不同途径被分泌到外界，使周围环境的化学成分改变，对其他树种的生长发育产生抑制或促进作用。

③生物关系。是不同树种通过杂交授粉、根系连生以及寄生等发生的一种种间关系。如某些树种根系连生后，发育健壮的一个树种夺走发育衰弱的另一个树种的水分和养分，起初使其生长受到抑制，最后会导致其死亡。

④机械关系。是树木个体间相互发生的机械作用造成一个树种对另一个树种的伤害。如树冠、树干及枝条间的撞击或摩擦，根系的挤压，藤本植物或蔓生植物的缠绕和绞杀等。在种间关系的各种表现形式中，机械作用是较次要的，它只是在特定的条件下，如密度过大或

以乔木树种为依附的藤本造景等，才明显地发生作用。

（3）树种的选择与搭配

树种混交中的选择与搭配，必须根据树种的生物学特征、生态学特征及造景要求来进行，主要做好以下三点：

①确定好主要树种。主要树种在树木与树木之间的关系、树木与环境之间的关系以及景观价值方面居于主导地位，控制着群体的内部环境。因此，主要树种的选择要严格做到适地适树，使他的生态学特征与栽植地条件相匹配，特别要注重乡土树种的选择。

②选好混交树种。选择适宜的混交树种，是发挥混交作用及调节种间关系的主要手段。混交树种的生态学特征要与主要树种有较大的差异，有不同的生长特点，对环境条件的利用最好能互补，而且要有良好的辅佐作用以及树种之间没有共同的病虫害。

③注意树种多样性。树种选择配置应在规模范围内体现多样性，树种选择单一或只重复运用少数树种，不仅使人们感官上难以接受，而且极大地降低了城市绿化的水平。

四、栽植苗木的准备

苗木的规格的大小、质量好坏直接影响栽植的成活率和栽后的绿化效果，所以栽植前要准备好苗木。

1. 苗木的选择

苗木的规格的大小、质量好坏直接影响栽植的成活率和栽后的绿化效果，所以栽植前要准备好苗木。当树种确定后，苗木的选择主要考虑其规格、苗龄、质量、繁殖方式和来源，这些直接影响树木栽植成活率和以后的绿化、美化的效果。根据绿化设计要求，选适宜的规格、适宜的苗龄和适宜的树种进行栽植，选定的种植材料应符合其产品标准的规定。

（1）苗木质量的基本要求

①植株苗壮，枝条充实、丰满，树木的主侧枝分布均匀、丰满，无病虫害和机械性损伤。

②乔木树苗干茎粗壮通直，要有较强的中央领导干，具有顶端优势，侧芽饱满。

③根系发达完整，靠近树木根颈的一定范围内要有较多的须根，有较大和完整的根盘。

（2）苗木规格和苗龄

树木的年龄影响树木的再生能力和抗逆性，从而影响树木的栽植成活率，成活后对新环境的适应性和抗逆性也与其有关。

幼苗根系分布范围小，起苗时对根系损伤率低，起苗、运输和栽植也方便，节约施工的费用。由于幼树根盘小，起苗时容易多带须根，地上部分虽经过修剪，但由于幼树枝条恢复的能力强、生长旺盛，因此移栽过程中对地上与地下水分代谢的平衡破坏较小，加之幼树可塑性大，对新环境适应能力强，所以栽植幼龄植株成活率高。但由于树体太小，绿化、美化效果较差，而且易受到人为的损伤，造成苗木残伤或因死亡而缺株，影响后期的绿化效果，所以城市绿化不可应用太小幼苗。

壮龄苗木的吸收根远离树干，根系分布深广，起树时伤根率高，移栽成活率相对较低。为提高成活率，对起苗、运输、栽植及养护技术要求较高，通常需要带土坨移栽，施工养护费用增大。壮龄苗木一般树体高大、树形优美、枝叶繁茂，栽植后能很快发挥美化作用和防护功能。但壮龄苗木因树种固有的特性已经确定，可塑性低，对环境的适应能力远远不如幼树，所以最好选用幼年、青年阶段的苗木。这个年龄时期的苗木有一定的适应能力和快速生长能力，栽植容易成活，绿化效果见效快。

目前，根据城市绿化的需要和环境特点，绿化工程的苗木选择以较大规格的幼、青年树木为主，这类苗木栽植成活率高，绿化速度快，而且也可减少人为损伤。园林植树工程使用的苗木，落叶树种的胸径不得小于3厘米，常绿乔木的树高不得低于1.5米。

（3）设计要求和苗木用途

城市绿化中，工程设计较为复杂并且对苗木的应用用途也较多，用途不同，对苗木的要求也不尽相同。选择行道树苗木时应注意树干要通直，分枝高度基本一致、无弯曲，主干不能低于 2.5 米，树冠要匀称、丰满，个体之间高度差不能大于 50 厘米。庭荫树的苗木枝下高不能低于 2 米，树冠要大而开阔。孤立树要求树形美观、树冠广阔、树势雄伟。

不同地方栽植的树木应按设计要求严格进行挑选。公园及城市绿地用苗，树干、分枝、树高要求不是特别严格；选择组成树丛的苗木时应注意树丛中央的一棵树最高，周围的树高要逐渐降低，要注意苗木大小的搭配。林带用的苗木，分枝高度上下一致、树干通直即可；林带内的苗木分枝数目可少些，角度可小些；林带外缘的苗木，分枝要多，角度应大些。绿篱用苗，分枝点要低，树冠大小和高度要基本一致，枝叶丰满。

2. 苗木来源

选苗时要特别注意苗木的来源，城市绿化用苗的来源主要有三个：

（1）当地苗圃生产用苗

苗圃培育的苗木，因在圃期间种植时，苗木经过多次的移栽，所以须根多，栽植容易成活，缓苗也较快。另外，其种源及年龄清楚，对当地的气候条件、土壤状况有着很强的适应能力，可以在短时间内随起、随运、随植，不但可避免因长途运输带来的苗木损伤和运输费用，避免病虫害的传播，而且不须长期假植。如果要非适宜季节栽植施工，也可在苗圃中直接利用竹筐、木箱等容器进行容器育苗，只需进行适当的水分管理，不用另行包装即可移栽，随植随取，不受季节限制，一年四季随时可以移动，而且装容器前已做修剪，故在有限的空间内可以放置较多的苗木，在栽植中因苗木根系已经恢复，受干扰小，能保持正常生长。

（2）外地苗源

在本地培育的苗木种类、质量上供应不足时，可以从外地调入，但对外地苗木要进行树木的种源、起源、年龄、移植次数、生长及健康状况进行调查，把好病虫检疫关，不购进疫区苗木。必须在栽植前数月安排有经验的专业人员到气候相似的区域进行选苗。把好起苗、包装的质量关，在装卸和运输过程中防止苗木的机械损伤和脱水，通过洒水、保湿降温，尽力保持树木体内水分平衡，尽可能地缩短运输的时间。避免因苗木市场较混乱，在生长季从南方转运苗木，经短时间的栽植培养就在北方出售，这样的苗木在北方越冬效果差，虽有少量的苗木能够越冬，但也生长不良。如果从国外购买苗木，除调查以上的内容外，对于购买苗木的地区的地理位置、温度、湿度、光照、降水量、土壤等概况都要调查分析。从国外购苗，最好先进行少量引种试验，成功后再大量购买。

（3）从绿地及野外搜集的树木

此类树木的树龄一般处于青壮年树龄。因此，所选树木常具备以下几个特点：一是都为成龄树木，树冠基本形成，在新的栽植地种植，能够较早地形成景观效果，很快地提供遮阴纳凉条件；二是由于多年的生长，根系水平扩展的范围很大，在移植根系的范围内须根量少而杂乱，易造成树体的水分失调，不利于移植后迅速恢复生长；三是很多树木从林中移出，树冠不丰满，根系不发达，在绿化工地还易受强光照射、高温、干热风的威胁。因此，这类苗木的选择要慎重。

野生的树木、自播繁衍的树木、田边用种子繁殖的实生苗等，大多没有经过移栽，主根发达，须根少，树冠受周围相临植株的影响，枝条发育不充实，移植到空旷地带，易受阳光照射和旱风影响，导致发生抽条和日灼，移植成活率相对较低。要采取相应的措施，才能保证移栽成活。

3. 苗木的订购

苗木选择工作细致烦琐、专业性强，必须由专业人员完成。在经过详细的调查与分析并现场查看和选苗后，经过与设计要求仔细核对确认无误，方可与供苗方签订购苗合同。在合同书中需要详细写明苗木的种类、规格、数量、供苗的时间，起苗、包扎、运输和有关检疫的要求，双方的保证和制约条件等，保证苗木及时地供应。

苗木的质量是绿化效果的基础。所以，苗木的准备工作是保证绿化工程质量很重要的技术环节，也是经费开支伸缩性较大的一个方面，必须认真对待。

五、囤苗

囤苗可采用露地囤苗和容器囤苗两种方式。

1. 露地囤苗

有些绿化工程单位，遇到种类、质量、规格、形态、价格等都合适的苗木（尤其是特殊造型和特殊规格的苗木）先买下，运到苗圃地短时间栽植，称为囤苗。一方面，工程需要苗木时不用临时去找，节约很多时间；另一方面，还可以买较小规格的苗木，经过培育一段时间，达到要求再用，可以节省一定的资金。

2. 容器囤苗

容器囤苗不受栽植季节的限制，在夏秋高温干旱之际也可进行栽植，栽植时根系受到的伤害小，缓苗较快。具体做法为：先在苗圃地进行育苗，待苗木长到一定大小时，将苗木移到木桶、移栽盆和水泥箱等大型容器中进一步培育。远距离应用时，可带大型容器运输。栽植时脱掉容器直接埋土栽植即可，注意管理好水分，这样栽植成活率较高。

反季节栽植时，可采用容器囤苗的方法。这样既有利于在适宜的季节（春季）买到质优价廉的苗木，又可以避免重复起挖对根系的伤害。同时，可不受囤苗地限制，便于在不适合植物生长的有限空间囤积大量苗木，管理方便。容器囤苗也有其局限：一般3米以上的大苗需要的容器大，不方便运输和实施养护技术；由于容器容量有限，因此苗木规格受限；栽植时间不宜长，否则根系长满容器并环壁生长，定植后生长不理想（定植时可适当地进行根系处理）。

第四章
城市树木栽植技术概论

　　城市绿地是根据人们的需求设计安排并以施工形式将植物栽种形成的。因此，城市绿化中的树木栽植是每个园林工作者必须掌握的技能。由于园林绿化工程是一种以栽植有生命的绿色植物为主要对象的重要工程，与一般植物相比较，具有效率高、机械化程度高、技术要求严格的特点，因此要求每一名园林工作者必须掌握植树成活原理、植树施工中的工序安排和技术措施。

一、树木栽植成活的原理及影响因素

　　城市园林绿化建设与其他城市建设一样，要经过计划、规划设计、施工才能实现。园林绿化建设所处的地位和功能效果的反映方式不同，决定了绿化的原则、方法、要求等方面的特殊性。园林树木栽植是一种以有生命的绿色植物为主要对象的工程，受自然条件的制约性强。园林植物生长的周期长、见效慢、栽植的季节性强和难度大。园林树木栽植的特殊性还表现在栽植与养护的紧密相连，园林树木栽植完成并不能马上收到效益，相反，还要继续投资才能巩固绿化成果、提高绿化质量，发挥其多种效益。

　　园林树木栽植是绿化工程的重要组成部分，它与花坛施工、草坪施工有区别，也不同于林业生产的植树造林。进行园林树木的栽植要掌握树木栽植成活的原理，抓住影响树木栽植成活的因素，对园林树木的栽植要求更加精细，避免因粗放栽植而造成树木生长中出现的各种养护问题。

1. 树木栽植成活的原理

　　一株树木在正常的生长发育过程中，其地上部与地下部在一定条件下处于正相关的关系，保持一个以水分为主的代谢平衡状况。树木生长发育所需的水分大部分是靠根系从土壤中取得的。树体地上部分的枝叶与地下部的根系保持一定的比例状态（根冠比），使得枝叶蒸腾的水分可以及时获得根系所吸收水分的补充，一般不会出现缺水现象。而树木挖掘后到栽植过程中，树木根系中的大量吸收根受到损失，根幅缩小，根量减小，根系全部或部分（如土球苗）脱离原来生存的土壤环境，保存的根系吸收水分的能力大大降低，并在运输过程中经受风吹日晒和运输损伤，此时树木根系吸收不到水分，使得树体水分平衡受到不同程度的破坏，造成树体失水、萎蔫，体内代谢因水分亏缺而受阻，甚至死亡。树木虽然可以利用关闭气孔等方式减少蒸腾，但毕竟自我调节能力有限。在栽植后，虽然土壤能够提供充足的水分，树木在适宜条件下能够长出一些新根，与土壤环境建立相应的环境关系，但控制的土壤范围还很小，还需要相当长的时间才能恢复到原有状态。因此，需要采取相应的树木栽植技术措施，使树木的根系与土壤迅速建立密切的关系，调节根系与枝叶的平衡，避免因发生水分亏缺而导致树木死亡。由此可见，园林树木栽植成活的原理就是在树木栽植中保持和恢复树体以水分为主的代谢平衡。

　　因此，在植树工程中，必须抓住关键，采取有力的措施保持和恢复树体的水分平衡。在整个栽植过程中，栽植成活的第一个关键是做到使植株保持湿润、组织鲜嫩、体内水分充足。根据调查，树木失水率越高，成活率越低。植株体内水分充足、组织鲜嫩，有利于促进根系的愈合，促发新根，短期内能够恢复和扩大根系的范围和吸收能力，有利于促进成活。栽植成活的第二个关键是促进苗木的伤口愈合和发出更多的新根，短期内恢复和扩大根系的吸收表面与能力。栽植成活的第三个关键是栽植中使树木的根系与土壤颗粒密切接触，并在栽植以后保证土壤有足够的水分供应，使树体补充水分的消耗。以上三个关键相互联系，缺一不可。第一个关键是根本，特别是其中的水分管理至关重要。应基于这些关键要求，采取相应的起苗、运输、栽植及栽后管理措施，以保证种植树木的成活。

2. 影响树木栽植成活的因素

要想使一株苗木栽植成活，就要了解树木内部因素与外部因素在其中起的作用，采取多种措施，并在各个环节都严把质量关。反之，只要有一个因素不合理，就可能造成苗木死亡。影响苗木栽植成活有三大因素，总结如下：

（1）树体本身的因素

涉及树体水分、营养、生长节律等因素。

①树体水分状况。起苗与栽植中，树体内部的水分状况是树木成活的关键，若树体内水分不足，无法进行循环，其他任何措施即便再好也起不了作用。

②树体营养状况。体内营养是树体的器官生长的依赖，树体营养不足会造成器官生长不良，影响成活。

③树体生长节律。植物每年的生长发育是有规律的，错过生长期（如生根期、长叶期）会影响成活。

（2）外界环境因素

涉及气候（温度、湿度、光照、风、降水量等）、土壤、环境污染等条件。

①气候条件。在外界因素中影响最大。若没有做到适地适树，有些新引进的异地苗木不适合本地土质或气候条件，会渐渐死亡。非节律气候因素如暖冬、大风、干旱也是影响树木栽植成活的因素。

②土壤条件。包括土壤水分、通气状况、土壤质地、结构、酸碱度。土壤的水分不足造成缺水或地势低而积水，会使树木干死或根部缺氧、不耐涝而死亡。土壤酸碱度造成异地苗木的不适，苗木会渐渐死亡。

③环境污染。当地出现空气或地下水污染，有些苗木对工厂排放的某种有害气体或水质敏感而死亡。

（3）栽植措施

包括起苗、包装、运输、栽植、修剪、支桩、养护等。

①挖穴规格影响树木成活。如挖穴太小会使苗木被干死。

②起苗方法影响树木成活。如常绿树木不带土球移栽，或土球比规范要求小很多造成根系受损严重；落叶树种在生长季节植树时未带土球移植，起苗中土球松散露根，导致树木成活困难。

③包装措施影响树木成活。如蘸根泥浆不黏稠，草袋、草绳不湿，包装不紧造成土球松散，进而影响树木水分平衡，进而影响树木成活。

④运输影响树木成活。运输时间过长、封闭不严导致失水，车内温度过高导致树木被焐，进而影响树木成活。

⑤栽植措施影响树木成活。如栽植土壤与根系没有紧密结合导致树木死亡，栽植过浅使树木被干死，栽植过深则可能导致根部水浇不透或根部缺氧，从而引起树木死亡等。

⑥修剪量不足影响树木成活。修剪量不足，树木会因失水死亡。

⑦不支桩影响树木成活。如没有支桩，带土球移植的苗木，浇水之后若倒伏，后又被强行扶起，则土球必破，导致苗木死亡。此外，如没有支桩，树木因刮大风根系晃动，无法长新根、无法吸收水分，影响树木成活。

⑧浇水不当影响树木成活。如浇水不透，下部根系未吸收到水分，树木会死亡。土球未被泡透，内部又硬又干的土球并未吸足水，苗木也会慢慢死去。有时干旱后遇小雨频繁滋润，地表看似水足，实则下部干透，受旱而不知，苗木会渐死。当年新植的树木未浇防冻水和返青水易死亡。

虽然树木的内因、环境的外因非常重要，但是园林树木的栽植是由人来操作，若技术人员把握好，就能保证树木的栽植成活率高。

二、栽植季节

我国不同地区的气候条件差异很大，对树木的成活、生长产生不同的影响，如果新栽植的树木发生水分亏缺，会使代谢受阻，矿物质养分吸收量相应减少，带叶树木光合产量下降，甚至因缺水死亡。在树木移植过程中，影响树木成活的因素主要有树木本身的生长状况、栽植时的气候条件及栽植地的土壤条件，因此为了提高树木的栽植成活率，要了解栽植地的气候变化及土壤条件的变化，而且要掌握不同时期树木的生长生理活动变化，以确定适宜的植树季节。

我国东、西、南、北的气候条件差异很大，虽然现在只要技术措施得当，一年四季都能将树木栽植成活，但要想降低栽植成本和提高栽植成活率，必须根据当地情况，通过了解树种的生长特性、树木的年龄及栽植技术确定最适宜的栽植季节，这样既可以满足树木的生态需求，又利于树木的生长。根据树木栽植成活原理，植树的适宜时期应是树木蒸腾量相应较少，有利于树木根系创伤后及时恢复从而保证树体水分代谢平衡的时期。在四季分明的地区栽植时间以秋、冬落叶后到春季萌芽前的休眠期为最适宜。在不同地区，栽植时间主要根据当地气候条件及树种生长特性加以确定，采取适时栽树。

1. 春季植树

早春是我国大部分地区树木栽植的适宜时期，其环境特点主要反映在以下几个方面：气温逐渐上升，土壤水分状况较好，地温转暖，有利于根吸收水分。在南方春雨连绵的地区，雨水充裕，空气湿度大。北方冬季严寒，春暖大地时，土壤化冻返浆正是土壤水分含量较多时期，有利于树木的成活。

从植物生理活动规律上看，随着气温上升、土壤化冻，树木开始解除休眠状态，先生根后发芽，逐渐恢复生长，该时期是树体结束休眠、开始生长的发育时期。因此，春季植树是利用气温回升，植物结束休眠开始初生长的相互对应的特点以保障树木的成活。

春季植树宜早不宜迟，正如清代《知本提纲》里所写的"春栽宜早，迟则叶生"。在我国各绿化地，只要土壤没有冻结，栽植后没有冻害，便于绿化施工，即可及早进行。受纬度、海拔、地形等因素的影响，各地区栽植时间的早晚不同，但最好的时期是树木的芽开始萌动前的数周之内，地上部虽仍处于休眠状态，但地下部根系逐渐萌发生长，有利于树体恢复生长；如果在新芽膨大或新叶开放后种植，根系生长量减少，难以恢复树体水分代谢平衡，树木常常枯萎、死亡，即便有些树木成活，多数生长不良，落叶树种尤为如此。常绿树种的种植可以偏晚，萌芽后栽植的成活率虽然不如萌动前高，但比同样情况下栽植的落叶树种成活率高，一些具有肉质根系的树种，如木兰属、鹅掌楸、楝木及山茱萸树种等，春季植树好于秋季植树。

春季是我国多数地区植树的季节，而早春是春季中种树的适宜时期，但较短，一般2~4周时间，尤其是在春旱缺雨的北方地区，风大、气温回升快，土壤水分蒸发速度快，地上部萌发生长迅速。在栽植任务不大时，容易把握时机，但在任务量大、劳力紧缺的情况下，在适宜时期内很难及时完成。

春季植树，在冬季严寒、土壤冻结的地方，根据树种特性、土壤特性、地形变化来决定树木种植时间的先后。先萌芽的树种先栽植，后萌芽的树种后栽植；落叶树种先栽植，常绿树种后栽植；沙壤土较重壤土先栽植；先市区后郊区，先平原后山区；在有地形和建筑的地方，先阳面后阴面。

2. 夏季植树

夏季是气温最高、多数地区降水量最大的时期，树木生长旺盛，枝叶水分蒸腾量最大，需要根系吸收大量水分，此时植树对树木的伤害很大。但是在冬、春干旱，降水量严重不足的地区，在夏季掌握适宜时期种植树木，可以提高成活率。夏季栽植（通常称为雨季植树）正是利用外界阴晴相间、雨水充足、空气湿度大的条件，以及很多树木为了保持蒸腾速率和维持树木代谢开始进行根系的再次生长的机会，提高树木的成活率。在华北地区，全年降水量的2/3集中在夏季。雨季植树成功经验多，栽植树种多为前期生长型的针叶树种，树木规格多以中、小型苗木为主，栽植技术采取土球移植。随着城市建设的发展，园林工程中的夏季植树趋势越来越大，无论常绿树还是落叶树，无论大树还是小树，都在夏季种植。当栽植技术不当时，会导致树木成活率下降，造成很大损失。夏季植树要注意几点：一是要掌握树种的习性，选择夏季适栽的树种，重点在常绿树种，尤其是松、柏类和易萌芽的树种；二是采取土球移植，以保证树木根系的吸水能力，最好是在休眠期提前做好移植的准备工作，如修剪、包装等工作，减少在夏季起苗的损伤；三是利用阴天降水季节栽植，可提高成活率；四是在夏季光照强、气温高的条件下，为保证苗木成活，除了以上措施外，在植后采取树冠喷水降温减少蒸腾和树体遮阴等措施以提高栽植成活率。

3. 秋季植树

进入秋季后，气温逐渐下降，土壤的水分状况由于雨季的影响处在稳定的水平，随着光照强度的降低和气温的下降，树木的地上部分开始从生长进入休眠，落叶树种开始落叶，树体营养物质从枝叶向主干、根系输送，此时营养物质积累量为最大，而消耗量较小，地下部分根系由于营养物质的积累，生理活动仍处在继续进行中，对树木栽植成活有利，栽植后根系的伤口容易愈合，并生长一定量数量的新根。秋季栽植的树木在第二年春季发芽早，提高对不良环境适应能力。

秋季植树的时间较长，北方以树木落叶开始，直到土壤冻结前均可植树。在落叶后栽植宜早，以防冻害。近年很多地方采取带叶栽植，栽植后有利于愈合发根，但需在大量落叶时开始，否则会因失水而降低栽植成活率。南方地区的冬季较短，且没有冻结现象，因此秋季栽植可以延续到 11 月或 12 月上旬。春季开花的树种宜在 11 月之前种植，常绿树种和竹子应在 9～10 月进行。秋季树木栽植要注意地区和树种的特点，在寒冷和干旱的地区，空气湿度低，秋季栽植的常绿树木易因生理干旱而失水死亡。易受霜害、冻拔的地区不宜进行秋季栽植。

4. 冬季植树

冬季的气温低，是城市树木休眠的时期，此时树木的水分、营养物质消耗少，落叶树种的根系在冬季休眠期中休眠时间很短，因此植后能够愈合生根，宜冬季植树。在比较温暖、土壤不冻结的南方，可以进行冬季植树。冬季植树后有利于早春萌芽生长，在冬季寒冷、土壤冻结较深的地方，可采用冻土球移植的方法进行。

三、栽植环节

城市绿化植树要达到绿化设计方要求的效果和保证树木的成活率，必须保证在各个环节上做到措施到位。

1. 城市树木栽植前的准备

（1）城市树木栽植需遵循的原则

任何绿化施工单位在绿化种植过程中，为了保证绿化的效果，均需要遵循以下几下原则：

①城市绿化施工必须符合园林设计和建筑计划的指标。城市绿化工程施工是把人们的美好理想（规划、设计）变为现实的具体工作。因为每个规划设计都是设计者根据建设事业发展的需要与可能，按照科学原则、艺术原则形成一定的构思。设计出来的某种美好的意境，融汇了蕴含诗情画意的形象、哲理等精神内容。所以，施工人员必须通过设计人员的设计交底充分，熟悉设计图纸，理解设计的意图和建设方的要求，然后，严格按照设计图纸严格按要求的指标、数据进行施工。如果施工人员发现设计图纸与施工现场实际不符，应及时向设计人员提出。如需变更设计时，必须求得设计部门的同意，决不可自行其是！同时不可忽视施工建造过程中的再创造作用，可以在遵从设计原则的基础上，不断提高，以取得最佳效果。即按图施工，一切符合设计意图。

②植树技术必须符合树木的生长习性。不同树种除了具有树木的共性以外，还具有不同的特点，对环境条件的要求和适应能力表现出很大的差异性。如春季，一些愈合能力强、发根力强、生长快的落叶树种（如杨、柳、榆、槐、椿、椴、槭、泡桐、枫杨、黄栌等）栽植容易成活，多采取裸根苗栽植的措施，修剪较重，苗木的包装、运输可以简单些，栽植技术可以粗放些。而一些常绿树种特别是针叶树种，及一些珍贵树种或发根再生力差的树种，愈合、生长较慢，或要保持树形，栽植时必须带土球，栽植技术必须要求严格。面对不同生长习性的树木，施工人员必须了解其共性与特性，根据树种的生态特性采取相应的植树技术，才能保证树木栽植的成活率和植树工程的顺利完成。

③抓住适宜的植树季节。我国幅员辽阔，不同地区的树木适宜种植期也不相同，同一地区，不同树种由于其生长习性不同，施工当年的物候期也有差别。从栽植树木成活的基本原理来看，如何使树木地上与地下部分尽快恢复水分代谢平衡，是栽植成活的关键，这就必须合理安排施工的时间并做到以下两点：

一是做到"三随"。所谓"三随"，就是在栽植过程中，应做到起苗、运输、栽植"一条龙"。即事先做好一切准备工作，创造好一切必要的条件，于最适宜的时期内，抓紧时间，随掘苗、随运苗、随栽苗，环环扣紧，再加上及时的后期养护、管理工作，这样就可以提高栽植成活率。

二是合理安排种植顺序。在植树适期内合理安排不同树种的种植顺序十分重要。原则上讲，应该是发芽早的树种早栽植，发芽晚的可以推迟栽植，落叶树春栽宜早，常绿树栽植时间可晚些。

利用树木的生理特点和季节特点可以保证栽植成活率。在适宜季节植树，采用的施工技术措施简单，成活率高，成本低。在没有特殊原因的情况下，适宜的植树季节为施工的首选时期。

④加强经济核算，讲求经济效益。施工时应采用尽可能少的投入，换取最大的效益。必须调动全体施工人员的积极性，发挥主人翁精神，增产节约，增收节支，认真进行成本核算，争取创造尽可能多的经济效益。要加强统计工作，收集、积累资料，总结经验。

⑤严格执行园林树木栽植的技术规范和操作规程。栽植过程中，技术员应严格执行操作规程，否则不利于施工效果和成活率。如定点放线的准确与否、起苗规格的大小、坑穴的规格大小均会影响绿化效果以及栽植的质量，对栽后养护质量也不同程度地产生影响，只有在严格操作的基础上才能保证成活率、保证设计效果，降低绿化成本。

（2）准备工作

城市树木栽植开始前，首先要做好一切准备工作，以利于城市树木栽植的顺利进行。

①了解设计意图和工程概况。城市树木栽植工程的管理人员在接受工程时，首先要了解设计意图，向设计人员了解设计思想以及设计

要达到的目的及意境，尤其是施工后在近期所能达到的景观效果，并通过设计单位和工程主管部门了解工程的概况。

a. 了解植树工程与其他相关工程（如草坪、花坛、道路、山石、园林设施及土方、给水、排水等）的施工范围及工程量。

b. 了解城市树木栽植工程施工期限。施工期限指工程的开工与竣工时期，其中植树工程的进度应以不同类别的树种在当地栽植的最适时间为前提，其他工程应围绕其进行。

c. 了解城市树木栽植工程投资情况，根据工程主管部门批准的投资额度和设计预算定额依据，以备编制施工方案中的预算计划。

d. 了解城市树木栽植场地现状。在取到绿化设计图的同时，向建设单位了解施工现场的地形、地貌及地物情况和地下各类管线的分布情况，获取施工现状平面图及对地上物、树木的处理办法（如房屋、路面的拆迁保留，树木的伐除或转移）。获取地下管线图的同时，了解设计部门与管线管理部门的配合情况，特别是地下电缆、煤气管道的分布走向，以免发生施工事故。同时，了解施工现场测定标高的水准点以及测定水平位置的导线点、固定地物，作为施工定点放线的依据。

e. 了解城市树木栽植材料来源、机械和运输条件。其中包括了解树苗的出圃地点、时间、苗木质量和规格要求，并搞清有关部门能够负担的机械、运输条件。

②城市树木栽植现场踏勘和调查。在向有关单位获取资料及信息之后，负责施工管理的技术人员需要亲自到现场做细致的现场踏勘工作，搞清城市树木栽植工程中可能遇到的情况和需要解决的问题。

a. 了解城市树木栽植现场的土壤情况。土壤是树木生长的基础条件，影响树木的成活和后期生长，同时是导致城市树木栽植成本高低的重要因素，对土壤的调查，以确定绿化地是否要换土，客土量和来源。

b. 了解各种地上物的解决办法。通过踏勘，了解现场的房、路、树及设施的数量、价值，及其去留及保护可能性，房屋拆迁、树木伐移需要办理的相关手续及处理方法，保留物体如何装饰与绿地相映生辉。

c. 了解城市树木栽植的水、电源及交通的状况。有无水源决定灌水的方式，有无电源影响施工速度及效果，了解工地与外界交通联系情况，以及线路安排。

d. 了解城市树木栽植施工期间生活设施的安排。民工的食宿问题（如食堂、厕所、宿舍）的解决是影响施工进度、质量的因素，根据情况进行合理安排。

（3）编制城市树木栽植施工组织方案

在掌握了城市绿化设计的意图及城市树木栽植现场的调查情况后，施工单位需要组织技术人员对整个城市树木栽植工程情况进行研究。由于城市工程是由多种工程项目构成的综合性工程，为保证各环节相互合理衔接、互不干扰，多、快、好、省地完成城市树木栽植任务，要制定一个全面的城市树木栽植安排计划（即施工组织方案），广泛征求意见，修改后定稿。整个方案包括文字说明、图、表，总共分以下几部分：

①城市树木栽植工程概况。主要涉及项目名称，树木栽植地点，树木栽植单位名称，设计意图及树木栽植意义，树木栽植施工中的有利及不利因素，树木栽植的内容（包括施工范围、项目、任务量及预算金额等）。

②城市树木栽植施工进度。树木栽植工程的起始、竣工时间，施工总进度及单项进度的完成时间表。影响树木栽植施工进度主要有两个关键因素影响：施工方法、使用机械还是人工及用工量的多少；各项目之间的环节衔接、施工中主要矛盾及处理方法。

③城市树木栽植施工现场平面布置。施工现场作业的具体安排，包括主要施工场地、运输交通线路、材料暂放处、水源、电源位置、定点放线的基点和工人生活住宿区域等。

④施工组织机构。主要涉及施工单位负责人、下属生产、技术指挥管理机构及财务、后勤供应、政工、安全质量人员等，对施工进度、机械车辆调度、工具材料保管安排以及苗木计划用绘制图表表示，制定栽植技术。

⑤安全生产措施。安全是城市树木栽植中的首要问题，要定制度、建组织，制定检查和管理办法，以确保树木栽植的安全进行。

对城市树木栽植工程的主要技术项目，需要确定相应的技术措施及质量要求。

2. 进驻工地及施工现场的清理

进驻施工现场是工程进行的第一步，首先安置职工住宿等生活条件，然后对施工现场进行清理，对有碍绿化施工的障碍物进行拆迁清除，对现有的、影响绿化的树木进行伐除、移植，并根据设计图纸对现场进行地形处理。若用机械整理地形，还须搞清地下管线的分布情况，以免出现事故。

3. 植树技术的选择

由于不同树种的生长、生态特性不同，而且不同时期树木的生长状况不同、环境差异很大，导致树木的移植适应能力上差异很大。为了保证树木移植成功，需要根据树种的不同生长、生态习性，根据不同环境条件及树木生长状况采取相应的树木种植技术措施，才能提高树木的移植成活率。如在休眠期移植，杨、柳、榆、槐、椴、槭、蔷薇、泡桐、枫杨、黄栌等具有很强的再生能力和发根能力，起苗、包装、运输、栽植等措施简单。移植容易成活，一般采用裸根苗移植技术。而常绿树种和一些珍贵落叶树种，如松柏类、木兰类及桉树、桦树、栎等一些树种，则要求采取土球苗移植法，必须保持土球的完整。

树木移植时，水分平衡是关键，所以采取的植树技术措施很多与保持水分有关。春季或秋季移植，树木的水分丧失较少，无论是裸根苗移植还是土球苗移植，只要保持水分平衡，栽植技术程序可以适当简单。但在非适宜移植时期进行移植，如温度高、光照强，树木蒸腾量大，易导致植株失水，为了提高移植树木的成活率，必须采取土球苗移植，而且规格要比一般移植大，并且要增加一些措施改善环境条件，减少水分蒸腾，维持树木生长。栽植过程中的各环节——起苗、运输、定植及栽后养护的过程必须要采取周密的保护措施和及时的处理办法，才能避免树木失水过多。树木移植在树木的一生中时间是非常短的，但移植对树木来说如同一次"大手术"，任何一个环节出现错误都有可能导致树木的抵抗力降低甚至使树木死亡，使设计的园林功能难以发挥出来。因此，对栽植的每一株树来说，与其相应的各技术措施和环节都不可缺少，且非常重要。施工人员对移植中各种技术措施的安排必须严格细致。

在植树施工的操作中应注意针对不同树种的特性抓住关键：

①移植要做到随起、随运、随植和及时管理，无施工条件时应及时采取妥善的假植措施。

②起苗、植苗按操作规程所规定的标准进行，不要造成伤根过多或窝根，对根系伤口过大的可用修剪补救。

③肉质根的树种尽量采用土球苗移植，如木兰类、鹅掌楸等，如采用裸根移植，由于肉质根系含水量多而易脆，不易愈合，起苗后须放置在背阴处晾晒方可移植。

④大多数树种，从起出到定植前，须采取多种办法（如薄膜套袋、蘸泥浆并填充苔藓、湿草袋包装等）保持根系湿润，不受风吹日晒。

⑤常绿树种枝叶蒸腾量大，可采取蒸腾抑制剂喷叶以抑制蒸腾作用，或适当地修剪枝叶以减少蒸腾量。

4. 树木栽植环节及技术

树木栽植的主要环节有：定点放线、挖穴、起苗与包装、装运、假植、修剪、定植及植后养护等。

（1）定点放线

根据设计图纸上的种植设计，按比例放样于地面，确定各树木的种植点。由于树木的种植、配置的差异，定点放线的方法有所不同。

①规则式配置种植。规则式配置种植多以某一轴线为对称排列，以强调整齐、对称或构成多种几何图形。在园林中多采用对植、行列植等种植类型。规则式定点放线比较简单，要求做到横平竖直、整齐美观，可以地面固定设施为准来定点放线，定点的方法是以道路的路牙、中心线、绿地的边界、园路、广场和小建筑等平面位置为依据，定出行距，再按设计确定株距。

②自然式配置种植。自然式配置是运用不同的树种，以模仿自然、强调变化为主，具有活泼、愉快、幽雅的自然情调。有孤植、丛植、群植等种植类型。此配置方式多用于公园、绿地中，在设计图上，单株定点标有位置，群状则标有范围而没有株数位置，株数取决于苗木规格和建设单位的要求。此类配置可采用以下几种方法定点放线：

a. 网格法。按一定比例在设计图及现场分别按等距离打好方格，在图上标好在某方格的纵横坐标尺寸，按此方法量出现场相应方格位置。此方法适用于面积大、树种配置复杂的绿地，虽然操作复杂但位置准确。

b. 仪器测量法。利用经纬仪、小平板仪依据当地原有地物将树木按图定在绿地位置上。

c. 两点交汇法。利用两个固定地物与种植点的距离，采取直线相交的方法定出种植点。该方法既可用在小范围、与图纸相符的绿地，也可用在网格内树木位置的确定。

定点的要求：对孤植树和列植树，应采取单株定位、钉桩，写出树种及挖穴的规格；而树丛和自然式的丛林，可利用网格法确定位置、面积，用石灰点出种植范围，其中除主景树确定位置外，其他树木可用目测法定点，使树木生长分布自然，切忌呆板、平直。

（2）挖穴

挖穴是树木栽植之前的准备工作，不但改地适树、改良土壤，使根系有一个良好的生长环境，有利于树木的成活和促进树木的生长，而且对树木的景观效果有很大影响。

种植穴的规格大小、形状和质量取决于树木根系状况（或土球的大小）、土壤情况，穴的直径一般比规定树木根幅、土球大 20~40 厘米，甚至大 1 倍，深度加深 20~40 厘米，特别是在贫瘠的土壤和黏重的土壤中，坑穴应更大、更深些，挖穴要保持上下垂直一致，切忌挖成上大下小的锅底形，否则易使根系卷曲上翘，使根系不舒展而影响树木的生长。在挖穴的同时，应进行土壤改良，通过掺沙、施肥改良土壤结构，促进土壤通气、透水、疏松。坑穴的形状多为圆形，但在道路两侧步行道上的行道树坑穴多为方形。挖穴多采用人工，也可采用机械（图4-1）。

图4-1　机械挖穴

挖穴时应注意：

①位置准确。规则式配置的坑穴更要做到横平竖直。

②规格要适当（表4-1）。既避免过小而影响树木成活生长，又避免过大造成费工、费时、费资金。

表4-1　乔、灌木栽植穴的规格

乔木胸径(厘米)	1~3	3~5	5~7	7~10	10~12
落叶灌木高度(米)	1.0~1.2	1.2~1.5	1.5~1.8	1.8~2.0	2.0~2.5
常绿树高度(米)	1.0~1.5	1.5~2.0	2.0~2.5	2.5~3.0	3.0~3.5
穴径(厘米)×穴深 (厘米)	(50~60)× (30~40)	(60~70)× (40~50)	(70~80)× (50~60)	(80~100)× (60~70)	(100~120)× (70~90)

注：1. 乔木包括落叶和常绿分枝单干乔木；2. 落叶灌木包括丛生或单干分枝落叶灌木；3. 常绿树指低分枝常绿乔木、灌木。

③挖穴时，表土、底土或好土、渣土分开放，有利于肥土育树，渣土清除。行道树挖穴，把土放在行两侧，以免影响行道树瞄直的视线。挖穴要保持上下垂直一致，大小一致。

④挖穴改土。如土质不好，可以通过扩穴、施肥改土或客土改良。

⑤若挖穴遇到地下管线，应立即停止操作，请有关单位妥善解决。

⑥在有地形的坡面上，坑深以坡下沿开口开始计算。

⑦由技术人员对坑的规格进行专门验收，不合格的坑穴及时返工。

(3) 起苗与包装

起苗在植树工程中是影响树木成活与生长的重要工序，起后苗木的质量差异不但与原有苗木本身生长状况有关，而且与使用的工具锋利与否、操作者起苗技术的熟悉和认真程度、土壤干湿情况有着直接关系，任何拙劣的起掘技术和不认真的态度都可以使优质苗木因伤害过多而降低质量甚至成为无法使用的废苗。因此，在起苗前应做好准备工作，起苗过程中按操作认真工作，起苗的各个步骤都应做到周全、认真、合理，尽可能地多保护根系，尤其是较小的侧根与须根，以确保出圃苗木的质量。起掘后还应采取相应的处理与保护。

①起苗前的准备工作。

a. 号树。根据设计要求和经济条件，到苗圃选择所需规格的苗木并进行标记，大规格树木还要用油漆标着生长方向。苗木质量的好坏是影响成活的重要因素之一。因为直接影响到观赏效果，移植前必须严格选择，除按设计提出的苗木规格、树形等特殊要求外，还要注意根系是否发达、生长是否健壮，树体有无病虫害、有无机械损伤，苗木数量可多选一些，以弥补出现的苗木损耗。

b. 调节土壤湿度。土壤过干、过湿均不利于提高起苗质量，土壤过干起苗，易造成苗木伤根失水；土壤过湿起苗，不但泥泞，也无法起土球苗。因此，当土壤干旱时，应在起苗前几天灌水；土壤积水过湿时，应提前设法排水，以利于起苗操作。

c. 拢冠。对侧枝低矮的常绿树和冠形肥大的灌木，特别是带刺灌木，为方便挖掘操作、保护树冠、便于运输，用草绳将侧枝拢起，分层在树冠上打几道横箍，分层捆住树冠的枝叶，然后用草绳自下而上将横箍连接起来，使枝叶收拢，捆绑时注意松紧度，不要折伤侧枝。

d. 工具与材料准备。起苗工具要保持锋利，包装物有蒲包、草袋、草绳、塑料布等材料。

e. 试掘。为了保证苗木的成活率，需要通过试掘起苗，摸清苗木的根系范围。一是可以通过试掘提供范围数据，减少损伤，对土球苗木提供包装袋的规格。二是可以根据根幅调节植树坑穴的规格。在正规苗圃，根据经验和育苗规格等参数即可确定起苗规格，一般可免此项工作。

②起苗与包装技术。起苗是为了给移植苗木提供成活的条件，研究和控制苗木根系规格、土球大小是为了在尽可能小的挖掘范围内保留尽可能多的根系，以利于成活。起苗根系范围大、保留根量多，则成活率高，但操作困难，重量大，挖掘、运输的成本高。因此，应针对不同树木种类、苗木规格和移栽季节确定一个恰当的挖掘范围。

乔木树种的裸根挖掘，水平有效根幅通常为主干直径的 6~8 倍，垂直分布范围为主干直径的 4~6 倍；土球苗的横径为树木干径的 6~12 倍，纵径为横径的 2/3。灌木的土球直径一般为冠幅的 1/3~1/2。

a. 裸根起苗法。将树木从土壤中起出后，苗木根系裸露的起苗方法。该方法适用于干径不超过 10 厘米的处于休眠期的落叶乔木、灌木和藤本，这种方法的特点是操作简便，节省人力、运输及包装材料，但损伤根系较多，尤其是须根，起掘后到种植前，根系多为裸露，容易失水干燥，且根系的恢复时间长。

根据树种、苗木的大小，在规格范围外进行挖掘，用锋利的掘苗工具在规格范围外绕苗四周挖掘到一定深度并切断外围侧根，然后从一侧向内深挖，并适当晃动树干，试寻树体在土壤深层的粗根，并将其切断，过粗而难断者，用手锯将其锯断，切忌因强按、硬切而造成劈裂。当根系全部切断后，放倒树木，轻轻拍打并除去外围的土块，将已劈裂的根系进行适当的修剪，尽量保留须根，在允许条件下，为保成活，根内的一些土壤可保留。若苗木一时不能运走，可在原起苗穴内将苗木根系用湿土盖好，进行暂时假植。若长时间不能运走，可集中一地假植，并根据干旱程度适量灌水，保持覆土的湿度。

裸根苗的包装视苗木大小而定，细小苗木多按一定数量打捆，用湿草袋、蒲包装满，内部可有湿苔藓填充，也可用塑料袋或塑料布包扎根系，以减少水分丧失。大苗可用草袋、蒲包包裹。

b. 土球苗起苗法。将苗木一定根系范围连土掘起，削成球状，并用蒲包等物包装起来，这种连苗带土一起起出的方法称为土球苗起苗法。这种方法常用于常绿树、竹类、珍贵树种，以及干径在 10 厘米以上的落叶树木及非适宜季节栽植的树木。该技术措施的优点是：土球内根系未受损伤，尤其是一些吸收根系，带有部分原生长地的土壤；移植过程中土球中的根系不易失水，有利于树木恢复生长。缺点是：操作困难，费工，耗包装材料，土球重因而增加运输负担，耗资远远大于裸根栽植。

　　土球苗起苗法主要分两部分：

　　Ⅰ. 挖掘成球（图4-2）。

　　第一，以树干为中心，按土球规格大小划出挖掘范围。

　　第二，去表土（俗称起宝盖土），即将挖掘范围内上层疏松表土除去，以不伤表层根系为准。

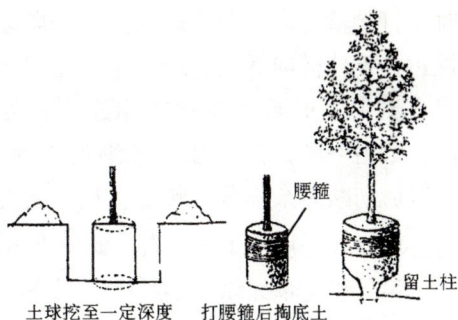

图 4-2　土球的挖掘与打腰箍

　　第三，沿外围边缘向下垂直挖沟。沟宽以便于操作为宜，50～80厘米宽。随挖随修正土球表面，露出土球的根系用枝剪、手锯修去。不要踩、撞土球的边缘，以免损伤土球，直到挖到土球纵径深度。

　　第四，掏底。土球四周修好后，慢慢由底圈向内掏挖，直径小于50厘米的土球可以直接将底土掏空，剪除根系，将土球抱出坑外包装。直径大于50厘米的土球较重，掏底时应将土球中部下方中心保留一部分支撑土球，以便在坑中包装。北方地区土壤冻结很深的地方，起出的是冻土球，若及时运输、栽植也可不进行包扎。

　　Ⅱ. 打捆包装。土球的包装方法取决于树体大小、根系盘结程度、土壤质地及运输的距离等。

　　50厘米以下的土球：将土球苗放在蒲包、草袋、麻布或塑料布等包装材料上，将包装材料上翻，用草绳绕基干扎牢，并将土球缠绕扎紧（图4-3）。土质黏重成球的，也可用草绳沿土球径向绕几道，再在中部横向绕一道，使径向草绳固定即可。如果土质较松，须在坑内包扎，以免移动过程中造成土球破碎。一般近距离运输、土质紧实、土球较小的树木，也可不包扎。

50厘米以上的土球：土球苗的土球过大时，无论运输距离远近，一律进行包扎，以确保土球不散，但包装方法和程序上各有不同。一般有以下四步。

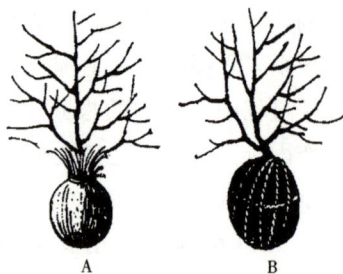

图4-3　土球的打捆包装
A. 50厘米以下土球
B. 50厘米以上土球

第一步是打内腰箍。土壤较疏松时，打腰箍可以避免土球松散。采取边挖边在土球横向捆紧腰绳，用木槌把绳嵌入土中，每圈草绳紧密相连不留空隙，最后一圈的绳头压在该绳的下面，收紧后切断多余部分。腰箍包扎的宽度为土球纵向深度的1/3左右。此项措施视土壤质地决定采用与否。

第二步是草绳纵向捆扎（扎花箍）。在扎花箍之前，将蒲包、草袋等包装材料在土球外捆包封严，防止土壤破碎外流，然后开始扎花箍。扎花箍的方法有三种，视土球大小、土质状况、运输远近采取不同的方法（图4-4）。

第一种方法是井字包扎法。先将草绳捆在树干基部，然后按图4-4A所示顺序包扎，先由1拉到2，绕过土球底部，再拉到4，又绕过土球的底拉到5，以此顺序打下去，最后形成图4-4B。此方法包扎简单，但土球受力不均，多用在土球较小、土质黏重、运输距离近的土球苗包装上。

第二种方法是五角包扎法。先将草绳捆在树干基部，然后按图4-5A所示顺序包扎，先由1拉到2，绕过土球底部，由3拉到土球上面到4，再绕到土球底，由5拉到6，最后包扎成图4-5B的样子。此法的适用条件近似第一种方法。

第三种方法是橘子包扎法。将草绳捆在树干基部，再拉到土球边，依图4-6A的顺序由土球面拉到土球底，如此继续包扎拉紧，草绳间隔8厘米左右（视土球大小、土质情况而定），直至整个土球被草绳完全包裹为止（图4-6B）。橘子包扎法通常扎一层，称为单股单轴。如果土球大，或苗木为名贵树种，也可采取捆扎双层，称为单股双轴。如土球过大，也可用麻绳捆扎以防止土球破碎。此类方法捆扎后的土球受力均匀，不易破碎，是土球包扎常用的效果较好的方法。

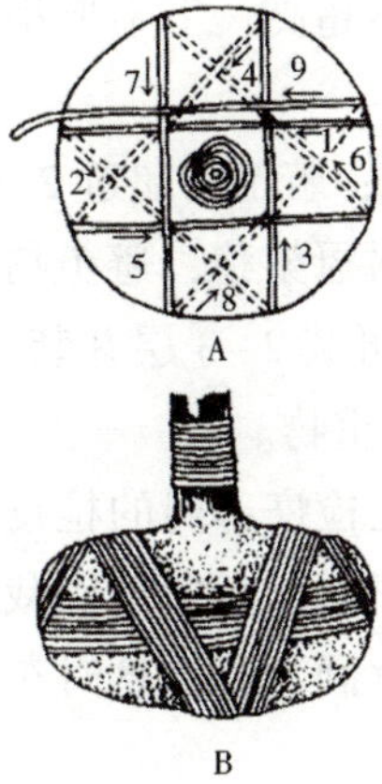

图 4-4　井字包扎法 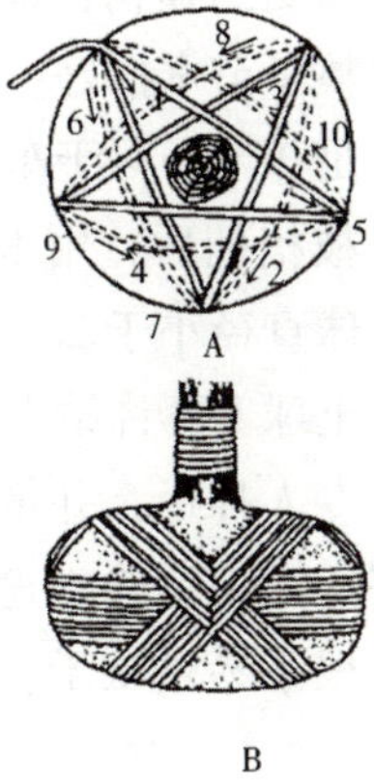　　　图 4-5　五角包扎法 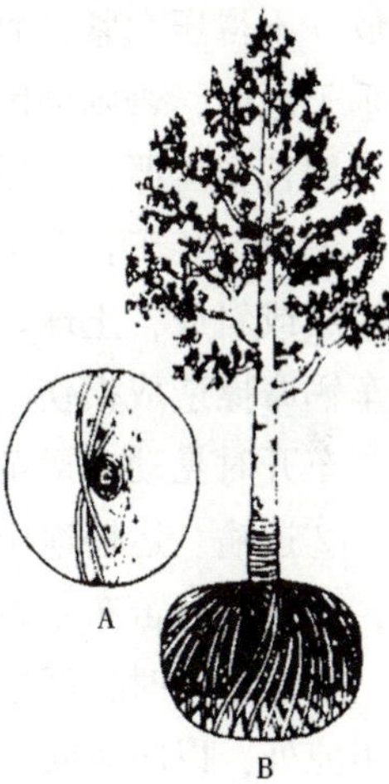　　　图 4-6　橘子包扎法

第三步是系腰绳。直径大于 50 厘米的土球苗，纵向包扎完后，还要在中部捆扎横向腰绳。在土球中部紧密横绕几道，然后再用草绳呈斜向上下将纵向绳与腰绳连接起来，不使腰绳与纵向绳滑脱。腰绳缠绕道数根据土球直径确定。土球横径 50~100 米，缠 3~5 道；横径 100~140 厘米，缠 8~10 道。

第四步是封底。在坑内打包的土球苗，捆好后将其推倒，用蒲包、草绳将土球底部露土的地方包严、封好，避免运输途中土球破碎使土壤流出。

（4）装运

树木起掘包装后，应本着"随起、随运、随植"的原则，尽量在最短的时间将树木运至栽植地栽植。要注意在装车、卸车时保护好树体不受损伤，在运输途中保护根系、枝干免受失水。

①装车。车厢用湿草袋铺垫，既避免苗木损伤，又起保湿作用。

裸根苗装车：小规格苗按数打捆卷包，将枝梢向外，根部向内，互相错行重叠摆放，用蒲包、草席为包装材料，用湿润的苔藓或锯木填充根部空隙，将树木卷好捆上，用冷水浸润保湿，码放整齐，每捆用标签注明树种、数量。乔木苗装车时，根系朝前，枝梢朝后，顺序码放，不得压太紧，码放车体高度不过 4 米，枝梢向后顺放不能过长而垂于地面，否则会因摩擦而受到损伤，即"上不超高，下不拖梢"。根部用苫布盖严，并用绳将整车苗木捆好。

土球苗装车：若苗高不足 2 米，可于车上立放；若苗高超过 2 米，可平放或斜放，土球朝前，枝梢朝后，用木架将树冠架稳，避免树冠与车辆摩擦造成损伤。若土球直径小于 20 厘米，可装 2~3 层并装紧，以防车开时晃动。运苗时，土球上不许站人或压放重物。

②运输。运输途中须有专人押运，并带有当地检疫部门的检疫证明，经常注意苫布是否盖好。短途运输中途不可停留，直接运到栽植地。长途运苗时，裸根苗的根系易被吹干，应注意洒水，休息时车停在阴凉处，以防风吹日晒。

③卸车。要及时卸车，裸根苗按顺序轻拿轻放，不得抽取，不能整车推下，以免伤苗。因长途运输造成裸根苗缺水使根系较干时，应浸水 1~2 天，补充含水量。土球苗卸车要轻拿轻放，要抱土球，不得提苗干。较大土球苗，可用长木板斜搭在车厢上，将土球慢慢顺滑下来，不能滚动卸车，以免土球破碎，也可用机械吊卸。

（5）假植

树木起掘后或运到栽植地后，因场地、人工、时间等主客观因素不能及时种植时，须先进行假植。假植是定植前对运来的苗木采取的短时间保护措施，以保持树木根系的活力，维持树体的水分平衡。

①裸根苗假植的方法。在靠近栽植地点、排水良好、背风阴凉的地方挖沟，宽 1.5~2 厘米，深 0.3~0.5 米，长度视具体情况定。按树种分别集中假植，将苗木排放在沟内，树梢顺主风方向斜放，在根系上覆盖湿细土，依次一层一层码放、覆土，全部覆土完成后，浇水保湿。假植期内经常检查，适量浇水，注意不可过湿，有积水时要及时排除。

②土球苗临时假植的方法。集中直立码放，用土垫好码严，周围用土培好，如果树木的假植时间过长，土球之间的空隙须用土填好，浇水，利用喷灌增加空气湿度，保持枝叶鲜挺。

（6）修剪

①修剪目的。起苗之后，树体水分代谢的平衡被打破，而且起苗、运输过程中造成树木损伤，若栽植后需要有一定的景观效果，就必须通过修剪来调整。因此，栽植修剪的目的主要有三个：一是通过修剪保持树体水分代谢的平衡，以确保树木成活，这是修剪的主要目的。移植树木，不可避免地造成根系损伤、根冠比失调，根系难以补足枝叶所需的水分。为减少水分蒸腾，保持上下部水分平衡，应对枝叶进行修剪。二是培养树形。此时的修剪，仍然要注意树木栽种后能够达到的预期观赏效果。不能为了成活而不考虑景观效果。三是通过修剪，减少树体起苗、运输、栽植过程中造成的伤害。剪除病虫枝、枯枝及损伤枝条，通过修剪缩小伤口，有利于根系愈合。

②修剪时间。修剪时间因不同树种、树体及所要达到的观赏效果而异。高大乔木应在栽植前进行修剪，植后修剪较困难。花灌木类枝条细小的植后修剪，便于成形。茎枝粗大，需用手锯的可植前修剪。带刺类植前修剪效果好。绿篱类需植后修剪，以保景观效果。

③修剪方法及修剪量。不同树木种类在修剪时应遵循树种的基本特点，不能违背其自然生长的规律。修剪方法、修剪量因不同树种、不同景观要求有所不同：

a. 落叶乔木。长势较强，容易抽生新枝的树种，如杨、柳、榆、槐等可进行强修剪，树冠剪去 1/2 以上，以减轻根系负担，保持树体的水分平衡，减弱树冠招风、摇动，提高树体的稳定性。凡具有中心干的树种应尽量保护或保持中心干，去除不保留的枝条，保留枝条采取短截，保留到健壮芽的部位。中心干不明显的树种，选择直立枝代替中心干生长，通过疏剪或短截控制与直立枝条竞争的侧生枝。有主干无中心干的树种，主干部位枝的树枝量大，可在主干上保留几个主枝，其余疏剪，保留的主枝通过短截形成树冠。乔木树种在修剪中定出主干高度。

b. 常绿乔木。枝条茂密的常绿阔叶树种，通过适量的疏枝保持树木冠形和树体水分、代谢平衡，根据主干高度要求利用疏枝的办法调整枝下高。常绿针叶树不宜过多地进行修剪，只剪除病虫枝、枯死枝、生长衰弱枝及过密的轮生枝及下垂枝。常绿树及珍贵树种尽量酌情疏剪和短截，以保持树冠原有形状。

c. 花灌木。花灌木类修剪要了解树种特性及起苗方法。带土球或湿润地区带宿土的苗木及已长芽分化的春季要开花树种，少做修剪，仅对枯枝、病虫枝剪除。当年成花的树种，可采取短截、疏剪等较强修剪，以更新枝条。枝条茂密的灌丛，通过疏枝减少水分消耗并使其外密内疏，以利于通风透光。嫁接苗木，除对接穗修剪以减少水分消耗、促成树形外，砧木萌生枝一律除去，以避免营养分散导致接穗死亡。根蘖发达的丛木多疏老枝，以利于植后不断更新，旺盛生长。

d. 绿篱。绿篱在苗圃生产过程中基本上成型，且多土球栽植，通常在植后进行修剪，以便获得较好的景观效果。

（7）定植

在前面工序完成后，即开始植树。植树选择一天中光照较弱、气温较低的时间为宜，如上午 11 时以前或下午 3 时以后进行为好，阴天无风最佳。在栽植工序内，不同的措施会影响树木成活及景观效果。

①配苗与散苗。配苗是指将购置的苗木按大小规格进一步分级，使株与株之间在栽植后生长趋近一致，达到栽植有序及景观效果好的目的。如行道树一类的树高、胸径有一定差异，会在观赏上产生高低不平、粗细不均的结果，故合理配苗后，可以改变这种景观不整齐的现象。乔木配苗时，一般高差不超过 50 厘米，粗细差异不超过 1 厘米。

散苗则是将树木按设计规定把树苗散放在相应的定植穴里，即"对号入座"。散苗的速度应与栽植速度相近，即边散边植，尽量减少树木根系暴露在外的时间，尤其是气温高、光照强的时候，以减少水分消耗。

②植树。树木种植前，再次检查种植穴的挖掘质量与树木的根系是否相符，坑浅小的要加大、加深，并在坑底垫 10~20 厘米的疏松土壤，做成锥形土堆，便于根系顺锥形土堆四下散开，保证根系舒展，防止窝根。散苗后，将苗木立入种植穴内扶直，分层填土，提苗至合适程度，踩实固定。栽植技术因裸根苗、土球苗而异。

a. 裸根苗栽植技术。树木规格较小的，两人一组，树木规格大的须用绳索、支杆拉撑。先填入一些好土成锥形，将苗木放入坑内试深浅，将树木扶正，逐渐回填土壤，填土的同时尽量铲土扩穴。直接与根系接触的土壤，一定要细碎、湿润，不要太干或太湿，太粗、太干的土块易挤压伤根，使根系失水，且土壤填充不实。第一次填土至坑1/2深处，轻提升抖动树木使根系舒展，让土壤进入根系孔隙处，填补空洞，进行第一次踩实，使根系与土壤紧密结合。再次填土至填平，踩实，使根系与土壤形成一体。如果土壤过于黏重，不宜踩得太紧，否则通气不良，影响根系呼吸、生长。最后填土高于根颈3~5厘米，做好灌水堰。裸根树的栽植技术简单归纳为"一提、二踩、三培土"。

b. 土球苗栽植技术。测定种植穴的深浅、大小与土球苗相符后，在放土球苗下穴时，穴底部堆垫丘形土并踩实，将土球苗放入穴内扶正后，使之稳定。若土球未破碎，解开包装，凡不易腐烂的物质一律取出，拆除包装后不能再移动树干与土球，否则根土分离。如果土球破碎导致拆除困难或为防止土球破碎，可剪断包装、松开蒲包草袋，任其在土壤中腐烂（若有不易腐烂的物质一律取出，包装物过多的应去除一部分）。为防栽植后土塌树斜，在土球周围边填土边用棍把填土夯实，使穴中的土壤与土球紧密结合在一起，但夯实时注意不要砸碎土球。最后做好灌水堰。

③栽植时注意事项。

第一，栽植树木的平面位置和高程必须符合设计规定，以便达到景观效果。

第二，行列式种植须事先栽好标杆树。每隔10~20株树种植一株校准用的标杆树，栽植以该树为瞄准依据。行列式栽植要保持横干竖直，左右相差不超过一半树干，若树干有弯，将弯转向行内。行道树种植要形成一溜通直的效果。

第三，每株树栽植时，上、下要垂直，若树干有弯，将其弯转向主风方向，以利于防风。

第四，栽植深度：栽植深度以新土下沉后，树木基部土痕与地平面相平或稍低于地面（3~5厘米）为准。若栽植过浅，根系经过风吹日晒，容易干燥失水，抗旱性差，根颈易受灼伤。栽植过深则造成根颈窒息，树木生长不旺。

第五，树木栽植的方向：栽植大树应保持原生长方向，树木自身朝向不同的枝、叶其组织结构的抗性不同，如阴面枝干转向阳面易受灼伤，阳面枝干转向阴面易受冻裂。通常在树干南侧涂漆确定方向。无冻害、日灼现象的地方，应将观赏价值高的一侧树冠作为主要观赏方向。

第六，修好灌水堰后，解开捆拢树冠的草绳，使枝条舒展开。

（8）植后养护

植后养护是影响树木成活的一个关键工序，如果这个措施没有掌握，此前的各种工序做得再好，也会前功尽弃。

①开堰浇水（图4-7）。树木栽植之后，及时沿树坑外沿开堰，堰高20~25厘米，用脚将埂踩实，以防浇水时出现跑水、漏水现象。第一茬水要及时浇，最晚不能超过一昼夜，气温高的时期，浇水的时间愈早愈好。头茬水一定要

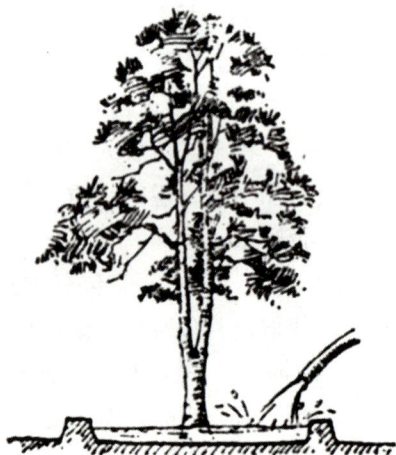

图4-7 开堰浇水

浇透，使根系与土壤能够紧密地结合在一起。在北方或干旱多风的地区，须在3~5天内连续浇3次水，使整个土壤层中水分充足。在土壤干燥、灌水困难的地方，为节省水分，也可在树木栽植填入一半土时，先灌足水，然后填满土，进行覆盖保墒。在春季，灌完三茬透水后，可将水堰铲去堆垫在干基上部，既可起到保墒作用，也有利于提高土温，促进根系生长新根。在干旱多风的北方进行秋季植树，堆土有利于防风、保墒作用。浇水时，在出水口处最好放置木板或石板类，让水落在板上流入土壤中，以免造成冲刷。浇水时要注意：一是不要频繁地少量浇水，这样浇水只能湿润地表而无法下渗到深层，虽然水没少浇，但是没有渗到土壤的深处，蒸发量多而吸收量少，且导致根系

在浅层生长从而降低树木的抗旱与抗风能力。二是不要频繁超大量浇水，否则不但造成土壤长期通气不良，根系腐烂，影响树木的生长，还浪费水资源。因此，植后浇水，既要保持土壤湿润，又不应浇水过度造成通气不良。一般每周浇水一次，连浇三次后松土保墒。春季在树木未展叶之前，浇完前三茬水后，一般要保持土壤干燥，提高土温。生长期因根系发育不完全导致供水不足时可利用喷灌进行叶面补水。

栽后浇水是保证树木成活的主要养护措施，须把握时机，避免因缺水而导致树木成活率下降。

②扶正封堰与松土除草。栽植后，每次浇水要检查树木是否有倒歪的现象。因塌陷而造成树木倒歪的，要扶正，并用土把塌陷处填实；因大风吹而造成树木歪斜的，须立支柱将树木扶直，再浇水，用土把土缝填平。在干旱缺水、蒸发量大的地区，浇水之后易造成土壤板结，影响土壤通气、透水效果，不利于树木生长。通过给树木生长的土壤进行松土，使根部土壤经常保持疏松，既有利于土壤空气流通，促进树木根系生长，而且有利于减少土壤水分蒸发，提高水分利用率。

春末夏初，杂草较小，这时的松土除草以松土为主，改善土壤通气状况、保墒。杂草要除早，除小，除了。夏、秋气温高，雨水充足，杂草生长快，这时的松土除草以除草为主，减少杂草与树木争夺水分、养分，并通过松土除草提高土壤通气状况。一般每 20 ~ 30 天进行一次，松土除草深度以 3 ~ 5 厘米为宜。

③除萌修剪。植后树木修剪是根据树木栽植后萌芽长枝的特点及树体养分状况采取的修剪。主要针对以下几个方面进行。

a. 护芽除萌。当栽植的树木开始萌芽时，可能定芽、潜伏芽、不定芽都在萌动生长，在树干、枝条上会萌发出许多新枝，这是新植树木生理活动趋于正常的标志，能促进根系的生长。但是萌芽、生枝的数量过多不但消耗大量营养，而且会干扰树形发育，同时枝条过密造成树冠通风透光不良，消耗大于积累，反而导致树体衰弱。在萌芽过程中，确定所需要的枝芽数量与位置，除去多余枝芽，可以给保留枝叶充足空间、充足水分和养分，提高有效光合作用，促进根系生长，有利于新植树木成形、越冬，因此需随时除去多余的萌芽。

b. 合理修剪以正树形。树木移植后，树冠中的一些枝条由于在栽植整个过程受到损伤甚至枯死，不但造成树冠变形，还会导致病虫害的发生，而且在生长期中形成的过密枝、徒长枝组织发育不充实，细弱老化，抗性差。在生长期内及时对这些枝条进行修剪，可改善树体通风透光条件，促进树木生长健壮，保持和培养完善的树冠。

④对树木病虫害的防治。在移植过程中，由于对树体的伤害过重，因此树木生长势较为衰弱，正是病虫极易入侵的时候。病虫的侵入是造成树体衰亡、景观丧失的重要因素。因此，在植后养护过程中，必须根据病虫害发生发展规律和危害程度，及时、有效地进行防治，以免病虫害的蔓延。

在病虫害防治时要注意：

第一，了解各树种病虫害发生发展的原因、时间和过程，抓住时机，治早、治了。

第二，针对不同的病虫采用不同的药物防治，针对不同时期采用不同的浓度防治。

第三，对病虫危害的单株、枝、叶及虫瘿、虫卵，应采取果断措施，及时将其集中处置，不得随意丢弃，以免造成再度传播污染。

第四，防止药害（药剂种类选择不当，浓度、用量过大，高温药害或树体对某些药害过敏）出现。药害出现时，须采取清水对根、叶进行冲洗去除残留药液，加强肥水管理，促进树体恢复健康，消除、减轻药害造成的影响。

四、大树移植技术

大树移植在城市绿化工作中是一项基本作业，是对成形树木进行的一种保护性移植，是特定时间、特定地点为满足特定要求所采用的种植方法，能够在短时间内起到改善环境景观，及时满足重点建设工程、大型市政建设绿化和美化要求的作用。

1. 概念和特点

(1) 概念

大树是指胸径在 15 厘米以上，或树龄在 20 年以上的大型树木，也称其为壮龄树或成年树木。大树移植是指对这一类处于生长盛期的壮龄树进行的移植工作。由于树体大，为保证树木的成活，多采用土球移植。移植时具有一定规格和重量（如胸径 15 厘米以上，树高 6~15 厘米，重量 250~10 000 千克），需要有专门机具进行操作实施。

我国在大树移植方面有着很多成功经验，近年随着城市建设和发展加速，绿地建设水平及施工效果要求愈来愈高，因此大树移植的应用范围愈来愈广泛，成功率也愈来愈大。

(2) 大树移植的特点

①大树移植成活困难。大树由于树龄大，发育阶段深，根系的再生能力下降，损伤的根系难以恢复；起树范围内的根系里须根量很少，移植后萌生新根的能力差，根系恢复缓慢；由于树体高大，根系离枝叶距离远，移植后易造成水分平衡失调，极易造成大树因树体失水而亡；由于根颈附近须根量少，在起苗、搬运和栽植过程中，土球易碎。

②移植需要的时间长。一株大树的移植需要经过踏勘、设计移植程序、断根缩坨、起苗、运输、栽植及后期的养护管理，需要的时间长，少则几个月，多则几年。

③劳力、机械成本高。由于树体规格大，技术要求严格，还要有安全措施，需要充足的劳力、多种机械以及较好的树体包装材料，移植后还须采取很多特殊养护管理措施，因此各方面需要大量耗费，从而提高绿化成本。

④大树移植的限制因子多。由于大树树高冠宽、树体沉重，在移植前要考虑：吊运树体的运输工具能否承重，能否进入绿化地正常操作，交通线路是否畅通，栽植地是否有条件种植大树。若这些限制因素解决不了，不宜进行大树移植。

⑤大树移植绿化成景见效快。高大树木移植后，通常在养护得当的条件下，能够在短时间内迅速达到绿化、美化的效果。

2. 准备工作

（1）大树移植的设计

由于大树成形、成景、见效快，但种植困难、成本高，在设计上要把大树设计在重点绿化景观区，起到画龙点睛的作用，还要寻找具有特点的树种，对树种移植也要进行设计，安排大树移植的步骤、线路、方法等，才能保证移植的大树能够达到效果。

（2）移植的树木选择

进行大树移植前要调查树种、年龄时期、干高、胸径、树高、冠幅、树形，尤其是树木的主要观赏面，进行测量记录，拍照留档。

①对树种选择主要了解其生长特性及生态特性，了解树木成活的难易程度和生命周期的长短。有些树种萌芽、再生能力强，移植成活率高，如杨、柳、梧桐、悬铃木、榆树、朴树等，移植较难成活的有白皮松、雪松、圆柏、柳杉等，最难成活如云杉、冷杉、金钱松、胡桃等。不同树种生命周期长短差异很大，生命周期短的，移植大树花费很大成本，树体移植后就开始进入衰老阶段，得不偿失。一般应选择寿命长的树种进行移植，虽然规格大，但种植后可以延续较长的年代，并且可以充分发挥较好的绿化、美化功能。

②确定好树种后，选树要力保栽植成活，因此在选树时要考虑以下几点：

第一，选好树相。大树的移植需要树木栽植后能够立即成景，因此需选择树相好的。如行道树应选择干直、冠大、分支点高，有良好遮阴效果的树体；庭荫树除了以上条件外，还需讲究树姿造型。树形不好、景观效果不佳的树木不宜选择。

第二，选择树体规格适中的树木。若树体小，种植后短期内达不到观赏效果。但并非树体规格愈大愈好。树体规格大时，不但在起苗、运输、栽植上花费很大成本，而且树体愈大，恢复移植前的生长水平需要的时间就愈长，高额的移植、养护成本随着树木规格而上升。

第三，选择树龄小、长势壮的树木。处于青壮年时期的树木在环境条件好的地方生长健壮，组织结构处于旺盛生长阶段，在移植后，虽然树木受到的伤害严重，但树体健壮，对环境的适应性强，再生能力旺盛，能够在短时间内迅速恢复生长，移植的成活率高，且成景效果好。因此，选择树木要抓住树木年龄结构，速生树种以 10~20 年生为主，慢生树种应选 20~30 年生，一般树木以胸径 15~25 厘米、树高4 米以上为宜。从生态角度上看，此时的树木能够使绿化环境快速形成、长期稳定，发挥最佳生态效果。

第四，就近选择有利于成活。大树移植首先要考虑树种对生态环境的适应能力，移植地的生态环境与树种生态特性相适应，树木成活率就高。而在移植中，同一树种在不同地区生态型不同，因此在大树移植中，以选择当地生长的树木为好，这样树木的生态特性与生态环境相适应，成活率高。尽量避免远距离调运大树，采取就近选择为先的原则。

（3）合理地选择配置方法与种植方法

大树移植的目的是迅速成景，并且成为绿地中的景观重点和亮点，如在公园绿地、公共绿地、居住区绿地内可以作为园景树应用，或在自然绿化中与其他植物配置时，以主景树配置，起到锦上添花、画龙点睛的效果。

科学配置、种植大树可提高树木成活，提高景观效果。在栽植时，应掌握树木的生物学特性和生态特性，并根据不同的树种和树体规格，制定相应的移植技术措施和养护方案，采取现有的先进施工技术措施，促进根系生长，迅速恢复树冠生长，最大限度地提高树木移植成活率，以发挥大树移植所能达到的生态、景观效果。

（4）植前应用措施

①苗木截根促发须根生长增量。苗木在生长过程中一般加长生长速度快，加量生长速度慢，并宜离心秃裸，可利用根系再生的特点，对根系进行剪截，促进根系在剪口处分权，生长出更多的新根，以便移栽时利用大量的根系保障成活。

截根位置在留根位置以内 2~3 厘米，截根后，通过施肥、浇水等管理技术促进新根生长。

②大树断根缩坨与树冠修剪。高大树木的根幅、冠幅随着树龄的

增长而越来越大，靠近根颈附近的根系吸收根较少，起树时根量不足，保水能力差，恢复根量慢，影响树木成活；枝条过于扩展也不利于移植，芽点多，蒸腾量大，影响树木成活。因此，提前采取措施，有利于大树成活。

a. 大树断根缩坨。高大乔木在树木起挖的前几年，采取断根缩坨的措施，切断起苗范围以外的根系，利用根系再生的能力进行断根刺激，使主要的吸收根回缩到主干根附近，促使树木形成紧凑、密集的吸收根系，有效地缩小土球体积及重量，使大树在移植时能够形成可携带走的大量吸收根系，是有利于树木成活的关键。树木断根缩坨一般在 1~3 年中完成，采取分段式操作（图 4-8），以根颈为中心，以胸径 3~4 倍为半径在干周画圆，在相应的 2~3 个方向挖沟，宽 30~40 厘米，深 60~80 厘米，遇粗根则沿沟内壁用枝剪和手锯切断，伤口要平整光滑，并用涂料涂上保护。也可用酒精喷灯将其炭化的方法，起到防腐作用。一些树种发根困难，也可用生根粉涂上促进愈合生根。断根后，将挖出的土壤清杂混肥后重新填入沟内，浇水渗透后再覆盖一层高于地面的松土，定期浇水以促进生根。第二年再在另外 2~3 个方向挖沟断根。第三年即可起挖移植。在一些地方也可分早春、晚秋

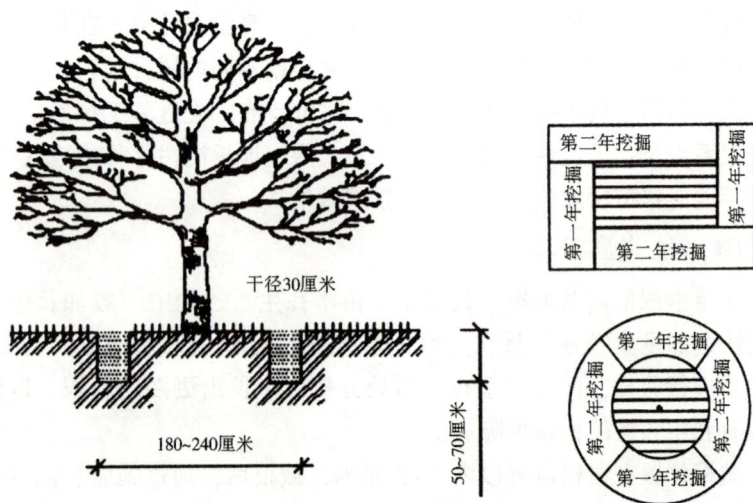

干径30厘米

第二年挖掘
第一年挖掘
第一年挖掘
第二年挖掘

第一年挖掘
第二年挖掘
第二年挖掘
第一年挖掘

180~240厘米

50~70厘米

图 4-8　大树断根缩坨法

两次进行断根缩坨，第二年移植，虽然时间短些，但是也可获得较好的效果。

在实际工作中，很多地方绿化工程中移植大树缺乏长远计划，在移植中很少采取此种措施，因此导致大树移植后生长不良甚至死亡。

b. 树冠修剪。由于大树移植造成根系大量损伤，需要通过对树冠修剪减少树冠的蒸腾量，保持树体水分代谢平衡。树种、生长季节、树体大小及当地环境条件是确定修剪强度的主要因素。树体大，叶片薄、蒸腾量大，树冠的叶量密集以及树龄较大的树木，需要加大修剪强度。而萌芽力弱、常绿树木可轻剪，休眠期可轻剪，总体上，在保证树木移植成活的基础上，修剪要尽量保持树体的形态。目前，树木移植前进行树冠修剪主要有以下三种方式。

Ⅰ. 全株式：是指保持树木全冠的形态及其景观效果，只修剪树体内的徒长枝、交叉枝、病虫枝、枯死枝。多针对常绿树种和珍贵树种，如雪松、云杉、乔松、玉兰等树种。

Ⅱ. 截枝式（也称为鹿角状截枝）：将树木的一级分枝或二级分枝保留，以上部分截除。主要针对生长发枝中等的落叶树种，且既必须通过修剪保成活，又必须在植后能短时间形成景观的树种。

Ⅲ. 截干式：即将主干上部整个树冠截除的修剪，只留根与主干。此种方法针对生长速度快、发枝强的树种。是目前城市中落叶树种大树移植，尤其是北方落叶树种大树移植经常采取的方法。此法成活率高，但须要一定时间才能恢复景观效果。

3. 大树起掘

（1）起掘准备

大树移植不同于小规格树木移植，须准备以下几项工作：

①准备好吊运机械（相应吨位的吊车及载运汽车），挖掘工具及包装材料（软包装用的绳索、麻片、草袋等，硬包装用的板材、钢丝绳、钉子、铁皮等材料）。

②安排好运输线路，清除路面杂物并保证路面抗压。

③在起苗前数天，根据土壤水分含量进行浇水，以防挖掘时土壤过干导致土球松散。清理大树周围的环境，为起掘创造条件。

（2）起掘与包装

①裸根起掘（图4-9）。在气温、空气湿度适宜的休眠期内，若大
树生长的土壤为沙性土，运输距离
短的情况下可以采用裸根起掘。先
按树木的观赏特点、生长特性对树
木进行修剪。挖掘时按树木根幅范
围开沟挖到一定深度，再从下部向
树干下部掏土，用四齿耙逐渐梳出
先端的根，逐渐向内挖根掘树，直
至暴露出全部根系，去掉土壤。如
果吊车停在种植地，起苗时用吊车
吊住树体，以防偏斜造成人和树体
的损伤。大树起掘时要设安全员检
查，以防危险。起苗后，及时进行
包扎，在裸露的根系缝隙内填充湿
苔藓保湿，对根系用湿草袋、蒲包
包扎后，即可吊起装车。

图4-9　大树裸根起掘

②带土球大树软包装（图4-10A）。此法主要适用于胸径15~20
厘米的大树。未采取断根缩坨的树木，以胸径7~8倍为土球的直径。
实施过断根缩坨的大树，坨外填埋坑内的新根量为最多，因此起掘点
须在断根沟外延20~30厘米处，以保留更多的吸收根，为树木成活创
造条件。起苗的技术措施见本章前述的土球苗起苗，因为是大树移植，
挖掘沟宽为60~80厘米，便于起树者进行土球包扎。大树软包装采用
橘子包扎法为多，此法对树体包扎简便实用，费用较箱式包装成本低，
但是抗震效果不好。土球直径超过100厘米、远途运输的大树，最好
用麻绳进行包装，以防吊车起吊时绳子松断使土球破碎，也可参照国
外大树移植经验，用麻布把整个土球紧包形成一体，或用网袋套在包
扎好的土球外，在干基处紧紧收拢捆紧，可以起保护作用。

③带土球大树箱式包装（图4-10B）。箱式包装大树移植主要用
于胸径20~30厘米以上的大树或沙壤土地的大树移植。根据树木胸径

图4-10　大树移植的土球包装

A. 软包装　B. 箱式包装

的7~10倍确定起挖土台的大小，以干基为中心，按比土台的边长大10厘米的范围划框，铲除上层浮土至须根处，沿框外围挖宽60~80厘米的沟，沟深与规定土台厚度相同，修平的土台尺寸可稍大于箱板规格，便于箱板扣紧时箱板与土壤紧密靠实，土台的四侧立面应修成上大下小的倒梯形，上下大小相差20厘米左右，四侧中部略微突出，以便装箱时紧包土体。土台修好后，应立即上箱板，在上箱板之前，用蒲包将四角包好，再用箱板夹附在四侧，用钢丝绳或螺栓将箱体紧紧扣住土体，用铁皮钉包四角，然后上盖面板，下附上底板并捆扎牢固，切忌漏缝使土壤脱落，缝隙处用草席、蒲包填充。

4. 大树装运

大树挖起包扎后，须及时装运，但由于树体过大、过重，靠人力装运困难且易造成土球破碎。尤其是交通不便利的地方，须选择适宜的装卸办法，如利用人力、简单机具（如滑轮、绞盘机等）采取滚动滑动装卸。在交通便利的情况下，通常采用吊运装卸的方式进行装车，吊运装卸的动力设备有吊车、滑轮、人字架、摇车等，常用吊车。

在吊装前首先须计算好大树的重量。大树上部重量较轻，主要重量在下部的土球，土球重量的计算公式为：

$$W = D^2 h\beta$$

式中：W ——土球重量；

　　　D ——土球直径；

　　　h ——土球厚度；

　　　β ——土球容重。

　　根据公式计算大树土球的重量，才能选择相应吨位的汽车和吊车。

　　吊车对大树土球、板箱分别采取不同的吊运方法。土球采用钢索、麻绳、尼龙绳吊装，与土球接触的位置最好加宽（如宽幅尼龙带）或绑上橡胶带，或编织成网状等使其在土球上均匀受力，防止将土球勒散。吊绳应直接套住土球底部，也可用另一股绳吊走树干。用粗麻绳对折交叉（或将尼龙网）穿过土球底部，提到土球上交叉拉紧，将两个绳头系在对折处，用吊车挂钩钩紧绳索，起吊上车（图 4-11A），土球置于车厢前端，树冠搁置在后车厢板上。板箱大树起吊（图 4-11B），用钢索围在木箱下部 1/3 处，另一粗绳系在树干上的适当固定位置，使起吊时，树体呈倾斜状，装车时，土箱置于车后轮轴的位置上，树冠向车尾，为防止车厢对树体的损伤，可在车厢尾部设立交叉支棍把树冠支撑住（图 4-11C）。

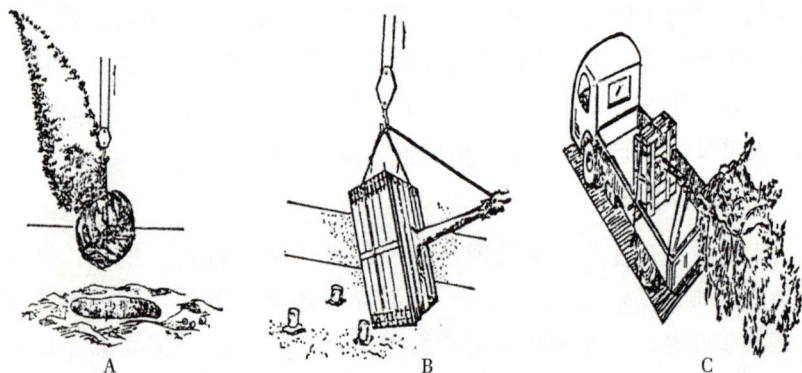

图 4-11　大树装运

A. 大树土球起吊　B. 板箱大树起吊　C. 交叉支棍把树冠支撑住

　　装车后，土球与土箱应与车身贴紧，以防车身晃动而导致土球、树体的损伤。

大树吊运装车及运输时，避免树皮损伤和松散土球是关键。由于树体、土球大且重，在装运时还须注意安全操作。

5. 大树移植技术

大树移植前根据设计要求定点、定树、定位。土穴每边要比箱宽 50~60 厘米，比箱深 15~20 厘米，如不合适，应及时进行调整。

大树土球移植：根据穴的深浅在底部填好底土，将树木吊入穴中后，尽量撤出包装材料，然后每填 20~30 厘米深土壤，夯实一次，注意不要损伤土球。栽植固定后，用三立式支柱支撑住树体，在树外缘筑一个高 30 厘米的围堰，浇透定植水。

箱式大树植入：在土坑底部中央堆 15~20 厘米厚的长方形土台，长边与箱底板方向一致。在箱底两边的内侧穿入钢丝，将木箱托底，吊入定植穴后可先去中部两块底板，将树体立直，垂直吊放于穴中（图 4-12），入穴应保持树体原有的生长方向，或把树冠最好的一侧朝向观赏面。将树木按确定好的方向落下后，拆除两边底板并撤出钢丝，立支柱支撑树冠，将土填到坑深 1/3 处时，拆除四周箱板，每填 20~30厘米土壤夯实一次，直至填满为止，然后做好围堰，浇定植水。

图 4-12 箱式大树移植吊入定植穴

对裸根大树或土球松散的大树，可采用坐浆法栽植，即在挖好的坑穴内填进一半细土，并加水搅拌形成浆后，将树木垂直地立在泥浆上，后按常规方法回土踩实。这种方法使根系与土壤密切结合，有利于成活。此法注意不要使泥浆过稀，以免根系下降过深；泥浆搅拌过度会造成土壤板结，不利于根系呼吸。因大树移植的特殊性，在栽植过程中更需要注意这些方面的措施。

五、特殊环境的树木栽植技术

1. 铺装地面的树木栽植

铺装地面是指城市中人行道、广场、停车场、屋顶等用建筑材料铺设的硬化地面。由于施工时只考虑硬化地面的质量而没有考虑树木种植问题，并且由于人流量大，因此铺装地面的树木栽植具有树盘土壤面积小、生长环境恶劣、易受机械损伤的特点，树木根系生长受范围限制，通气、透水性差，养分状况不良，地面辐射大，气温高、空气湿度低，造成树木生长不良。

在这种环境条件下，除了一般树木栽植技术措施外，还要注意采取以下几个措施。首先，要选择根系发达，具有耐干旱、耐瘠薄特性，具有耐高温、耐日灼特点及能够在恶劣环境条件下生长的树种。其次，在种植穴有限的空间范围内，通过施肥、换土改善种植穴内土壤性状，栽植后加强水肥管理，保持充足的水肥供应。此外，还要为铺装地面种植的树木提供充足的根系分布空间。根据美国波士顿的调查材料，铺装地面种植的树木，其根系生长至少应有 3 立方米的土壤，并且增加土壤表面积要比增加土壤的深度更为有利，因此每棵树在栽植中需有一定的树盘面积，可以为树木提供水分、空气和矿物质养分。否则，铺装物与树木相接，随着树木加粗生长，铺装物嵌入树体，而且树木根系生长加粗造成地面抬升，使铺装地面破裂不平。

保留地面作为树盘是树木生长及土壤改良的基础，但裸露地表造成铺装地面景观效果不佳，而且无保护措施的地表易受到人为损害。因此，树盘处理有利于树木生长。一种处理是栽植花草，既可以增加景观效果，也可以起到保墒、减少扬尘的作用；另一种处理是利用铸铁盖、水泥板盖住树盘（盖板不宜直接接触地表），既有利于土壤通气透水，也可扩大游人活动范围。

2. 干旱地的树木栽植

我国西北地区干旱缺水，形成干旱地区特有的生态环境：因为温度差异显著、降水不足，树木因供水不足而干旱死亡；因降水少且过于集中，多数树木要长年灌溉才能保持生长；因温差导致大风，增强蒸发、蒸腾量，并破坏土壤结构，造成风蚀现象。因蒸发量大于降水量，土壤盐分积聚地表而导致土壤次生盐渍化形成；因干旱，土壤中的生物数量减少，有机物与矿物质分解缓慢，造成土壤贫瘠；而且表层土壤温度升高，不利于树木根系生长。

正是由于干旱地区的上述环境特点，该地区园林绿化树木种植技术要考虑采取相应的措施，才能达到绿化、美化的目的。干旱地区树木栽种主要针对抗旱采取以下措施：

（1）选择树种

在不能保证灌水条件的情况下，应选择当地生长的耐旱、耐盐碱、耐贫瘠的树种，只有在一些特殊的有灌水条件的绿化地可以种植外来树种。

（2）栽植时间

干旱地区主要以春季植树为主，此时气温低，土壤较湿润，土壤蒸发和植物蒸腾作用也比较弱，根系此时生长旺盛，且经过一个生长季，植物抗寒力也增强。在春旱过于严重的地区，也可利用雨季植树，但雨季植树的措施要协调好。

（3）抗旱栽植措施

①利用坐浆栽植的方式，保持土壤水分，提高树木成活率。在提供水源的条件下，将细土填入种植穴，浇水混浆，用泥浆稳固树木，并以此为中心，培出直径50厘米、高50厘米的土堆。此方法可以较长时间保持根系的土壤水分，减少树穴内土壤水分的蒸发，并且土堆包裹了树木茎干一部分，可以减少其水分蒸腾。

②利用土壤保水剂在土壤中持水的作用，减少土壤水分的蒸发，有助于提高土壤保水能力。

③开沟集水，减轻旱情。在干旱地区，降水集中，利用开沟集水，将降水集中于树木栽植地，能够起到缓解旱情的作用。

④树穴地表覆盖，延缓土壤水分蒸发。利用塑料布及树皮、石块等物覆盖地表，可以减少土壤蒸发量。

在干旱条件下采取相应的抗旱措施，可提高栽植树木的成活率，有利于树木生长及后期的养护工作实施。

3. 盐碱土的树木栽植

我国园林绿地中出现的盐碱地主要有几种类型：在滨海城市因海水的影响形成的沿海地区盐碱地，在内地由于江、河、湖的运动形成的低洼次生盐渍化土壤，在西北地区由于气候干燥、蒸发而形成的大面积碱土。

盐碱土形成的主要因素：沿海地区受海水、大气沉降、地下水矿化度大等因素影响；低洼次生盐渍化土壤因水流带来盐分，地下水顺土向上携带盐分以及土壤蒸发导致表层积盐；西北地区由于蒸发量大于降水量，造成土壤积盐；城市地区由于人类活动如工业、生活及农业等排放的一些盐分造成土壤盐分的增加。

土壤盐碱导致树木根系吸收养分、水分非常困难，破坏树体水分代谢平衡，造成树木生理干旱，破坏树体组织结构，影响树木的生理活动，导致树体萎蔫、生长停止甚至全株死亡。因此，在这种环境条件下，针对盐碱土采取相应的技术措施有利于提高植树成活率。

（1）选择耐盐碱性的树种

耐盐碱树种具有一定的耐盐碱能力，能在其他树种不能生长的盐渍土中正常生长。树种的耐盐碱能力高低不同，受树种的生态特性、土壤和环境因素相互作用的影响。耐盐碱树种如黑松、新疆杨、北美圆柏、柽柳、胡杨、火炬树、紫穗槐、沙枣、枸杞、苦楝、合欢等，都有不同程度的耐盐碱能力。

（2）改良土壤

利用土壤改良剂（如石膏）中和土壤中的碱，此法只适用于小面积盐碱地改良，施用量为 3~4 吨/公顷。用有机肥及酸性化肥施入土壤，利用其对钠离子的吸附置换、对碱的中和、对盐类的转化，可以起到改良土壤结构、降低 pH 值、提高土壤肥力的效果。

（3）排水去盐

降水量比较充足的地方，可在地下设渗水管和暗管沟，根据"盐随水来、盐随水去"的特点，利用渗水管在绿地中修建收水井，使其坡降高于排水沟，收集渗入井内的水，并将其排出，如天津园林绿化研究所用渗水管埋设收水井，当年即使土壤脱盐 48.5%。也可在地下埋设暗管沟，此方法不受土地利用的影响。在重盐碱地区，在地下 2 米处，每间隔 50 厘米铺设一道暗管沟，将渗入水沿管排出，使盐分从土壤中排出。

（4）整理地形，抬高地面

利用地形整理更换堆垫新土，抬高种植树木的地面，降低地下水位，并结合浇灌使盐溶于水后随水排出，即可种植一些耐盐碱能力较弱的树种，使成活率上升。如天津园林绿化研究所在土壤含盐量 0.62% 的地段上采取这种方法，使种植的油松、侧柏、龙爪、槐、合欢及碧桃、红叶李等成活率达 72%~88%。

（5）避开土壤返盐期植树

土壤中的盐分受季节、降水量的影响。在北方干旱地区一些次生盐渍化土地，土壤返盐期在春季，风大、干旱，土壤的水分蒸发量大，造成土壤盐分在地表集聚，使地表含盐量提高，不利于栽植树木的成活，雨季、秋季由于降水作用，盐分随水下渗，地表土壤中含盐量下降，因此出现季节性土壤含盐量变化，可以在雨季、秋季栽植树木。树木经秋、冬缓苗生根后容易成活。

在盐碱地种树绿化，后期养护是关键，仍须经常采取对盐分治理的技术措施，以利于树木的生长。

4. 无土岩石地的树木栽植

在城市园林绿化中，无土岩石地这个环境类型主要出现在山区城镇基础建设（如房屋、道路架桥、矿山等建设）过程中，及自然灾害（滑坡、泥石流等）发生后形成的无土的岩地，以及人造岩石园，叠石假山等，这种环境条件缺少土壤和水分，很难固定树木的根系，树木的生存条件极为恶劣。由于岩石的风化、节理，使得岩石的一些部位出现裂缝，能够积蓄一些土壤和水分。一些风化程度高的岩石，其风化岩屑形成粗骨质土壤，虽然保水、保肥效果较差，但仍能维持一些树木的生长。为了更好地达到绿化、美化的效果，有必要在这种立地条件下种植树木。

在无土岩石地上绿化，要在采用园林树木种植技术的基础上，采取相应的措施：

（1）选用适生树种

在山地岩石裸露的区域，有很多自然生长的岩生树种，其特点是：植株矮小，生长缓慢，株形呈团丛状，多着生在峭壁上、岩石间，耐贫瘠，抗旱性强；枝叶细小，叶厚且有角质层、蜡质及其他覆盖物，蒸腾量小；由于生长在缺水的环境，此类树木的根系发达，可延长数十米寻找水分。这类树木有黄山松、马尾松、油松、侧柏、杜鹃、锦带花、胡枝子、小叶鼠李、小叶白蜡等，全国各地均有不同的岩生植物。

（2）爆破开穴、客土栽植

在无土岩石地植树，有穴比无穴效果好，穴大比穴小效果好，土壤状况愈好，树木成活率愈高，生长愈好。因此，在园林绿化范围内的无土岩石地，采取开穴、客土种植树木是最基本的技术措施。根据实践，采取爆破开穴，再配以客土种植树木，效果好、生长速度快。

（3）喷浆绿化

在大面积无土岩石地，利用喷浆绿化是效果较快、节省劳力的一种技术措施。一种方法是利用斯特比拉纸浆喷布，即用斯特拉专用纸浆混入种子、泥土、肥料及黏合物，加水搅拌后，喷布在岩石地上，利用纸浆中纤维相互交错构成密密麻麻的孔隙，起到保温、保水、通气、固定种子的作用。另一种方法是水泥基质喷布，即由土壤颗粒、低碱性水泥（作为胶合体）、种子肥料、有机质（如其中可加稻草、秸秆类），使固体物质之间形成形状大小不一的孔隙，以达到贮水、透气的作用。施工前，先清理坡面，并打入锚杆，挂上尼龙高分子材料编织成的网布，再喷上 3~10 厘米厚的水泥基质，种子在基质内萌发后即能正常生长，在此基础上，根系逐渐穿入岩隙中，起到固定作用。这两种方法，能够迅速改变无土岩石的生态环境，起到绿化、美化作用，但只适于小灌木及地被树种栽植。

5. 屋顶花园的树木栽植

(1) 营建目的与特点

为了提高城市绿化面积，改善城市的生态环境，并给居民提供休闲场所，常在建筑屋顶上营建绿地。一些大城市，屋顶花园的营造已很普遍，不仅增加城市的绿地覆盖面积，使绿地覆盖率提高，而且在增加绿量的同时起到调节和改善城市生态环境的作用，并且可利用植物柔软的枝叶轮廓改善钢硬的水泥建筑外形、改变建筑体固有的形态，利用植物增加动态的景观效果，丰富城市风貌。同时，屋顶花园植物生长层的形成，改变阳光、气温对屋顶的影响，如夏季使屋顶免受阳光直接暴晒烘烤，而冬季起到隔层作用，既降低屋内热量的散失，也减少外部冷空气侵入。

屋顶花园的环境是人为制造的一种立地环境条件，即人们进行城市建设过程中在屋顶营造的一块绿地，并由人工提供土壤、水分、养分条件，一旦失去这些条件，植物无法生长。由于受屋顶荷载的限制，屋顶花园不可能有很厚的土壤，具有土层薄、营养物质少、水分不足的特点，且屋高风大、直射光充足，气流运动频繁，空气湿度低，夏天炎热干燥，冬天寒冷多风，昼夜温差变化很大，环境较为恶劣。屋顶花园的建设要针对这种环境特点来采取特殊的措施，才能达到设计预想的效果。

(2)选择能对屋顶花园特殊环境适应、能够抵抗极端气候的树种

树种选择要求：能耐空气干燥、潮湿积水；具有浅根系，耐土层薄、贫肥的土壤；栽植容易，耐修剪且生长缓慢；生长低矮、抗风的树种。一些深根性、钻透力强、生长快、树体高大的树种不宜在屋顶花园应用。楼体愈高，对树种选择的限制愈多。

常用的树木有罗汉松、圆柏、洒金柏、铺地柏、龙爪槐、紫薇、女贞、红叶李桂花、山茶、紫荆、含笑、红枫、大叶黄杨、小叶黄杨、月季、蔷薇、紫藤、常春藤、爬山虎、竹类等，各地均有些适于屋顶花园种植的树种，在选树种时尽量选择乡土树种。

(3) 栽植类型的选择

针对屋顶的承重能力选择相应的栽植类型：

①地毯式。以草坪、宿根地被植物及低矮的团丛状、垫状木本植物营造屋顶花园，是主要针对屋顶承重比较小所采取的栽植类型。土壤厚度15~20厘米，应选择耐旱、抗寒力强的攀缘或低矮植物，如常春藤、地锦、紫藤、凌霄、金银花、红叶小檗、迎春花、蔷薇等。此类植物屋顶种植的效果不明显。

②群落式。利用生长缓慢且耐修剪的小乔木、灌木、地被、草坪等不同层次的植物设计成立体栽植的植物群落，形成一定的景观效果，此种类型适宜用在承载力不小于400千克/平方米的屋顶，土层厚度可达到30~50厘米。此种类型是屋顶花园常用的类型。

③庭院式。在屋顶承载力大于500千克/立方米的条件下，可将屋顶花园设计成露地庭院式绿地，既有树木、灌木、草坪，还有浅水池、假山、小品、亭、廊等建筑景观，但为了安全，应将其沿周边及有承重墙的地方安置。

采取哪种栽植类型，选择哪类树种，设计成哪种屋顶花园，关键要考虑屋顶的承重能力。应根据屋顶的承重能力确定基质的厚度、树木的种类及数量，树种选择注意树体大小、形态、色彩、季相变化，以常绿树种效果最好。

（4）屋顶防水、防腐处理

做屋顶花园的基础是做好防水处理，避免屋顶绿化之后出现渗漏现象。一旦漏水，即使屋顶绿化得再好，使用者也会产生排斥心理，从而造成施工前功尽弃。

防水处理主要有刚性防水层、柔性防水层、涂膜防水层等多种，各种防水层有着不同的特点。为提高防水作用，最好采取复合防水层，并做相应的防腐处理，以防止灌溉的水肥对防水层的腐蚀，提高屋面的防水性能和寿命。

（5）屋顶花园绿地底面处理品与基质选择

屋顶花园绿植生长得好坏，与水有密切关系，缺水时可以灌溉，但若水分过多，尤其是降水造成积水不利于树木生长且增加屋顶重量。底面处理就是设置排水系统，并与屋顶雨水管道相结合，将过多的水分排出以减少防水层尤其是屋顶的负担。底面处理主要有以下两种方式：

①直铺式种植。直接在屋顶上铺设排水层和种植层，排水层一般由碎石、粗砂、陶粒组成，其厚度以形成足够的水位差为准，以利于土壤中过多的水分顺排水层流向排水管口。直铺式种植养护时应注意经常清理杂物、落叶，避免堵塞总排水口。

②架空式种植。在距屋顶 10 厘米处设隔离层，在上承载种植土层，下设排水孔。此种排水效果好，但因下部隔层，植物生长效果不佳。

屋顶花园绿地基质的选择，既要考虑基质对树木生长所需的养分、水分的提供情况，又要考虑基质能否构成团粒结构，能否保水、通气，是否易排水，而且还要在保证成本的前提下，尽量采用轻质基质，以减少屋顶的负荷。常用的基质有田园土、草炭、木屑、蛭石、珍珠岩等，其物理性能差异很大。

（6）灌溉系统设置

屋顶花园绿化，关键在于水，灌溉设施必不可少，在进行底面处理的同时，须将灌溉系统安装好。简单的可用水管灌溉，一般 100 平方米设一个，不宜控制面积过大，避免拖拉水管造成植物损伤。最好采取喷灌形式补充水分，既便利，又安全省水。

六、树木成活期的养护管理

1. 浇水方法的改进

传统的浇水方法，是树木移栽后浇定根水，一般均为从上往下浇，从外往里浇。第一次容易浇透，若土壤过黏形成板结，第二次浇水就很难浇透，看起来上面已成泥浆，但深处依然干燥（部分树木死亡的一个重要原因）。改进的浇水方法为"从下往上浇，从里往外浇"。具体做法：在传统使用的塑料水管头部接上长约 1 米的水管喷枪，向下插入土层深处浇水，在浇水时间并没有延长的情况下能彻底浇透。

2. 树体裹干保湿增加抗性

栽植的树木被打破了生长规律，树冠也被进行了修剪，保留的枝干易造成失水或灼伤，枝条萌芽困难，冬天枝干的抗寒能力较差，可以通过裹干进行调节。利用草绳等软材料裹干，既可以在生长期内避免强光直射导致树体温度升高造成灼伤，避免干风吹袭而导致的树体水分过多蒸发，同时降雨、喷灌能使其储存一定量水分，使枝干保持湿润，而且在冬季减少低温对树干的损伤，提高树木的抗寒能力。草绳裹干（图4-13）有保湿、保温作用，通过对草绳喷水调节树体温度，但一天早晚两次即可，水量不可过多，时间不可过长，以免造成土壤湿度过大而影响根系呼吸及新根生长。塑料薄膜裹干有利于休眠期树体的保温、保湿（图4-14），但在温度上升的生长期内，因其透气性差，内部热量难以及时散发导致灼伤枝干，因此在芽萌动后，须及时撤除。

3. 树木遮阴降温保湿技术措施

在生长季，温度的升高及空气湿度的变化与光照强度有着密切的关系：光照越强，温度上升越快，空气湿度下降越快，此时移植的树木水分蒸腾量大，易受日灼，成活率下降；光照弱，温度变化小，空气湿度均衡，有利于树体水分代谢平衡。因此，对在非适宜季节栽植的树木，可采取搭建荫棚的方法，避免树冠经受过于强烈的太阳辐射，降低气温，减少树木的蒸腾量。在城市绿化中，用树干、竹竿、铁管搭架，用70%遮阴网效果较好，可以透过一定的光线以保证树体光合作用的进行（图4-15）。

图4-13 草绳裹干保湿保温

图4-14 塑料薄膜裹干保湿保温

图4-15 树木遮阴降温保湿

4. 树体喷灌降温技术措施

为了保证树木移植成活，除了促进根系生长外，保持树体上部的水分，减少水分蒸腾，主动调节环境条件是关键，树体喷灌降温即是一个行之有效的技术措施。喷灌设备由首部枢纽、输水管网、灌水器三部分构成，利用首部枢纽的电磁阀的定时、定量作用，经过输水管网，利用灌水器的微喷头按时、定量对树木进行多次、少量的间歇喷灌，不仅保证树体充分的水分供给，也不会造成地面水分过多，笼罩在整株树周围的水雾可以起到有效降低树木周围温度、减少树体水分蒸腾的作用，最大限度提高大树移植成活率。

此法相比传统措施具有节省劳力、降低劳动强度、水利用率增高的优点，但成本较高。

5. 伤口涂抹剂的使用

伤口涂抹剂也可称为愈伤膏，大多是以农用凡士林为主要原料，搭配消毒剂、渗透剂、表面活性剂等成分制作的一种膏剂，另外还有白漆、红漆、蜡封、泥封（掺杀菌剂如百菌清、多菌灵等）。伤口涂抹剂主要用于大树，因主干、主枝被截除后伤口过大，使用该剂既可有效防止伤口感染，又能有效防止水分过量蒸发，并可促进伤口愈合。

6. 抗蒸腾剂的使用

常见的抗蒸腾剂有以下两种：

（1）半透膜型

如几丁质，喷施在植物表面后，形成一层半透膜，氧气可以通过而二氧化碳和水不能通过。植物呼吸作用产生的二氧化碳在膜内聚集，使二氧化碳浓度升高，氧气浓度相对下降，这种高二氧化碳低氧的环境，抑制了植物的呼吸作用，阻止了可溶性糖等呼吸基质的降解，减缓了植物的营养成分下降和水分的蒸发。

（2）闭气孔型

脱落酸（ABA）、聚乙二醇、长链脂肪醇、石蜡、动物脂、异亚丁基苯乙烯、1-甲基-4-（1-甲基乙基）环己烯二聚体、3,7,11-三甲基-2,6,10-十二碳三烯-1-醇、二十二醇和一个或两个环氧乙烷的缩合物（HE110R）等，在茎、叶表面成膜或提高气孔对干旱的敏感性，增加气孔在干旱条件下的关闭率，从而降低水分的蒸腾率。

另外，多效唑、黄腐酸、磷酸二氢钾等药肥合理组配，均可使植株叶绿素含量普遍较高，降低水分蒸发量。

7. 树体吊瓶的使用

为树木"输液"是给大树补充营养的一种方法。该方法对于古树复壮意义重大，对于普通的大树移栽保活也有其特有的作用。在树干上打孔后，吊瓶所输向树体的液体包含了树木必需的多种微量元素、维生素和调节剂，特别是其所含的调节剂对于增强树体的抗逆性有着较好的作用。但是要清楚用什么样的输入液、用量、输液部位、输液时间才能达到很好的效果。下面就如何科学输液进行一些探讨。

（1）输液部位的选择

无论是整株输液还是局部输液，一般要求从被选择部位输入的液体能均匀分布于目标部位。选择输液的部位不同，输入液在树体上的流向也不同。一般情况下输液部位低，输入液向上输送过程中有较长的时间做横向扩散，扩散的面积大，输入液在全株的分布也更趋均匀；输液时若将孔打在局部小枝上，根据就近原则，药液则单枝吸收；若将孔打在枝条的下方，根据同向运输法则，则药液会被打孔上方的枝条吸收。应优先选用具有一定恢复能力或易于保护的输液部位。选择根上或根颈部位输液，愈合能力最强，伤口愈合快，且由于孔口位置低，便于堆土保护，夏季利于保墒、防日灼，冬季利于防冻，还可防病虫侵入输液孔。

根据树体高度和体量大小确定输液部位。较小树体，在根颈部1~2孔进行输液，即可全株均匀分布药液；若树体高大，根颈部输液路程较远，可采用接力输送法，即分别在主干中上部位及主枝上打孔（图4-16），让药液均匀分布全株；古树名木，树心易出现空洞，应该选择在主枝和

图4-16 大树输液

主根上输液，有利于均匀输导药液。

（2）大树输液袋的选择

很多药液中的一些促根、促芽的调节剂见光很快便分解失效了。为保证选择的输入液化学性质稳定，不变质、不变色、不产生绿藻悬浮物，就需要选择合格输液袋。合格输液袋的特征为：首先具有一定的避光性；其次要闭口袋，保持袋内液体的纯净；最后要操作方便，可反复利用的输液袋更好。

（3）输液的质量与数量的确定

合格的大树输入液应该是根据大树需求进行营养配比的无菌、易吸收、对大树成活有帮助的液体。因此，大树输入液的选择，要保证化学性质稳定，不变质、不变色、不带毒、不带菌，无絮状物、粉尘、绿藻等，否则这种液体输进去反而加速树的死亡。

无论树的大小，在重建收支平衡之前都有必要输液，最终的输液量以收支平衡为准。科学地讲，输液量要考虑树木胸径、冠幅、树体高度、发根量、体量、移栽季节等，一般60~300毫升/株。

（4）输液时间

输液时间，一是在大树断根后不能吸取养分时立即输液维持细胞活性，促进收支平衡；二是定植后细胞仍具有一定活性时及时输液，这时细胞还具有一定活性，输液维持代谢，促进伤口恢复、根系和新芽萌发。

（5）输液温度的调整

要尽量让输入液的液温、气温和树体温度达到一致。输入液体温度过高或者过低，都会影响其正常代谢。为保证新移栽大树水分收支平衡，除了采用日常树体遮阴、喷水、喷抑制蒸腾剂等措施减少水分蒸发外，同时还需协调输液温度。

（6）单孔输液时间及输后处理

在输液过程中一定要注意：同一输液孔使用时间不宜过长（不超过15天），若输液时间过长，钻注的伤口会产生愈伤组织堵塞孔口从而影响液流。还有些树不耐水渍，孔口容易腐烂，造成难以愈合的伤口。因此，若需连续补液，要及时更换插孔，并对使用后的插孔及时进行消毒促愈合处理，输液完之后的袋子要及时取下，以防液体回流。

第五章
城市树木栽植技术各论

一、针叶树栽植技术

1. 南洋杉

Araucaria cunninghamii Sweet；南洋杉科南洋杉属

生长特性：常绿大乔木，高可达 60 米。原产巴布亚新几内亚及澳大利亚东北部地区，分布于从海平面往上至海拔 1300 米，喜光树种，雌雄异株，稀同株，喜温暖湿润、全年无霜气候，喜土层肥沃、深厚而排水好的中性至微酸性土壤。我国早于 19 世纪末期引种，福州仓山现存 10 余株百年老树，生长健壮，结实良好。广东、广西、海南、台湾都有引种栽培；近年在福建南平、三明、永安、上杭，以及云南思茅甚至昆明也见引入，一般正常年份生长良好，但若遇低温寒冷天气，有可能遇冻害。从福州或巴布亚新几内亚高海拔地区引入种子，在良好管理养护下，有可能驯化达到中亚热带条件下安全生长。开花始于 15 年生，但雄花多在 25 年生才易多见，通常 50 年生树上结实较多，但好种率不高。

城市绿化配置：南洋杉树冠塔形，优美、雄壮，枝轮生而平展，四季常绿，大树叶深绿苍劲，是园林中建筑物前对植、孤植、列植的优秀观赏树种；幼树也可作花坛中心栽植；大型草坪周边列植，更显庄重肃穆。该树种寿命长，可使景观长久延续。北方多作盆栽欣赏，用以布置门厅、会场及厅堂。木材硬度适中，易加工，弯曲性能好，是建筑中及各种板材、模型、家具及室内装修、胶合板的良材。澳大利亚及肯尼亚等皆作用材林经营。

栽植技术：南洋杉幼苗性喜温暖湿润气候，耐阴，不耐寒，籽播幼苗直根长、须根少。幼苗移植时，容易死苗。提高南洋杉幼苗移植成活率，应抓好以下几个技术要点。一是护根。由于南洋杉幼苗侧根稀少，毛根细，稍不注意就会萎缩干枯，因此保护幼苗根系很重要。首先，应连盆带土运输，并保持原培养土湿润。其次，幼苗起苗后要马上定植，若一时来不及定植，应放在阴凉湿润处，不能暴晒，以保护幼苗特别是根系鲜活。此外，冬季气温较低时，运输中根系易受冻，应注意保温。二是细植。定植时幼苗尽量带原土，定植土壤要疏松精细，不能太用力压根部土壤，植后浇足定根水。另外，籽播南洋杉幼苗直根长，定植宜深些，以免根系暴露和倒伏从而影响成活。三是保温。南洋杉不耐寒，若是冬季或早春定植，除运输过程要注意防冻外，定植后也要有保温措施，如种在温室内，或用地膜拱形覆盖。四是遮阴。南洋杉为耐阴树种，幼苗怕暴晒，因此定植后要马上遮阴。五是断残幼苗处理。南洋杉幼苗组织幼嫩，易断残，可采取以下办法补救：对断根幼苗可用清水洗后插于素沙中，适温下经 1~2 周即可从断面重新发根，待根系发达后再定植。对断芽或断茎带叶的幼苗，可照常定植，成活后经一定时间就会萌发新芽。

2. 侧柏

Platycladus orientalis（L.）Franco；柏科侧柏属

生长特性：常绿乔木。原产地我国，为独种属，在我国分布极广，东北的吉南、辽南，华北的内蒙古南部、河北、山西、陕西、河南及以南至云南、两广（广东和广西）北部，几乎无处不分布；各地普遍栽培。喜光，但幼苗、幼树能耐阴；喜温暖气候，耐干旱及寒冷，在年降水量300~1600毫米、年平均温度8~16℃的地区可正常生长，能耐-25℃的绝对低温。对土壤要求不严，能在干燥、瘠薄之地生长，对土壤酸碱度适应范围广；抗盐碱能力较强，在含盐量0.2%左右的土壤中正常生长，但以土层深厚、肥沃、排水良好的土壤上生长速度较快；怕涝，在地下水位过高或排水不良的低洼地，易烂根死亡；浅根性树种，侧根发达，萌蘖性强，耐修剪，抗风力弱，迎风力弱，迎风面生长不良会形成顶梢干枯，生长速度中等偏慢，寿命长。对二氧化硫的抗性和吸收能力强，对氯气、氟化氢的抗性强，对臭氧的抗性较强，经熏气试验表明，对多种有害气体抗性强至中等，并有吸滞粉尘和灭菌作用，能分泌杀菌素，将一些杆菌杀死。

城市绿化配置：侧柏枝干苍劲，气势雄伟，自古多用于庭院、寺庙和陵墓等处，园林中常用于孤植或片植，能获得较高的艺术效果。侧柏和圆柏大面积混交，能达到纯林的气氛；侧柏萌蘖性强、耐修剪，适宜作绿篱，夏季碧翠可爱，但11月至翌年3月则变土褐色（不雅观），因此遭人们冷落。侧柏能分泌杀菌素，是营造保健林的树种。也是蜜源树种，花粉非常丰富，散植或丛植于绿地、林缘可诱引病虫害天敌。园艺品种较多，冠形、色彩迥异，观赏性较高，常用于树坛，或修剪成球形，配置于门庭、建筑物周围、路口、门旁，对植或列植。抗污染性强，也是四旁绿化树种。

栽植技术：侧柏苗木多2年出圃，翌春移植。大苗移栽时需带土团，以提高成活率。要注意适当深栽、埋实，天气干旱时要浇水，雨季要排水。生长期经常松土、锄草。幼树一般不修剪，作绿篱和砧木时在春季修剪。有时为了培养绿化大苗，尚需经过2~3次移植，培养成根系发达、冠形优雅的大苗后再出圃栽植，这样既有利于促进苗木根系的生长发育，培养良好的冠形和干形，又能提高土地利用率。依据各地经验，以早春3~4月移植成活率较高，可达95%以上。移植密度要依据培养年限而定。苗木移植后培养1年，株行距10厘米×20厘米；培养2年，株行距20厘米×40厘米；培养3年，株行距30厘米×40厘米；培养5年以上的大苗，株行距为1.5米×2.0米。依据苗木的大小而采取不同的移植方式，常用的有窄缝移植、开沟移植和挖坑移植等方式。移植后苗木管理主要是及时灌水，每次灌透，待墒情适宜时及时采取中耕松土、除草、追肥等措施。

3. 圆柏

Sabina chinensis（L.）Ant.；柏科圆柏属

生长特性：常绿乔木，高达20米。喜光，幼树耐庇荫，喜温凉气候，较耐寒，适宜肥厚、湿润的沙质壤土，能生长于酸性、中性及石灰质土壤上，对土壤的干旱及潮湿均有一定的抗性。但以在中性、深厚而排水良好处生长最佳。忌水湿；萌芽力强，耐修剪，寿命长；深根性，侧根也很发达。对多种有害气体有一定抗性，是针叶树中对氯气和氟化氢抗性较强的树种。对二氧化硫的抗性显著胜于油松。能吸收一定数量的硫和汞，阻尘和隔音效果良好。

城市绿化配置：圆柏幼龄树树冠整齐、圆锥形，树形优美，大树干枝扭曲，姿态奇古，可以独树成景，是中国传统的园林树种。既耐修剪又有很强的耐阴性，故作绿篱比侧柏优良，下枝不易枯，冬季颜色不变褐色或黄色，且可植于建筑之北侧阴处。自古以来多配置于庙宇、陵墓作墓道树或柏林。可以群植于草坪边缘作背景，或丛植于片林、镶嵌树丛的边缘、建筑附近。在庭园中用途极广，可作绿篱、行道树，还可以作桩景、盆景材料。

栽植技术：圆柏栽植应选择在冬季或早春，此时温度尚低，树液尚未流动，移栽后容易成活。起苗前数天对将要起苗的健壮植株进行适当浇水，以防止起苗时根外土球松散、破碎。起苗时，根据植株的生长年限和地上部分树冠的大小，决定起苗时根部所带土球的大小。一般是树冠有多大，土球就相应有多大。用草绳将土球捆绑好。栽植时将植株根外土球的草绳去掉，栽种在预先挖好的土坑内。培土后要立即浇透水，在干旱的地方和起苗地与移栽地土壤差异较大时，更要及时浇透水。要定期检查移栽圆柏的生长情况，防止土壤干旱。根据季节、天气和土壤墒情决定浇水的时间和次数。

4. 龙柏

Sabina chinensis 'Kaizuca'；柏科圆柏属

生长特性：常绿乔木，高可达10米。喜光，喜高燥、排水良好的地形，对土壤适应性强，在土层深厚肥沃的条件下生长势特好。畏积水，积水后易黄叶、落叶而导致生长不良。抗寒、抗旱性强。幼时生长较慢，长到 1 米后生长较快，超过 3 米后生长又逐步减弱。对氯气、氟化氢、二氧化碳、光气、铬酸的抗性较强，具有吸收二氧化硫的能力，对粉尘的吸滞能力很强，并有隔音、减弱噪声的功能。

城市绿化配置：龙柏因枝密、扭曲上升、鳞叶浓绿、形成整齐的树形，用以列植和丛植，具有端庄和景象森严的特点，让人肃然起敬，特别适合于烈士陵园及寺庙等处种植；也可作为雕塑及艺术性构筑物的背景；由于树形高大，还可以用以分隔空间或作为高篱遮去粗陋之处。龙柏球较多用于全光照下快车道的隔离带中，也可用于草坪角隅或与其他球形树种配置形成大小不一的球形景观。

栽植技术：龙柏以嫁接为主，时间在 3 月中下旬，砧木选择长势健壮的侧柏小苗，接穗应选生长健壮、无病虫害母株的侧枝正头。用经消毒处理的剪刀在母株上剪取接穗，接穗长 6~10 厘米，将下部枝段 3~4 厘米处的叶片去除；将接穗削成楔形，插入砧木时应注意将二者的形成层对齐，然后用塑料带绑紧接合部；接好后，立即用塑料袋罩住接穗，待接穗顶芽萌发后即可解除塑料袋，进入正常管理。龙柏喜湿润环境，在栽植当年应加强浇水管理，以保持栽植地湿润而不积水为宜。夏季注意在大雨后及时排水，以防水大烂根；初冬浇足、浇透封冻水；翌年春天浇好解冻水；4 月、5 月、9 月、10 月可视降水情况和土壤墒情浇水；秋末浇好防冻水。从第三年起每年浇足解冻水和封冻水即可，其余时间可靠天然降水生长。需要一提的是，在栽植第一年，除加强浇水外，还可适当进行叶面喷雾，此举可提高栽植地小环境的湿度，减少蒸腾量，有利于植株缓苗。龙柏喜肥，除栽植时要施足底肥外，可于每年结合浇封冻水施冬肥（如牛马粪、鸡鸭粪或芝麻酱渣等），因为充足的冬肥可使植株翌年返青早、长势好，能提高对病虫害的抵抗力。

5. 辽东冷杉

Abies holophylla Maxim. ；松科冷杉属

生长特性：常绿乔木，高达 30 米，胸围达 1 米。产于我国东北牡丹江流域山区、长白山区及辽宁东部海拔 500～1200 米地带。北京引种后生长良好；杭州亦有引种，生长良好。耐阴，喜冷湿气候，耐寒。自然生长在土层肥厚的阴坡，干燥的阳坡极少见。喜深厚湿润、排水良好的酸性土。浅根性树种。幼苗期生长缓慢，10 年后渐加速生长，寿命长。

城市绿化配置：树冠幼时为宽圆锥形，老树宽伞形，葱郁优美，在老树下点缀山石和观叶灌木，则形成姿色俱佳的景色。适于在东北地区作行道树栽培或于公园、广场、建筑物附近成行配置。华北、华东地区可于园林中在草坪、林缘及疏林空地中丛植或群植。列植于道路两侧，易形成庄严、肃穆气氛，可用于纪念林。

栽植技术：辽东冷杉栽植时应选择土层深厚、质地疏松、肥沃湿润的阳坡或半阳坡中下部作造林地，清除灌木和杂草。20°以下的坡面，可采用全垦挖穴整地，20°以上的坡地可进行带垦挖穴或块状挖穴整地。要求穴深 50 厘米，穴宽 70 厘米，穴距 1.7 米×2.0 米。要回填细碎表土，且填土高出地面 20 厘米。早春起苗栽植，每穴栽 1 株，要做到苗根舒展，苗身端正，适当深栽，踩紧土壤，松土培蔸。如在干旱天气栽植，应浇定根水。土壤较瘠薄的造林地，还应混栽 1/3 的马尾松苗，以形成杉松混交林，促进成林、成材。栽植当年要进行 2 次抚育，4～6 月进行块状松土除草，8～9 月进行全面除草松土。第二年开始每年进行 1～2 次抚育，直至幼树郁闭成林。成林后要进行 2 次抚育间伐。栽植后 8～10 年进行第一次间伐，伐后每 667 平方米保留 170～200 株；13～15 年进行第二次间伐，伐后保留 120～160 株。间伐时要遵循"去小留大，去劣留优，去密留稀"的原则。20 年左右可进行全面采伐更新。更新可采用萌芽加栽苗的方式，能实现低投入高产出。

6. 雪松

Cedrus deodara（Roxb.）Loud；松科雪松属

生长特性：常绿针叶乔木，原产喜马拉雅山区西部及喀喇昆仑山区海拔 1200～3300 米地带。我国西藏南部海拔 1200～3000 米地带有天然林。1920 年引种，广植为行道树和庭院树。青岛和南京为最大的引种区。喜光，幼年稍耐庇荫，大树要求有充足的上方光照。喜深厚、排水良好的土壤，喜生长于中性、微酸性土壤，对微碱性土亦可以适应。抗寒能力强，能耐−25℃低温。不耐水涝，在地下水位较高之地应堆土种植；较耐干旱瘠薄。浅根性，主根不发达，侧根分布也不深，一般分布在 40~60 厘米土层中，因而易风倒，在台风季节应注意防范。雪松的抗污性测试表明，对二氧化硫、氯气的抗性弱；对氟化氢很敏感，幼叶在其作用下迅速枯萎甚至全株死亡，因而在污染源附近不宜种植。另外，雪松的杀菌能力强，对粉尘、烟气的吸滞能力较强，并有减弱噪声和隔音作用。

城市绿化配置：雪松树体高大，雄伟壮丽，四季常绿，是著名园林观赏树，长城以南各地均有栽培，孤植、对植、列植或丛植均甚相宜，风景区、公园、庭院、居住小区游园、纪念性建筑均可栽植观赏。近年有在大街作为行道树种植，但效果并不理想，还有在佛寺、庙宇中栽培者，也并不协调。

栽植技术：以春季的 3 月中旬至 4 月中旬为最佳种植时间，雨季的 6~8 月也可以种植。种植穴应在栽种前半个月挖好，坑穴的长、宽要各大于土球直径 50 厘米左右，深度要大于土球高度 25 厘米左右，以方便栽种时操作。起挖时要注意将表土和底土分开放置，并进行晾晒。种植前要在穴底施入经腐熟的圈肥，并与土壤充分拌匀。坑穴处理好后，可进行栽种。栽种时，将树及土球轻轻吊起放入种植穴内，一般来说，土球要低于种植穴 3~5 厘米，放正后可填土并分层踩实，回填的土壤最好是拌有肥料的表土。种植后立即做围堰，并浇一次透水，3 天后浇第二次水，5 天后浇第三次水，浇 3 次水后要及时松土保墒。此外，还应及时搭设三角式支架，防止植株被大风吹倾斜，支架可保留一年。雪松在种植后两年内要特别注意浇水，总的原则是使土壤湿润而不积水。大雨后如有积水还应及时排水，防止水大烂根。雪松除在定植时需要施用基肥外，以后每年初春和秋末结合浇解冻水和封冻水时各施用一次经腐熟的农家肥，以羊粪和牛马粪为佳。如果植株长势较弱，也可以施用一些氮磷钾复合肥，但用量不能过大，次数也不可过多。另外，也可以采取叶面喷施液肥的方法恢复树势。一般在上午对植株进行喷雾，每 10 天一次，连续喷 2~3 次可有效增强树势。

7. 华北落叶松

Larix principis-rupprechtii Mayr；松科落叶松属

生长特性：落叶乔木，高达 30 米，胸径 1 米。产于河北、山西、辽南及内蒙古东南部，分布于海拔 1300 米以上山地。陕西、甘肃引种造林表现好。陕西省林业科学研究所延安树木园引种栽培表现良好，可以扩大栽培及引入园林应用。北京栽培因夏季高温而生长缓慢，30 年生后在低海拔处逐渐枯死。强阳性、浅根性树种，在深厚、肥沃、湿润而又透气的洪冲积土上生长良好，极耐寒，略耐盐碱，寿命长。干旱和瘠薄对其幼苗生长影响较大。

城市绿化配置：树冠整齐、呈圆锥形，大枝平展，下枝不下垂，树姿挺拔优美，可形成美丽的林带。在园林配置应用中需考虑其冬季落叶的特性。大型园林的边界、行道处用其栽植比较合适，纪念性建筑旁列植时，可衬以松、杉类，更显庄重、肃穆。风景旅游区，无论与常绿针叶树或落叶阔叶树混交，均可表现出较好的季相。

栽植技术：华北落叶松一般在秋末落叶后或早春树液流动前起苗。经过移植培育后的苗木顶芽饱满，茎干粗壮，无枝梢徒长现象，木质化充分，高径比较小；根系发达，分布均匀，根茎比值较大；抗旱、抗逆性强，造林容易成功。以 1 年生苗木培育移植苗为好。起苗时带宿土，修剪主根，淘汰生长弱或受伤苗木。在规划好的苗床上开沟移植，一般株距 10~12 厘米，每亩*初移株数 2 万~3 万株，移植后要及时浇水。在翌年春季萌动抽叶时，将形成的侧枝或侧芽掰掉，去侧枝时用修枝剪平贴苗茎把侧枝剪断。对于不影响苗高生长的侧芽、侧枝可适当保留。翌年春季的 5 月上旬，树液流动、抽芽长叶到 9 月中旬这一阶段为苗木的速生期，必须加强水肥管理，尤其是 6~7 月，具体措施是每隔 10 天施一次速效肥，每畦 5 千克，每亩施肥约 45 千克。每隔 5~6 天浇一次水，浇足、浇透。经常除草松土。进入雨季后浇水要减少或停止。9 月中旬后停止施肥和浇水，以保证苗木新梢充分木

*　1 亩≈667 平方米，余同。

质化。9月底到10月上旬针叶逐渐变黄脱落，随后苗木完全停止生长，即可出圃造林。

8. 云杉

Picea asperata Mast.；松科云杉属

生长特性：乔木，高达45米，胸径达1米。全世界云杉属约40种，分布于北半球。我国约有20种，分布于东北、华北、西北、西南以及台湾等地。云杉耐阴能力较强，在林冠下可忍受光照不足达25年之久。在侧光庇荫条件下天然更新良好，在小片火烧迹地和林中空地上天然更新幼树较多，但在稠密的林冠下更新不良。对气候要求不严，多分布于年平均气温4~12℃、年降水量400~900毫米、年相对湿度60%以上高山地带或高纬度地区。抗寒性较强，能忍受-30℃以下低温，但嫩枝抗霜性较差。在气候温和而又湿润的条件下，在酸性至微酸性的棕色森林土或褐棕土生长甚好。云杉多为浅根性树种，主根不明显，侧根发达，有3/4以上根系集中分布于表层中。结实年龄一般为30~40年，60~120年为结果盛期，大致每4~5年出现一次种子年。

城市绿化配置：云杉树形端正、枝叶茂密，在庭院中既可孤植，也可片植。盆栽可作为室内的观赏树种，多用在庄重肃穆的场合，冬季圣诞节前后，多置放在饭店、宾馆和一些家庭中作圣诞树装饰。云杉叶上有明显粉白气孔线，远眺如白云缭绕，苍翠可爱，作庭园绿化观赏树种时，可孤植、丛植或与圆柏、白皮松配植，或作为草坪衬景。

栽植技术：云杉幼树期易受晚霜危害，故多设荫棚，栽植在高大苗木下方，冬季进行保护防御。云杉不易移植，多采取带土移植，移植时应仔细操作，减少对根系和枝叶的伤害，以提高成活率。云杉生长速度缓慢，10年内高生长量较低，后期生长速度逐渐加快，且能较长时间地保持旺盛生长。栽培过程中需要通过养护保持云杉的良好树形，形成树形端正、呈圆锥形、枝叶茂密、上有顶枝、下枝能长期生存、不露树脚的形态。云杉栽植多在阴而无风天进行，晴天移植时要在上午11时前或下午3时以后进行。当云杉作为行道树时，在栽前要将苗木进行大小分级，相邻植株的高度相差不过50厘米，干径相差在

1厘米以下；云杉作为园林绿化树时，要按照规划设计进行栽植。先在所选的坑穴四周垫少量土，将植株直立固定，注意要保证土壤与根系充分接触。植株的栽植深度一般是在根系土球5~10厘米以下即可，栽植后要及时夯实回土，并浇一次透水。栽植后1~2天穴土出现下沉裂缝时，可进行踏实或用水灌缝，使根系与土壤充分接触。一周后再灌一次透水，15天后浇第三次水，以后根据天气情况适量浇水。云杉属于大规格苗木，栽植之后要防止灌水导致的土塌和风吹倒伏，可在树干周围立支柱进行固定。云杉栽植后，要根据其生长特性及时浇水。在大苗移植初期，植株的根系吸水能力很低，实践中可进行根外追肥，半个月一次。可以选择尿素、喷施宝、磷酸二氢钾等速效肥料配制成肥液喷施。为了促进根系生长，浇水时可加入ABT生根粉。在进行松土、除草、浇水时会导致根系周围出现孔洞，要及时进行填实，防止根系裸露而降低成活率。同时，结合除草进行松土，以增加土壤的透气性和提高地温。

9. 白杆

Picea meyeri Rehd. et Wils.；松科云杉属

生长特性：常绿针叶树乔木。我国特有树种，产于华北，分布于河北、山西及内蒙古的中高山地1500~2500米海拔处。忌热、耐旱，要求冷凉，喜排水良好、富腐殖质的土壤，微酸性土、中性土及钙土均可生长。在苗期要求荫蔽，稍大后即不畏强光。根浅性，根深60~75厘米，苗期生长缓慢，10~15年后生长加快，80年后生长速度下降。在低海拔夏季湿热地区，生长受到抑制，约50年生开始衰老。

城市绿化配置：白杆树形美观，叶色灰白而生长缓慢，小树可作花坛中心，也可在草地一侧成丛栽植；大型建筑前列植大树，不但显雄伟庄重，更能衬托建筑；园路岔口丛植3~5株，用于指示路口及停留观赏均甚相宜；山地风景名胜区栽植成片林或与华北落叶松、花楸类、桦木类混交栽植，形成秋季特有季相观赏林，入秋后白杆绿色透白，落叶松及桦木叶色金黄，花楸初有红果或白果，后有红叶，绿、黄、白、红诸色相映，是极佳观赏季相。

栽植技术：大苗木移植原则上要在苗木休眠期进行，即春季和秋季移植。春季移植多在 4 月中旬至 5 月底前，以土壤解冻时为宜；秋季移植应在苗木进入休眠期进行，一般从 10 月下旬开始。起苗时要在凌晨、傍晚或者夜间进行，要随起随栽。移植苗木的标准是树冠完整、顶芽完好、无病虫害、生长健壮、高矮均衡。白杆绿化大苗移植多采用带土球起苗，土球的大小根据移植苗木的大小确定，一般是所移植苗木地径的 8~10 倍。白杆大苗移植初期，根系吸肥能力低，宜采用根外追肥，一般 15 天左右追施 1 次。根系萌发后，可进行土壤施肥，要求薄肥勤施，谨防伤根。夏季气温高、光照强，树木移栽后应喷水雾降温，必要时应设遮阳伞。冬季气温偏低，为确保成活，常采用草绳绕干、设置风障等方法防寒。白杆大树移植初期，要搭遮阳棚以降低树木周围温度，减少水分蒸发。一般遮阳度以 60%~70% 为宜，以后视树木生长状况和季节变化逐步去掉遮阳棚。

10. 青杆

Picea wilsonii Mast.；松科云杉属

生长特性：常绿乔木，高可达 50 米。产于我国内蒙古、河北、山西、陕西、甘肃、青海、四川及湖北等高山。适应性强，耐阴性强，耐寒，喜温凉、湿润气候，在土层深厚、排水良好、微酸性土壤中生长良好，但在微碱性土中亦可生长。生长缓慢，采用种子繁殖。

城市绿化配置：参阅白杆。

栽植技术：选择在秋季或者春季土壤解冻后进行移栽。带土球进行移栽，并用草绳将土球捆绑，进行假植，并及时运到栽植地进行种植，同时要将树冠用草绳包裹几圈。填土时采用分层埋土夯实的方法，要浇透水，待水渗透，及时调整栽植树苗的方向，并用三脚架固定，之后再进行 2~3 次浇透水，并施用一些有机肥料，做好苗木移栽后的养护工作。

11. 华山松

Pinus armandii Franch.；松科松属

生长特性：常绿乔木，高达 35 米。主产于我国中部和西南部高山上，分布于西北、中南及西南各地。喜光，但幼苗略喜一定庇荫。喜温和凉爽、湿润气候，自然分布区年平均气温多在 15℃ 以下，年降水量 600~1500 毫米，年平均相对湿度大于 70%。耐寒力强，在其分布区北部，甚至可耐-31℃ 的绝对低温。不耐炎热，在高温季节长的地方生长不良。浅根性，喜排水良好，能适应多种土壤，最宜深厚、湿润、疏松的中性或微酸性壤土。不耐盐碱土，耐瘠薄能力不如油松、白皮松。生长速度中等而偏快，在北方 10 年后可超过油松，在南方可与云南松相比。

城市绿化配置：华山松高大挺拔，针叶苍翠，冠形优美，生长迅速，是优良的庭院绿化树种。华山松在园林中可用作园景树、庭荫树、行道树及林带树，亦可用于丛植、群植，并为高山风景区之优良风景林树种。

栽植技术：春、秋季均可以栽植，尽量选择在连阴天或降雨前后进行栽植华山松幼苗。为了减少树体水分的蒸发，调节枝干的温度和湿度，栽植后要定期向树体喷水。喷水一定要均匀，尽量避免根部积水。目前比较有效的办法是给树体输液，既给树体补充了所需水分，又能给弱株补充营养。定植第一次浇透水后，隔一天再进行第二次浇水，以后视天气和土壤含水量情况进行处理，而且还要防止树穴积水，地势低洼处要挖排水沟，保证不积水。栽植后每年可施有机肥。

12. 白皮松

Pinus bungeana Zucc. ex Endl.；松科松属

生长特性：常绿针叶乔木。分布于山西、河南、陕西、甘肃、四川北部和湖北西部，现各地均有栽培。喜光，幼时稍耐阴；对土壤要求不严，在中性、酸性及石灰性土壤中均能生长，土壤 pH 值 7.5~8 时亦能适应。深根性，主根长，侧根少，颇抗风，耐干旱和瘠薄，能在浅土层中生长。寿命长，耐寒性强，不耐涝。杀菌性强。抗污能力是针叶树种中较强的一种，对二氧化硫抗性较强，吸滞烟尘的能力也较强。白皮松侧主枝生长势较强，在孤植时会形成主干低矮、整齐紧凑的宽圆锥形树冠；在密植时会形成高大主干和圆形（或卵圆形）

树冠。

城市绿化配置：白皮松幼树干皮灰绿色，光滑枝条自然分布、稠密均匀，不必进行修剪整形就能形成塔形树冠；大树干皮呈不规则片状脱落，形成白褐相间的斑鳞状，极其美观；古树苍劲，树皮白色，生长缓慢而寿命长久，形成的景观持续期长、雄伟、肃穆，可用于花坛中心、草坪配置、庭院孤植、门前对植、公园散栽、群植等。

栽植技术：白皮松幼苗生长缓慢，宜密植，如需继续培育大规格大苗，则在定植前还要经过 2~3 次移栽。两年生苗可在早春顶芽尚未萌动前带土移栽，株行距 20~60 厘米，不伤顶芽，栽后连浇两次水，6~7 天后再浇水。4~5 年生苗，可进行第二次带土球移栽，株行距60~120厘米。成活后要保持树根周围土壤疏松，每株施腐熟有机肥100~120 千克，埋土后浇透水，之后加强管理，促进生长，培育壮苗。选择在秋季或者春季土壤解冻后进行移栽。移栽时，首先将白皮松放入种植穴并扶正树干，将白皮松调整合适后填入一部分土固定，去除土球包扎物，然后分层填土、压实，再立支撑，一般用三柱式或四柱式支撑，支撑牢固后立即浇水，水一定要浇透，最后填土覆盖。定植完成后，采用吊瓶补给营养，并喷洒防蒸腾剂，防止因天气干旱导致叶片蒸腾作用过强引发死亡。白皮松栽植后，要浇一次透水，在之后的养护中隔 3 天浇第二次，7 天之后再浇第三次。一般在生长季节追肥1~2 次即可，追肥可以结合降水进行，其他时间追肥应在施肥后及时灌水。这样可以提高肥料利用率。肥料以复合肥为主，如磷酸二铵等。冬季做好苗木防寒，一是浇灌防冻水；二是用毛毡进行围裹，并用铁丝绑牢，然后用木棍支架支撑。

13. 赤松

Pinus densiflora Sieb. et Zucc.；松科松属

生长特性：常绿乔木，高达30~40 米，胸径 1.5 米。产于我国吉林东部山地和山东半岛、辽东半岛、秦皇岛及苏北云台小区，日本、朝鲜、俄罗斯等也有分布。强喜光树种。耐寒性强，能耐-20℃以下的低温；耐干旱瘠薄，在贫瘠多石地树干多弯曲不直；喜排水良好的酸性土或中性土，在黏重土壤上生长不良，不耐盐碱，忌水涝。深根性，抗风力强，寿命长。

城市绿化配置：幼树姿态整齐，10年生虬枝婉垂，呈现极不规则而为赤松特有的古雅幽姿，极具观赏价值，为园林中优良的观赏树种。适宜正门附近及草坪孤植，或在瀑布旁、溪流旁、池畔点缀1~2株；与色叶树如枫槭之类混植，可呈绯叶翠枝景观；因古朴多姿，亦为树桩盆景材料。赤松特别适合用于园林观赏，可植于台坡、草坪、园路交叉口及雕塑附近。

栽植技术：赤松在春季3月移栽最为适宜。此时树木休眠，生长代谢缓慢，容易成活，也便于树木的运输。树木移栽时采用带土球移植法，土球的好坏影响赤松的成活率。土球挖好后，要用草绳进行捆绑打包，防止在运输的过程中土球遭到破坏以及土壤水分的散失。在挖好的坑内施用有机肥料，并灌入部分水，将树木放入坑内扶正，采用分层填土夯实的方法进行填土，并用三脚架支撑树身，浇透水。一周之后第二次浇透水。第三次浇水在第二次浇水后7~10天，并注意以后的养护管理工作。

14. 红松

Pinus koraiensis Sieb. et Zucc.；松科松属

生长特性：常绿针叶乔木。喜光性强，幼年时期耐阴，随树龄增加需光量逐渐增大。喜冷凉湿润气候，要求深厚、肥沃土壤；耐寒力强，在林区冬季-50℃低温下无冻害现象，但不耐高温、干燥、盐碱。浅根性树种，主根不发达，侧根水平扩展十分发达。生长缓慢，树龄很长，一般可生长600~700年，东北各地普遍栽培。

城市绿化配置：多作为庭荫树、行道树、风景林，近几年来，人工红松林也在山区、半山区和林场培育成材，并且作为绿化树种，它已从偏僻的山区走进了喧嚣的城镇街市。

栽植技术：选择在秋季或者春季土壤化冻后进行移栽。一般11月下旬开始进行挖掘，土球直径为被挖树直径的8~10倍，一般为40~50厘米，土层厚为30~40厘米，底部保留5~10厘米心土与土壤相连，以便翌年早春移栽时，用木（铁）棍一撬就掉，运出移栽。移栽到已挖好的坑内时，先填表层土，再填下层土，然后夯实。有条件的最好以木杆或草绳加固新栽树，防止风折、风倒，以保成活。由于红松移栽造林作业在晚秋季或早春进行，此时正值红松冬季休眠期间，枝条发脆，稍不小心，就会造成折枝、伤干、碰坏顶芽。因此，在红松幼树移栽造林全过程中，一定要精心保护。当土壤全部化冻，需对移栽造林地进行全面检查。如发现有倾斜、风折、风倒的现象，应立即设法扶正或进行必要的补植。同时，对每株移植树要重新踏实一次，再加些浮土或枯落物，以防土壤龟裂，确保幼树成活。

15. 油松

Pinus tabulaeformis Carr.；松科松属

生长特性：常绿乔木。原产于我国，北起辽宁、内蒙古，经河北、山西；南至山东、河南；西到宁夏，经甘肃，迄于青海；西南止于四川北部。以陕西、山西为分布中心，有较大面积自然纯林；分布于海拔高度 500~2700 米处，生长由北往南海拔升高。喜光，深根性，喜生长于透气性好的沙壤土，在干旱瘠薄土壤上也能生存。寿命长，通常可达 800 年。要求凉爽干燥气候，最忌根部积水。不耐盐碱，但在排水良好的钙质土也能生长。若生长季节过于干旱，再遇高温（36℃及以上），则生长不良甚至枯死。对大气污染较敏感，二氧化硫及氯气常易造成叶端枯干，变为红褐色。

城市绿化配置：油松四季常青，生命力强，耐瘠抗旱，其与古典建筑相配，可获得相得益彰的效果；与现代建筑相陪，也可获良好效应。幼松新梢青翠挺立，平顶古松枝斜下垂，各有特征。在园林建筑物前后或一侧、山坡、平底、孤植、对植、群植均相宜。50 年生以上树姿古雅，树冠呈伞盖状铺展，枝干苍劲虬曲，可配以山石作为主要的风景树种。风景旅游区成片植纯林，或与橡、栎类混交，或与椴树、桦木、白蜡、元宝枫等混交，既可减少虫害传播，又可发挥生物多样性的效应，更能获得针阔叶混交林不同季相的景观效果。

栽植技术：油松当年冬天 11~12 月到翌年 3 月中旬前，均可以进行移植。移植时要根据苗圃地土质状况而定，以便于起苗、带完整的土球为原则。根据不同的土质移栽油松苗木，且苗木要长势健壮，树形应枝条分布均匀、圆满，轮生枝条比较完整。带土球移栽苗木，可最大限度地减少对根系的损伤，提高栽植成活率。土球苗需用草绳包装，尽量做到当天起苗、当天运输、当天栽植。实践证明，缩短起苗与栽植时间可以最大限度地减少苗木体内水分散失，是提高栽植成活率的关键环节之一。将油松放入已准备好的种植穴内，将树干扶直并初步支撑，再逐步调整树干。填土时采用分层加土夯实的方法，以确保苗木根部与土壤紧密接触并从土壤中吸收水分和养分。栽植完毕后，对树盘进行整理，预留浇水坑，并立即用水浇透一次，对倾斜苗木加以扶正，并用三角形支架固定树干。苗木栽植后要进行统一修剪，主要是剪去枯死枝及最下层的枝条，目的是减少树体养分流失及水分蒸发，同时可采取叶面喷水的措施维持树体上下的水分平衡。

16. 火炬松

Pinus taeda L.；松科松属

生长特性：常绿乔木，高达 30 米。原产于英国东南部，我国长江流域以南各省先后引种栽培。喜光，喜温暖湿润气候。适生于年平均气温11.1~20.4℃，绝对最低温度不低于-17℃。多分布于山地、丘陵坡地的中部至下部及坡麓。对土壤要求不严，能耐干燥瘠薄的土壤，除含碳酸盐的土壤外，能在红壤、黄壤、黄红壤、黄棕壤、第四纪黏土等多种土壤上生长，在黏土、石砾含量 50% 左右的石砾土，以及岩石裸露、土层较为浅薄的丘陵岗地上都可生长。怕水湿，更不耐盐碱。但在土层深厚、质地疏松、湿润的土壤上其生长尤为良好，喜酸性和微酸性的土壤。pH 值 4.5~6.5 生长最好。pH 值 7.5 以上，生长不良。

城市绿化配置：火炬松树体高大、常绿，可种植于建筑物前后或一侧、山地、平地，孤植、对植、群植均相宜；大型草坪一隅，三五丛植一侧极显庄重，散栽数株也露活泼。

栽植技术：火炬松栽植最好在春天无风阴天时进行，要求随起随栽，小苗带宿土，大苗带土球。

17. 黑松

Pinus thunbergii Parl.；松科松属

生长特性： 常绿乔木，高达 30 米，胸径 2 米。原产于日本、朝鲜，我国山东沿海、辽东半岛、江苏、浙江、安徽等地有栽培。强喜光树种，幼苗期稍耐庇荫；性喜温暖湿润的海岸地带，对海岸的海潮风抗性极强；对土壤要求不严，在 pH 值 8.0 以下的微碱性土壤上均能生长，喜生于排水良好、适当湿润、富含腐殖质的中性土壤中。深根性，具外生菌根，因而抗旱能力强，穿透性强并耐瘠薄，但不耐水湿，水湿后烂根，也影响外生菌根的生长发育。抗病虫害能力强，生长慢，寿命长。

城市绿化配置： 树体高大、常绿，又因生命力强、抗海潮风、能保持水土，故为海岸绿化树种及园林中的观赏树种、行道树种。园林中在山谷隙地配置数丛可显山林野趣；可为浅色叶树种的背景树；与梅、兰、竹、菊、枫混植，十分相宜；针叶粗硬、姿态古雅、容易盘扎造型，因此又是制作盆景的好材料；还可作为其他松类的砧木。

栽植技术： 黑松在采挖时要扩大采挖面，注意尽量多带土。因为黑松长在山坡砂石土中，土壤较少，而且冬天大气干燥，土壤含水少、黏性差，所以在采挖时尽可能要保护好根部的土壤。因为根部土壤中富含根上霉菌，是黑松共生菌，极利于根的生长。采挖后应及时用塑料袋做简易包扎，以防止搬运中土壤散失。采挖时要注意保护黑松的根系部分，应在距松树稍远一些的地方开始采挖，先将四周泥土挖空，主根要尽量多保留一些，断根切口要平滑，要将烂根剪除，尽量避免伤及根系。尤其是黑松扎在砂石里的侧根、须根，根系较弱，尽可能留长些，采挖时特别要保护好。采挖回来的黑松要及时入土，时间越快越好，时间长了会造成根部失水、干枯，影响成活。为防止根部埋得过深，可采取高植、浅栽，然后上面加土拢起覆盖，没条件在地里栽培的要及时上盆。黑松的上盆十分重要，栽培前先将盆底垫层碎石、瓦片，以利于透气排水，再用土将四周填实。若土中空隙过大，容易造成冻根，盆上应加盖草帘以防冻。土壤用山上原土最好，也可采用粗黄沙、煤灰、黄泥配制成的混合土，比例为 0.5∶0.25∶0.25。

18. 北美乔松

Pinus strobus L.；松科松属

生长特性：常绿乔木，树高 15~24 米。原产于美国东部地区，在我国可在北至辽宁，南至湖南、江西、四川北部区域内生长。喜阳光充足的环境，稍耐阴，耐寒性强，耐干旱能力较好，对土壤要求不严格，但以疏松肥沃、排水良好的微酸性沙质土壤为佳。喜肥沃、潮湿、排水良好的土壤，对风很敏感，在强风雨下通常会失去枝条，极不耐空气污染（臭氧、二氧化硫）和盐碱土。

城市绿化配置：北美乔松株形美观，针叶纤细柔软，观赏价值较高，适应性强，可孤植、丛植、列植于路旁、草坪、花境等地。该品种蓝绿色长青针叶树种，树形优美，可用于道路、园区、广场绿化，是极好的观赏性树种。

栽植技术：北美乔松幼苗初期生长很慢，在较好的土地条件上，1 年生苗平均高生长量 5~6 厘米，2 年生苗可生长 12 厘米左右。生长较好的苗木，可以在第二年进行造林。多数幼苗在第二年最好进行一次换床移苗工作，这样可以获得一批质量较高的苗木。换床在春季 4 月上旬进行，株、行距离为 20 厘米×20 厘米，每平方米床面可移植 30 株左右。换床后，最好 3 年以后出圃造林，这样苗木根系发达，须根多，苗木健壮，造林后成活率高。为了缩短苗木的生长周期，可将北美乔松进行嫁接。北美乔松嫁接时间为 4 月下旬芽萌动前，嫁接方式为贴接、靠接。在后期管理中，定期检查成活情况，对没有成活的植株补枝接；注意越冬保护，以免影响芽的萌发；及时剪砧、解除绑缚物和除萌；加强水肥管理和病虫害防治。

19. 金钱松

Pseudolarix amabilis（Nelson）Rehd.；松科金钱松属

生长特性：落叶乔木。产于我国长江中下游。分布于重庆以东、长江以南各山区，湖北西部、湖南西南部、江西东北部及浙江西部、福建北部、安徽南部和西南部。多生于海拔 1500 米以下山地，常散生于马尾松、台湾松及水青冈、栎类、石栎等林间混交，极少形成大群落。喜光，喜温暖湿润气候，要求肥沃深厚且排水好的壤土，在酸性及中性土上生长良好，不耐土壤板结和积水地及钙质土。是典型的与根菌共生树种，如无菌根则生长不良。

城市绿化配置：树形优美，秋叶金黄，短枝上叶相连，脱落时如金钱，是著名庭院观赏树种。孤植、丛植或群植均可，最好与常绿树种混植，若与冷杉、雪松、华山松或马尾松等混交成林，不但有利于生长，更可形成秋季景观，若再加上乌桕、枫香、重阳木等秋季红叶树相交，则更为壮观。木材为上等建筑用材，树皮可用于提取栲胶，还可入药。

栽植技术：金钱松初期生长比较缓慢，可结合间种套种，每年除草松土抚育 2~3 次。抚育时，不宜打枝，一般 5~6 年即可郁闭。郁闭后，每隔 3~4 年进行砍杂、除蔓 1 次。12~15 年后当林分郁闭度达 0.9 以上，被压木占总株数的 20%~30% 时，即可进行适当间伐。采用下层抚育间伐方式，第一次间伐强度为林分总株数的 25%~35%，每亩保留 120~160 株，以后为 20%~30%，间伐后林分郁闭度不小于 0.7，间伐间隔期为 10 年左右。培养大径级用材，可在 20~25 年时再间伐 1 次，每亩保留 60~80 株。金钱松为落叶乔木，其繁殖技术以扦插为主，也可播种。扦插于春季或秋季进行，尤其在早春扦插成活率较高，一般可达 85% 以上。在春季发芽前，结合整枝，剪取枝条 10~12 厘米，其顶端有 3~5 个饱满的芽为好。将插穗直接插入苗床，入土深度为 6~8 厘米，株行距为 5 厘米×10 厘米，注意遮阴，防止土壤过干或过湿。扦插后浇足水，用 50 厘米高的塑料薄膜拱棚罩在畦上，保持苗床湿润，弓棚之上再搭设 1.8 米高的遮阴棚，材料用双层遮阳网，以便空气流通，减少病虫害的发生。生根后，逐层揭去遮阳网，逐步增加苗床光照，最后保留薄膜小拱棚以防寒越冬。翌年春移栽起苗时应多带宿土，随起随栽，以利于成活。栽植应于冬季落叶后至翌春萌发前进行。金钱松喜光，应予疏植。栽植后每年松 2~3 次根土，抚育时不宜修枝。

20. 罗汉松

Podocarpus macrophyllus（Thunb.）D. Don；罗汉松科罗汉松属

生长特性：常绿乔木。产于我国长江流域以南各地，南至海南，东至东南沿海，西至四川、云南，各地多栽培观赏。日本亦有分布。喜温暖湿润气候，好肥沃土壤，天然分布多在海拔 1000 米以下，为散生类型，常与其他树种混交，极少见成群落纯林；半阴性，在荫蔽条件下生长良好；海潮风及带盐雾吹袭不致受损，亦可于海滨盐碱地生长。淮河以南可露地越冬，以北则露地不能越冬。

城市绿化配置：树形古雅，种托紫红奇特，犹如罗汉袈裟披身，深受人们喜爱。故寺院多有种植，园林绿化中可丛植、散植或对植，也可在墙垣一隅与假山湖石相配，由于耐修剪，因此还可造型或作绿篱。能耐海岸环境，适用于海岸边的绿化、美化及海岸林建造。因鹿不食其叶，也可用于鹿苑的绿化。

栽植技术：冬季到翌年春季是百日青砧木移栽的最佳时间，这时移栽成活率高。一般选择断根缩冠法移栽。在野外将计划要移栽的百日青大树进行断根缩冠，修剪时保持树形基本骨架。移栽时枝端伤口涂抹防腐剂或用塑料薄膜包扎，根部喷施生根粉，土球直径为胸径的 6~8 倍，种植时土球根部下面不能空心，要夯实，要让根部与土壤充分结合，种植成活后即可进行嫁接。

21. 东北红豆杉

Taxus cuspidata Sieb. et Zucc.；红豆杉科红豆杉属

生长特性：常绿乔木，高达 20 米，胸径达 1 米。产于我国小兴安岭、长白山区及松花江流域，南至辽宁丹东。俄罗斯远东区、朝鲜及日本都有分布。喜阴树种，生长迟缓。浅根性，侧根发达，喜生长于富含有机质的潮润土壤中，耐寒冷，在空气湿度较高处生长良好。在自然界，如长白山中，见于海拔 500~1000 米地带，常与其他树木混生，未见成纯林者。可天然飞籽繁衍。本树寿命极长，国外有达千年的古树。

城市绿化配置：适宜植于林荫处，可配置于其他高大乔木林下，作为中下层常绿观赏树，与大多数园林植物皆可共生。秋季种子成熟后，假种皮红色、杯状，种子顶端露出，点缀于碧绿枝叶之间，令人赏心悦目。在庭园荫处、稀疏林下、荷塘岸边种植，都将得到改善景观的效果。也可修剪、整形，作为盆栽置于室内观赏。

栽植技术：东北红豆杉栽植一般采用2年或3年以上苗龄。幼苗2~3年后，可按行距80厘米、株距70厘米定植于阴山或平地。平地定植一定要在苗坑内施足厩肥和适量的氮、磷、钾无机肥。在定植前用多菌灵溶液浸泡消毒，苗植入坑穴并埋土踩实后，根际浇灌1000毫升"沃土安"1000倍液等土壤农残降解剂，再灌透定根水。定植7~10天后，用97%噁霉灵3000倍液根际浇灌，消除土传病害，预防苗木立枯病、根腐病等根部病害。7~10天一次，连灌两次。大苗移栽时选择阴坡或半阴坡或日照短的沟谷地带，选择微酸性到中性、疏松、排水良好的地块。在春季生长前移栽，秋季应在新梢未停止生长之前进行移栽。

22. 矮紫杉

Taxus cuspidata var. *nana* Hort.；红豆杉科红豆杉属

生长特性：紫杉的栽培变种，常绿灌木，植株较矮。在大连、青岛、北京、南京、上海、杭州等地园林中已普遍栽培观赏。喜阴树种，耐寒、耐阴，喜冷凉、湿润气候。成年树也能耐一定高温。浅根性，侧根发达，喜生于富含有机质的湿润土壤中。忌低洼积水，生长缓慢。在干燥温暖地区移植困难，而在冷凉、空气湿度大地区移植易成活。可修剪整形。病虫害较少。

城市绿化配置：矮紫杉为高纬度地区园林绿化的良好材料，其树形灌木状丛生，无主干，姿态秀雅，可孤植或群植，还可植为绿篱用，适合整形修剪为各种雕塑物式样。枝叶婆娑，浓密翠绿，堪与五针松、雀舌罗汉松相媲美。种子9~10月成熟，假种皮鲜红色，异常亮丽，观赏价值很高。

栽植技术：矮紫杉不耐光照直射，喜散射光照，耐阴性好。宜放置于半阴半阳、空气流通且湿润的场所。夏季高温时须置于庇荫之地，不能在强光下暴晒，冬季除较浅盆栽植外都可在室外越冬。观赏时不宜久放室内，容易引起叶黄脱落而生长不良。矮紫杉盆栽宜保持盆土湿润，但不可积水。夏、秋生长期水分可略多一些，入冬后盆土稍干。夏季最好经常喷洒叶面水，能保持叶色青翠浓绿。矮紫杉宜用以氮为主的肥料，每年春、秋各施 1~2 次，不要多施，以免施后新枝徒长，叶丛过于繁茂，有失清秀飘逸之美。

23. 粗榧

Cephalotaxus sinensis（Rehd. et Wils.）Li；三尖杉科三尖杉属

生长特性：常绿灌木或小乔木。原产我国，广泛分布于山西南部、河南、陕西南部及长江中下游至两广（广东和广西）、云南东南部和贵州东北部、甘肃东南各地。多生于温凉湿润山谷、溪畔及谷口堆积扇边，海拔 600~1200 米地带。喜阴树种，较耐寒，喜温凉、湿润气候及土壤为黄壤、黄棕壤、棕色森林土的山地，喜生于富含有机质的土壤中，抗虫害能力很强。生长缓慢，有较强的萌芽力，一般每个生长期萌发 3~4 个枝条，耐修剪，不耐移植，有较强的耐寒力。

城市绿化配置：四季常绿，植株虽不高，但主干挺直，分枝平展，叶条形 2 列排开，上面绿而光亮，下面 2 条白色气孔带宽，微风飘过即可翻转，十分显眼。丛植数株于庭院一侧、草坪一隅、池塘坡底或大型山石一隅，均可添优美景观。

栽植技术：一般栽培在通风向阳处，也可栽培在半阴处，以湿润、肥沃、土层深厚、排水良好的沙质壤土最好。粗榧能耐一定盐碱，适宜在轻度碱性土壤中生长，是华北地区盐碱地上的良好园林植物。移栽时间应在 3~4 月，定植前在穴内施足有机肥，然后埋土，栽后及时浇透水 3 次，能提高粗榧的成活率。为保持粗榧旺盛生长，将植株栽于土壤深厚、光照条件好的环境下，以利于其生长良好。栽植后要注意水肥管理，春天的时候要浇足水，夏季干旱时也要浇灌，秋、冬时灌一次封冻水，防治冻害。早春要施用有机肥，有利于树木的生长。

24. 杉木

Cunninghamia lanceolata（Lamb.）Hook.；杉科杉木属

生长特性：常绿乔木。产于我国，北起秦岭南坡，南至两广，东起江苏南部山地，西迄横断山脉的广大地区均有分布。山东威海昆嵛、青岛崂山、泰山、郑州、西安等地都有引种栽培。亚热带树种，喜温暖湿润气候，要求土层肥沃，喜光，不耐云雾天气过多的地方，好生长于酸性及中性土上，不耐盐碱及黏重土，忌透气性差和积水地，忌干旱气候。浅根性，但侧根发达，萌蘖力强。

城市绿化配置：杉木树干通直高大，树冠圆锥形，叶色碧绿，生长快且寿命可达 500 年以上，园林中栽植形成的景观持续期长久。列植、群植或孤植都可。

栽植技术：杉木栽植最好选择在 1~2 月进行，即新芽未萌动前进行。秋季栽植一般在 10 月中旬至 11 月上旬进行。栽植前最好剪掉起苗时受损伤的根系或发育不正常的偏根，然后置苗木根部于 0.5% 的高分子吸水剂或 500 毫克/千克的 ABT 3 号生根粉溶液中浸泡片刻。栽植前检查坑的大小、深度是否与土球规格标准要求的坑径一致，栽植裸根树木应舒展根系，不要窝根，树立直后填入表土或好土，再将树干轻提儿下，使土与根系紧密接触，并应随填土随用脚踏实，踏实时注意不要踩树根，栽植深度应符合规定。栽行道树、行列树必须横平竖直，可每隔 10 株或 20 株按规定位置准确栽上一株标兵树作为依据，然后再分别栽植。栽植带土球树木，要尽量提草绳入坑，摆好位置和高度，用土填实放稳，再剪断腰绳和草包。栽绿篱时如土球完整、土质坚硬，应在坑外将包装打开，提干捧坨入坑；若坑内拆包装，应尽量将包装物取出。

25. 水杉

Metasequoia glyptostroboides Hu et Cheng；杉科水杉属

生长特性：落叶乔木。水杉为我国特有的孑遗树种。国内栽培也已从东北辽东半岛，西北兰州及延安，东到青岛、威海、上海、舟山，南达广州，西至康定、西昌、昆明，都有踪迹；尤以江淮平原、江汉平原较为集中。水杉为喜光树种，喜温暖湿润气候；亦较耐寒，可在 -25℃低温下安全越过，但不耐干旱及寒冷双重侵袭，特别在幼龄期。对土壤选择不严，但要求土壤湿润而又不长期积水。干旱地区，在生长季节及时灌溉也能生长良好。生长速度较快，寿命亦长；根部萌发能力好，伐桩可萌芽再生。根系发达，主侧根都强大。

城市绿化配置：树姿优美，叶色秀丽，秋季转棕褐色，是著名的庭院观赏树，适于堤岸、湖滨、洼地、涧旁、池畔等近水处列植、群植，在草坪中也可群植。与常绿针阔叶树相混交，秋叶色彩更显鲜明。树形高耸挺拔，是理想的背景树。

栽植技术：移栽时节最好选择在树木的休眠期，不同的移栽时节对水杉的成活率影响很大。从生态学角度考虑，从秋季即将落叶到翌年的春季新芽萌发展叶前期间，是水杉大树移栽的最佳季节。但根据施工经验，秋、冬栽植的水杉可能由于根系活动能力弱，根压低，经过漫长的冬季，水分和养分吸收量难抵蒸腾量，虽然翌年初春发芽率很高，但夏、秋往往出现干梢或回抽现象，影响水杉的整体树形。所以水杉最佳移栽时间是在其春季新芽萌发之前。水杉移植初期，根系吸收能力低，可在树枝上挂营养液，运用吊盐水的原理，让瓶内的营养慢慢注射到树体上，挂瓶高度宜距地面 2 米以上为宜。挂营养液的同时可结合根部灌营养液。新植水杉怕水涝，只要保持土壤适当湿润即可。若土壤含水量过大，会影响土壤的透气性能，抑制根系的呼吸，对发根不利。移植时浇完 3 次透水后，谨慎浇水和防涝。新芽萌发对根系具有自然而有效的刺激作用，能促进根系的萌发。

26. 池杉

Taxodium distichum（L.）Rich.；杉科落羽杉属

生长特性：落叶乔木，高达 25 米。原产北美东南部沼泽地区，为古老的孑遗植物之一。我国 20 世纪初引入，目前在长江南北水网地区已成为重要的园林树种。强喜光树种，不耐庇荫，适宜于年均温度 12~20℃地区生长，温度偏高更有利于生长；耐寒性较强，短暂的低温（-17℃）不受冻害；年降水量在 1000 毫米以上地区适宜池杉生长，降水越丰富对生长越有利。喜深厚、疏松、湿润的酸性土壤，有较强的耐湿性，长期浸在水中也能正常生长；也具一定耐旱性。枝干富韧性，加之冠形较窄，故抗风力强。萌芽力强，为速生树种。对酸碱度较敏感，当土壤 pH 值达到 9 时，常导致幼苗死亡，但黄化现象会随苗龄增大而消失。

城市绿化配置：池杉树形优美，枝叶秀丽婆娑，秋色如火。耐水湿，特别适于水溪湿地成片栽植、孤植或丛植。在庭院中常和水杉、落羽杉、墨西哥落羽杉等混栽，以增加层次色彩的变化，构成独特的湖边水景；池杉可和秋色叶树种如水杉、银杏、青枫、黄连木等构成壮丽的秋色叶景观；由于树冠狭窄、枝叶稀疏、成荫面积小、耐水湿且抗风，故成为农田水乡网的极优良树种，还可作为防护林树种。

栽植技术：池杉移植易活，萌发力强，繁殖容易。池杉枝上潜伏芽很多，砍伐后能大量萌发新枝，这些萌发条是扦插繁殖的良好材料。由于萌芽力强，可以进行萌芽更新，因此在落叶期移植，即使裸根，成活率也很高。栽植后 2~3 年内，每年要除草中耕 2~3 次；在干旱季节要浇水抗旱；林内最好间种粮食、油料或绿肥作物，直到林分郁闭为止。

二、阔叶树栽植技术

1. 五角枫

Acer mono Maxim.；槭树科槭树属

生长特性：落叶乔木，高达 20 米。产于我国东北、华北至长江流域一带，朝鲜、日本、蒙古也有分布。喜阳，稍耐阴，喜温凉湿润气候，耐寒性强，但过于干冷则对生长不利，在炎热地区也如此。对土壤要求不严，在酸性土、中性土及石灰性土中均能生长，但以湿润、肥沃、土层深厚的土中生长最好。深根性，生长速度中等，病虫害较少。对二氧化硫、氟化氢的抗性较强，吸附粉尘的能力亦较强。

城市绿化配置：在城市绿化中可用作行道树、风景树、庭荫树，或用于湿地绿化。五角枫的秋叶变亮黄色或红色。五角枫是集提取食用油、鞣料、蛋白质，以及药用、化工、水土保持、特用材及园林绿化观赏多效益集于一体的优良经济树种。其树形优美，枝叶浓密，秋色叶变色早且持续时间长，多变为黄色、橙色及红色，园林片栽或山地丛植，给人一种"霜叶红于二月花"的美丽的秋林景象，是优良的观叶树种。在城市绿化中，适于建筑物附近、庭院及绿地内散植；在郊野公园利用坡地片植，也会收到较好的效果。

栽植技术：按设计位置放线、设点、挖穴。用作行道树时，栽植株距为4~5米。用作风景林时，其栽植密度与荒山造林相同。树穴规格以穴径和深度不少于80厘米为宜。挖穴时将表土和心土分别放置。土层较薄、重黏土、沙砾土及垃圾填充的地段，挖穴时应培土或换土。栽植前要根据一定的干高要求（3~3.5米）对苗木进行截冠处理，剪口要平滑，伤口涂刷石蜡等保护剂。对作行道树的每年在土壤封冻前浇一次越冬水，土壤解冻后浇一次解冻水，其他时间如何浇水，根据天气情况而定。栽植后每年主干要涂白，涂抹高度为1米。涂白剂的配方为水10份、生石灰3份、石硫合剂原液0.5份、食盐0.5份。

2. 黄栌

Cotinus coggygria Scop.；漆树科黄栌属

生长特性：落叶小乔木或灌木。产于我国华北、西北及西南地区，华中亦有少量分布，往西经印度、巴基斯坦至东南欧，是北半球的广布种之一。多生长于海拔500~1500米的半阴坡及阳坡山地；常密集生长，自成群落或与青肤杨、盐肤木等混交组成群落；也能在山谷平坦河滩与乌柳、白蜡、冻绿等混生，或在低山杂木林林缘散生。黄栌喜光，亦耐半阴，抗寒耐旱，能在瘠薄山地和轻盐碱土上生存，对土壤选择不严，但在肥沃、深厚和湿润的土地上生长最好，不耐水湿及积水。根系粗壮，根萌蘖力强，伐后可萌蘖更新形成次生林。秋季叶色变红。

城市绿化配置：树冠浑圆，树姿优美，其茎、叶、果都有较高的观赏价值，特别是深秋叶片经霜变红时，色彩鲜艳、美丽壮观；其果形别致，成熟果实颜色鲜红，艳丽夺目。另外，其不育花的花梗在夏初会伸长成紫色羽毛状，簇生于枝梢，留存很久，远望宛如万缕罗纱缭绕树间，故又有"烟树"之称。黄栌在园林造景中最适合城市大型公园、天然公园、半山坡上、山地风景区内群植成林，可以单纯成林，也可与其他红叶或黄叶树种混交成林，造景过程中宜表现群体景观。黄栌同样还可以应用在城市街头绿地、单位专用绿地、居住区绿地以及庭园中，宜孤植或丛植于草坪一隅、山石之侧、常绿树树丛前或单株混植于其他树丛间以及常绿树群边缘，从而体现其个体美和色彩美。

栽植技术：黄栌须根较少，移栽时，对地上树冠的枝条适当短截，以减少蒸发，利于成活。一般在春季发芽前移栽为宜，栽后浇透水，并松土除草，生长季节追施有机肥 2~3 次，促苗健壮生长。

3. 火炬树

Rhus typhina Torner.；漆树科盐肤木属

生长特性：落叶小乔木，常长成灌木状，高可达 8 米。原产于北美，现世界各地几乎都有栽培。1959 年由北京植物园引入栽培，表现良好，1974 年向国内各地推广。火炬树寿命短，最长 30 年，但根蘗可延续生存。强喜光树种，不耐荫蔽，在荫处生长不良；浅根性，但侧根极发达，最深根可在地面下 40 厘米，水平侧根 10 年树龄可伸出达 8 米直径范围。根上密布芽点，单株植后在土壤良好的情况下，3 年后可覆盖 15 平方米，萌发 10 株以上萌蘗苗。耐旱、抗盐碱，同时也能在含硫高的煤矸石堆上生长，在红黄壤及盐土上都可生存，在 0.7%含盐地上生长旺盛。不宜水湿及积水地生长，根部积水 20 小时会立即死亡，不透气的黏土地上生长极弱。耐寒性可达-30℃，苗期稍差，经 3~4 年即可安全越过。

城市绿化配置：火炬树含水量高，因此可作防火树种。火炬树经长期驯化对土壤适应性强，因此也是良好的护坡、固堤、固沙的水土保持和薪炭林树种。火炬树外形美观，果穗类似火炬，因而得名。尤其是在深秋季节，其叶色鲜红，远望景色十分壮观，因而具有较高的观赏价值。火炬树可作为城市公路两侧、工厂、居民区、学校、水库、旅游地等美化环境、绿化荒山的优良树种。

栽植技术：繁殖方法采用播种、分蘖、根插均可。于9月采集成熟果穗，暴晒脱粒，在第二年春播。播前揉搓，去其种皮上的蜡质，然后用80℃水浸烫5分钟，不断搅拌，然后捞出，混湿沙置于20℃室内催芽，20天左右露芽时即可进行条播，每亩播种量3~5千克。只要保持土壤湿润，20天以后基本出齐苗，当年苗高可达0.8~1米。火炬树的萌蘖力极强，2年生以上的苗木，其周围常萌发许多根蘖苗，分蘖时掘起粗壮的根蘖苗，带须根栽植，即能成活。根插是在苗木出圃后，收集残根，直埋圃地即可。即在每年苗木出圃时，选择直径在1厘米以上的侧根，剪成20厘米长的根段，按根的极性，以40厘米×30厘米的行株距直插在整好的圃地。根段顶部覆土厚2~4厘米，保持土壤湿润，当年苗可达1米以上。火炬树移栽，应在深秋落叶后至翌年春季发芽前进行。移栽时要求苗正、根舒。干旱瘠薄山地造林需截干平剪栽植。

4. 棕榈

Trachycarpus fortunei（Hook. F.）H. Wendl.；棕榈科棕榈属

生长特性：常绿乔木状，高3~10米或更高，干直立，少分枝。分布于秦岭南坡及长江以南各地。通常仅见于"四旁"栽培，罕见野生于疏林中，海拔上限2000米左右。喜温暖、湿润气候，要求排水良好、肥沃的石灰质中性或微酸性土壤。较耐寒、耐阴。浅根性，无主根。抗大气污染能力强。易风倒，生长慢。

城市绿化配置：棕榈树干挺直、秀丽，叶大如扇而富有南国情调，是绿化结合生产的好树种。园林中多采用列植、丛植、群植的配植方式。丛植、群植时应做到高矮参差不齐以形成层次。目前已有将棕榈作行道树的。因抗污染性强，适宜作工厂绿化、四旁绿化的树种。也是蜜源树种，花蜜、花粉均丰富，可散植或丛植于绿地、林缘或林内诱引病虫害天敌。

栽植技术：棕榈在我国长江以南的城市中多作庭园绿化地栽，它适应性强，只要不低洼积水，有 1 米深的土层就可栽种。不要栽在风口处，否则叶片会支离破碎。棕榈根系较浅，无主根，种植时不宜过深，栽后穴面要保持盘状。栽培土壤要求排水良好、肥沃。作行道树时株距通常要保持 3 米以上。大苗移栽时应剪除其叶片 1/2，以减少水分蒸发，提高成活率。新叶发生，如老叶下垂时，应及时剪去，其他管理均较粗放。炎夏宜多浇水。春、秋浇水次数应较少。地栽选沙质壤土，并施足量有机肥料；棕榈为抗逆性较强的植物，栽培管理较容易。喜欢在湿润、肥沃且排水良好的中性土壤中生长，但在酸性、微碱性土壤中也能良好生长。较耐寒冷，大树可耐-10℃左右的低温。对光照要求也不严，具有一定的耐旱和耐湿能力。棕榈对二氧化硫、氟化氢等有毒气体的抗性也较强，因此可在绿化中广泛栽植布置，对改善环境、减轻污染起到良好的作用。

5. 梓树

Catalpa ovata Don；紫葳科梓树属

生长特性：落叶乔木，高 15~20 米。原产于我国，分布于长江流域及以北地区。喜光，稍耐阴，耐寒，适宜生长于温带地区，在暖热气候下生长不良。深根性，喜深厚肥沃、湿润土壤，不耐干旱和瘠薄，能耐轻盐碱土。对二氧化硫、氯气、氟化氢、醛、酮、醇、醚、苯和安息香吡啉的吸收能力也较强。

城市绿化配置：梓树树体端正，冠幅开展，叶大荫浓，春、夏黄花满树，秋、冬荚果悬挂，是具有一定观赏价值的树种。可作行道树、庭荫树以及工厂绿化树种。古人常在房前屋后种植桑树和梓树，因而桑梓具有代表家乡的意义。

栽植技术：每年 3~4 月播种，期间注意覆盖保温，播种后 20 天左右就发芽，发芽后逐渐揭去覆盖物。种子发芽后，要注意除草；苗高 7~10 厘米时匀苗，株距 7~10 厘米，并进行除草、追肥 1 次；在 6~7 月再进行中耕、除草 1 次。第二年春季中耕、除草、追肥 1 次。分批间苗，待苗高 10~15 厘米，间苗后株距 15~20 厘米，并及时中耕、除草，适当追肥。经 1~2 年培育后的幼苗即可出圃定植。移栽的季节以在冬季落叶后至翌年春季发芽前为宜。栽前挖起幼苗，将根部稍加修剪，然后栽植在预先选好的造林地上。栽时一般按 250 厘米×250 厘米的株行距开穴，施用底肥，每穴栽植 1 株，培土后踏实，浇足底水，成活后封土。每年对幼树要注意保护，郁闭前经常松土除草，适当剪枝修整。

6. 木棉

Bombax ceiba L.；木棉科木棉属

生长特性：落叶大乔木，高可达 40 米。产于我国攀枝花市沿安宁河、雅砻江、金沙江河谷至云南、贵州南部、广西、广东、海南、福建、台湾，往南至越南延伸到东南亚各国及澳大利亚，以及印度、巴基斯坦等南亚各国。多生于干热河谷、低山丘陵地带，也常见于村落路旁散生。喜温暖气候，为热带、亚热带南沿树种，不耐凉寒，耐季节性干旱，在金沙江河谷地带冬、春无雨，干热数月也生长良好。深根性，根系发达，生长快，萌发能力强。好强光，不耐荫蔽，忌土壤积水。树皮厚，过火后能重新萌芽。

城市绿化配置：木棉树形高大雄伟，早春开花满树火红，又正值春节前后，格外引人注目。在华南及西南干热河谷地区园林中可植为孤立树、行道树或行列树。

栽植技术：木棉种子发芽力保存期短，故多随采随播，用 50℃温水浸种 24 小时（自然冷却）即可播种，播后保持苗床土壤湿润，5~6天即发芽。实生幼苗不需移栽，苗过密时经 1 次间苗后，可任其生长，每月追肥 1~2 次。幼苗怕霜冻，第一年入冬小苗应浇水并用草覆盖，防霜冻。待翌年春苗高 60~70 厘米时，再移至圃地培育，株行距 70~80 厘米。在幼苗生长过程中，每季度除草施肥 1 次，培育 2~3 年苗高1.5~2 米，可出圃定植。栽时一般按 3 米左右的株距开穴，施用底肥，每穴栽植 1 株，浇足底水，成活后封土。每年对幼树要注意保护，经常松土除草，适当剪枝修整。在封林以后，即可不加管理。

7. 紫荆

Cercis chinensis Bunge；豆科紫荆属

生长特性：落叶乔木，高可达 15 米，栽培者多呈灌木状丛生。原产于我国，北起太行山河南济源、山西中条山南段、山西秦岭、甘肃小陇山往南，跨长江至华南均有分布。自然分布多生长于海拔 300～1200 米向阳山坡，与低山灌木及野栗、柞树、木姜子、山崖钓樟、香槐等混生。喜阳、不耐阴，耐旱、忌水涝，好深厚肥沃土壤，酸性土、中性土及钙质土均可适应，pH 值 8.5 的碱土和 0.3% 含盐土上亦能生长正常。但夏、秋缺雨过分干旱的情况下，在北京越冬可能枯梢。

城市绿化配置：紫荆早春开花，开花时紫红满树，植于建筑物前、草地一隅丛植，或亭、台旁栽植，艳丽可爱；若与迎春花、探春、连翘、山茱萸等早春黄花共同植于常绿树前，则更显娇艳。

栽植技术：在繁殖方法上，主要以播种为主。播种多春播，播前将种子低温层积处理 2 个月以上，再用温水浸种 1 天，则发芽效果更好。也可采用压条繁殖，在整个生长季节均可进行，但要在翌年才可生根。分株多在春季萌芽前进行，较易成活。但分株时，其根粗大不易挖掘，因此需注意挖掘后的剪根和剪枝，并在种植坑内施腐熟基肥，栽好后浇透水。大的植株移栽时应带土球，以利于成活。因其根系的韧性大，不易挖断，可用锋利的铁锹将部分根系铲断，对于一些较长的枝条也要适当短截，以方便携带运输。花期移栽时，要摘除部分花朵，避免消耗过多的养分。定植时勿使土球松散。

8. 皂荚

Gleditsia sinensis Lam.；豆科皂荚属

生长特性：原产于我国长江流域，分布极广，自我国北部至南部及西南均有分布。多生于平原、山谷及丘陵地区。但在温暖地区可分布在海拔 1600 米处。喜光而稍耐阴，喜温暖湿润的气候及深厚肥沃适当的湿润土壤，对土壤要求不严，在石灰质及盐碱土甚至黏土或沙土均能正常生长。皂荚的生长速度慢但寿命很长，可达六七百年，属于深根性树种。

城市绿化配置：适宜在庭院、草坪、宅旁、路边种植，也是精品园林绿化树种。皂荚在园林上的应用根据不同功能和规划布局，采用不同的配置形式，可以孤植、丛植、群植、对植等。同一园林绿地中往往有多种配置形式。在整形式园林中，应结合建筑、广场、园路用规则式配置；在草坪上、树林中和绿地边缘，可运用自然式的丛植、群植、片植等形式。

栽植技术：采用播种繁殖。采下果实，取出种子，随即播种；若春播，需将种子在水里泡胀后再播种。育苗时，开 1.3 米宽的高畦，撒施一层腐熟堆肥作为基肥，然后按行距 33 厘米，开深 6~10 厘米的横沟，把种子每隔 4~6 厘米播粒，播后施入畜粪水，并盖草木灰，最后盖土至与畦面齐平。苗出齐后，要浅薅，并施入畜粪水，以后再中耕、除草、追肥 1~2 次。第二年再进行 1~2 次中耕、除草、追肥等管理，到秋后即可移栽。移栽可按株距 7~10 米开穴，栽前把幼苗挖起，稍加修剪，每穴栽苗 1 株，盖土压实，最后再覆松土，使稍高于地面，浇水定根。

9. 苏铁

Cycas revoluta Thunb. ；苏铁科苏铁属

生长特性：常绿棕榈状树木，极少分枝，高可达 8 米。原产于我国，主要分布于东南沿海的福建、台湾、广东、海南等地；日本南部、菲律宾、印尼及马来西亚半岛也有分布。我国西南地区及长江中下游以南各地，多能露地栽培；秦岭至淮河一线及以北，因冬季寒冷，只能盆栽，冬季室内越冬，5℃以上即可。喜光，但耐半阴；喜温暖湿润，不耐严寒及长久干旱；对土壤性质要求不严，但强酸、强碱土均导致生长不良。寿命长，可达 300 年以上。在产地通常 10 年生植株即可开始开花，且连年均有花、果；但长江以北盆栽者，由于积温不够，且日照过长，加之营养面积受限制，因而不易孕蕾开花，有的几十年偶然开花一次，以后又难见到，甚至终生不见开花，故有民谚"铁树六十年开花""千年铁树难开花"。

城市绿化配置：苏铁株形庄重，主干铁青而叶色墨绿，四季常青而有光泽，叶形别致如传说中的凤尾，栽培养护也不苛求，且寿命长久，故世人无不喜爱。长江流域以南地区露地栽培，以北地区盆栽也可在露地摆放较长时间。露地栽培可作花坛中心，院落门前对植，纪念性建筑周围列植，粉墙角隅、山石一侧孤植，居住区小游园中心群植，或坡地拾级两侧对植、丛植、列植，都极相宜。

栽植技术：华南温暖地区可露地栽于庭中。较寒之地，冬季应以稻草裹之，加以保护。长江流域及华北地区多盆栽苏铁，栽培盆底要多垫瓦片，以利于排水，并培以肥沃壤土，压实。大树种植时，宜挖大坑，并施有机肥等作基肥。春、夏生长旺盛时，需多浇水，夏季高温期还需早晚叶面喷水，以保持叶片翠绿新鲜。每月可施腐熟饼肥水一次。入秋后应控制浇水，日常管理要掌握适量浇水，水分过多易发根腐病。生长旺盛的春、夏、早秋三季应保证供水，不要多浇水，更不要积水。南方冬季温度不低于2℃即可安全越冬，成年树要保持12℃以上的温度过冬才能正常开花。苏铁生长缓慢，每年仅长一轮叶丛，新叶展开生长时，下部老叶应适当加以剪除，以保持其整洁古雅姿态。如发现植株2~3年不发新叶或叶片发黄干枯，应及时检查根系是否腐烂。若有根系腐烂情况，要将腐烂部分除掉，用素沙栽植，控制浇水，过一段时间可以恢复生长。

10. 柿树

Diospyros kaki Thunb.；柿树科柿属

生长特性：落叶乔木，高达15米。原产于我国，分布极广，黄河流域至长江流域为中心分布区。现北起长城及辽宁南部，南至广东、广西、海南，东起胶东半岛、台湾，西至甘肃、四川及云南均普遍栽培，品种极多，无确切数目。强喜光树种，耐寒。既喜湿润，又耐干旱，能在空气干燥而土壤较为潮湿的环境下生长。忌积水。深根性，根系强大，吸水、吸肥力强，也耐瘠薄，适应性强，不喜沙质土。潜伏芽寿命长，更新和成枝能力很强，而且更新枝结果快、坐果牢。寿命长，有很强的抗污染能力。

城市绿化配置：柿树入秋后果实着色，绿叶间悬满红、黄柿果，显露金秋丰收在望，给人带来喜悦景象；深秋叶红似火，预示年景景气，叶落后柿果仍垂悬枝头，前后可观赏 40~50 天，园林中可植为行道树。庭院墙垣近旁植之，墙里、墙外均可欣赏，草坪一侧丛植数株，还可除去平坦单调气氛。柿对大气污染有一定抗性。在山区风景名胜区，广植柿树成林，或与松、柏、杉、樟、楠、广玉兰、木莲等常绿树相配植，更可增加秋色，再与青檀、榔榆、桑树及榉树、枫香、黄连木植于一处，则秋色烂漫更可悦眼目。

栽植技术：庭院栽植宜用刚出圃苗术。要选根系发达、无损伤的苗。一般在 3 月中下旬栽植。栽前将根系在清水中浸泡 1 天左右，让根系吸足水分。4 月中旬每株施尿素 1.5 千克，6 月每株施磷酸二氢钾 1.5 千克。可结合浇水施少许复合肥或有机肥。秋后施基肥，穴施、沟施均可，每株施农家肥 50 千克、过磷酸钙 1.5 千克、草木灰 3 千克，将其混合均匀后填到沟内，并浇水压实。每年都应改变施肥位置。在秋梢抽生期间，分别在新梢刚刚萌动、展叶、转绿时，各喷洒一次 800 倍敌百虫、1000 倍敌敌畏混合液，以防治危害新梢的各种病虫。在柿树结果中后期，每隔 15 天左右，适量喷洒叶面肥。

11. 杜仲

Eucommia ulmoides Oliv.；杜仲科杜仲属

生长特性：落叶乔木，高 20 米。原产我国，为我国特有的独种属和科。分布北起甘肃东南部、陕西南部、河南西部、四川、云南、贵州、湖南、湖北及重庆等地。多生长于海拔 500~1600 米湿润山地，常在落叶阔叶林与常绿针叶林的混交林以下散生，很少自成大片群落纯林。杜仲喜温暖湿润气候，好光，亦耐寒、耐旱并耐半阴，在 −23℃低温下正常越冬，但幼苗在−20℃即有幼梢冻枯，但不影响继续生长。根深而旺，萌发力强，生长速度中等。

城市绿化配置：树形整齐美观，树干端直，枝叶繁茂，可作庭园绿荫树或行道树。园林中于坡地水畔丛植，或于庭园中与其他树种混交栽植。杜仲的树干通直，树冠圆头形至圆锥形，树形优美，叶片密集，叶色浓绿，遮阴面大，抗性强，病虫害少，是城市园林绿化的优良树种。在北京、杭州、南京、洛阳等城市一些街道、单位庭院以及公园采用杜仲作行道树均取得良好的绿化、美化效果。用杜仲营造农田防护林网，可以获得生态和经济双重效益。杜仲是发展生态经济林的最佳树种之一，固土力强，无病虫害，而且具有综合开发利用的经济价值。

栽植技术： 幼苗繁殖时主要以嫩枝扦插繁殖、压条繁殖和嫁接繁殖为主。在整个苗期，要喷药防治蝗虫和随后招引来的吉丁虫、天牛等害虫。幼苗出土后见草就拔，防止草荒。苗期施肥要"少量多次"，以有机肥和复合肥为佳，碳酸氢铵不宜用，以防肥害。杜仲苗秋期猛长，肥料跟上，即可培养出优质苗木。杜仲栽植后要尽早摘去干茎下部侧芽，只留顶端1~2个健壮饱满侧芽。在树木发芽后的第三个月内，应将过多侧枝剪掉。杜仲的根蘖萌生能力强，所以要经常对地面上的萌蘖枝和侧旁枝及时进行修剪，以促进主干生长。

12. 丝绵木

Euonymus bungeanus Maxim.；卫矛科卫矛属

生长特性： 落叶小乔木，高6~8米。原产我国北方地区，现栽培遍及全国。喜光树种，稍耐阴，对气候适应性很强，耐寒、耐干旱、耐湿。耐瘠薄，对土壤要求不严，但以肥沃、湿润的土壤最相宜。根系深而发达，能抗风，根蘖萌发力强，生长较缓慢。对二氧化硫、氟化氢、氯气的抗性和吸收能力皆较强，对粉尘的吸滞能力也强。

城市绿化配置： 丝棉木枝绿叶密，形态秀丽，秋后叶色绯红，是优良的秋色叶树种；花、果密集，秋后果实开裂，露出橘红色假种皮，悬挂枝头而较长时间不落，因而是优良的秋冬观果树种。可作庭荫树，可孤植或丛植于林缘、路旁、岸边或与其他树种配植，均有良好的效果，也适用为居民住宅区内行道树，还是工厂绿化树种。

栽植技术： 苗期适时、适量灌溉。在地上部分长出真叶至幼苗迅速生长前，适当控水，进行"蹲苗"。苗木生长前期追施氮肥，促进苗木生长；后期追施磷、钾肥，增加苗木木质化程度。适时中耕除草，除草要本着"除早、除小、除了"的原则。雨后和浇水后要及时松土保墒。一般当年苗高可达 1 米以上，2 年后可用于园林绿化，也可作为嫁接北海道黄杨或扶芳藤的砧木。春季土壤解冻后、新芽萌动前根据实际墒情安排灌溉，确保植株在快速生长期到来前获得充足的水分和养料。入冬前的封冻水一定要浇足。肥料除根施外，也可用一些叶面肥，但在生长后期不能施肥，施肥时间不能迟于 7 月中旬。

13. 大叶黄杨

Euonymus japonica Thunb. ；卫矛科卫矛属

生长特性：常绿灌木至小乔木，高可达 8 米。原产日本及韩国济州岛。喜光，稍耐阴，有一定的耐寒力，在淮河流域可露地自然越冬，华北地区需保护越冬，在东北和西北的大部分地区均作盆栽。对土壤要求不严，在微酸性、微碱性土壤中均能生长，在肥沃和排水良好的土壤中生长迅速，分枝也多。

城市绿化配置：大叶黄杨叶色浓绿而光亮，且四季常青，秋季红果缀于枝梢，其变形干直立如塔似柱，或叶色变化丰富，可平添景色。园林中用作绿篱或修剪成各种几何形状栽植，最为常见。适应性强，又能耐阴，耐修剪而萌发力强，最宜整形塑造各种图形雕作；更是大型建筑转角基础栽植和规则式园不可少的植物；也是大型草坪、广场、纪念性建筑镶边及分隔区域的优良材料。大型园林中用于分区隔离，可不加修剪，任其生长，使其枝叶茂密，隔离效果很好。寻形、塔形两种变形最宜行列栽植或作小园路行道树选用；落叶林中群植或无序混栽，可减少冬季萧索景观，尤其在北方以落叶树为主的地区，更能显出其必要性，且林中温度稍高，可保其生长良好。

栽植技术：繁殖以扦插为主，亦可播种繁殖。扦插苗生长速度远远大于播种苗。硬枝扦插在每年的 10 月至翌年的 3 月底之间进行。插穗长 8~15 厘米，扦插深度一般为 3~5 厘米，扦插后初期要搭棚遮阴，保持苗床湿润，1 个月后能长出根系。苗木移植多在春季 3~4 月进行，大苗需带土球移栽。虽然大叶黄杨呈乔化性状，但要让大叶黄杨长成胸径 5~6 厘米的大规格苗木，少则 6~8 年，多则 10~15 年或更长的时间。用丝棉木作砧木嫁接的大叶黄杨，树冠形成早，嫁接苗抗寒能力强。

14. 刺槐

Robinia pseudoacacia L.；豆科刺槐属

生长特性：乔木，高可达 30 米。原产北美，主要分布于美国东中部各州，17 世纪引入欧洲，20 世纪初由德国引入我国山东胶州湾栽培。20 世纪 30 年代各地引种栽培。现北起辽宁、内蒙古包头及呼和浩特、宁夏银川、新疆石河子与阿克苏及伊宁，南至南岭，西南到云南丽江都有栽培。强喜光树种，不耐荫蔽，仅苗期稍耐半阴；浅根性，通常深仅 50 厘米左右。但在榆林、延安发现滑坡后根可随滑塌下延至 5 米，暴露粗 10 厘米的根系。耐旱、耐瘠薄土壤，但在石质山地上，若生长期连续 3 年降水量不足 300 毫米，其生长自然停滞，年生长高度不足 10 厘米，5 年连续年降水量不足 300 毫米，尤其 6~8 月降水量不足 100 毫米时，会枯死。耐砍伐和修剪，有根萌发力，可根蘖更新，水平根受伤会很快萌发根蘖苗独立成树；耐一定盐碱，在 pH 值 8.5 和 0.3% 含盐盐碱土上能良好生长，但生长高度降低，一般不超过 10 米，以上常枯干；不耐水涝，在积水 48 小时后会自然枯死；若积水后土壤松软，稍有风即风倒。生长迅速，年高度生长可达 1 米，径粗生长可达 1~2 厘米，30 年后逐渐减退，寿命可达 100 年左右。

城市绿化配置：可作为行道树和庭荫树。刺槐树姿优雅，病虫害少，作为行道树和庭荫树不仅可以在夏日为行人提供必要的庇荫，还能很好地美化街景。作园林中的点缀小品，刺槐是一种花、叶、果俱美的观赏树，其花芳香，栽植于池边、路旁和草地边缘可营造静谧优雅的环境氛围。园林中可以将刺槐孤植或者与其他乔木、花灌木混种，花串在绿叶的点缀之下随风飘来阵阵清香，冬季时褐色扁平荚果挂满枝头产生别具一格的效果。作为生态经济树种，刺槐具有多种实用价值，可在多种观光农业园和自然风景区中种植，在增添园区游赏项目、提高园区风景观赏价值的同时其副产品也能为园区带来可观的经济收入。

栽植技术：移植培育大苗，一般在 4 月下旬至 5 月上旬进行移植，移植密度主要取决于苗木培育规格和年限。一般 4 年生移植苗株行距以50厘米×100厘米为宜。培育苗木年限越长，移植的株行距越大。刺槐移植多采用穴植，移植前应剪去地上部分，并将劈裂损伤的根条剪掉。根系长度应保持在20~30厘米，苗根蘸浆栽植，栽苗深度应使根颈与地表持平。移植后的苗木要及时进行浇水追肥、松土除草、防寒越冬等抚育工作，尤其对平茬苗应做好去梢、抹芽、修枝等工作。

15. 槐

Sophora japonica L.；豆科槐属

生长特性：落叶乔木，高25米。原产我国，广泛分布于北起辽宁、河北、山西、内蒙古、陕西、宁夏、甘肃，南至广东、广西、云南，但以黄河流域较为集中，是华北平原及黄土高原常见树种。喜光，不耐荫蔽，适应性强，较耐干旱；不择土壤，但喜钙质土、轻酸性土和0.3%以下盐碱土都可适应，黏性土和沙土也可生存，但忌土壤积水；对多种有害气体有忍耐力；深根性，耐修剪，萌发力强，耐移植；寿命长，100年以上大树随处可见，可活800~1000年。

城市绿化配置：槐树冠庞大，枝叶繁茂，花期较长，花形优美，且没有飞絮，因而被广泛应用于园林绿化中。同时，槐已演化为中国植物文化的象征，它与日本的樱花、荷兰的郁金香、加拿大的枫树等一样，都具有浓郁的民族特色。众多的彩叶品种如金叶国槐、金叶垂槐等，既可以成群成片地种植，也可配置于园林中作背景、伴景用，其美化、彩化效果更好。

栽植技术：可采用枝条扦插繁殖，扦插时间与埋根育苗时间相同，也可稍早。选取直径8~20毫米木质化硬枝，剪成15厘米长的插条，上切口剪平，距芽苞1~2厘米，下切口剪成45°的斜口，用生根粉处理备用。保持床土的温度和湿度，临高温前揭去地膜，抹掉侧芽，加强肥水管理。速生期结合浇水施氮肥2~3次，8月停施水肥。在生长期每隔20~30天松土除草1次，雨后注意排水。在秋季落叶后或春季芽萌动前移植，成活率高。可裸根或蘸泥浆移植。按规划打穴、施基肥，栽植后填土压实，浇透定根水，成活率一般95%以上。第一年移植后，主要是养根。地上部枝叶任其生长，尽量不修剪，并加强水肥管理，使枝叶繁茂，以加强光合作用，促使根系健壮生长。第二年在原地继续培养。第三年苗木已高达 1.5 米以上，干径为 1.5 厘米左右，秋季落叶后，在距地面 5~10 厘米处将地上部的枝叶截去，只留 1 个健壮的芽任其生长，加强水肥管理。第四年原地继续培养，加强水肥管理，注意去除萌蘖及过强的侧枝，不让其影响主干的发育。第五年扩大株行距，加强水肥管理，以后常规养护。

16. 龙爪槐

Sophora japonica L. var. *japonica* f. *pendula* Hort.；豆科槐属

生长特性： 原产我国，现南北各地广泛栽培，华北和黄土高原地区尤为多见。铁岭、沈阳及其以南地区有引种栽植，广州以北各地均有栽培，而以江南一带较多。河北、北京、山东随处可见。喜光，稍耐阴。能适应干冷气候。喜生于土层深厚、湿润肥沃、排水良好的沙质壤土。根系发达，抗风力强，萌芽力亦强，寿命长。对二氧化硫、氟化氢、氯气等有毒气体及烟尘有一定抗性。

城市绿化配置： 龙爪槐可以根据园林的布置修剪成各种形状。龙爪槐观赏价值很高，树冠呈伞形，小枝弯曲而下垂，形似盘龙，开花季节，米黄色花序布满枝头，似黄伞蔽日，则更加美丽可爱。从我国的历史传承来看，龙爪槐因其形状蜿蜒婀娜，并且与龙有关，因此常常被对称栽植于庙宇、寺院等两侧，以突出庄严肃穆之感。或者栽植于道路两侧，形成延伸的视觉效果。

栽植技术： 龙爪槐是槐的变种，其培育主要以槐为砧木嫁接而得。采用枝接法和芽接法均可。进行嫁接时，选择树体优美、无病虫害的龙爪槐树外围枝条。枝条芽的采集可结合母树的修剪来进行，已经发芽时嫁接是最好的。避开雨水天气，否则接穗会发霉腐烂。嫁接后立即灌足第一次水。以后要每隔 7~10 天适时补水，保持土壤湿度。嫁接后 10 天左右接芽开始生长活动，要加强管理工作。每隔 15~20 天追施硫酸铵和过磷酸钙。1 个月左右，接穗上的芽已萌发长成新枝，气温逐渐升高，这时要把塑料带扯开一角，逐渐放风，几天后再完全去掉。50 天后，待伤口及接口完全愈合后再解除绑缚的塑料条，以防缫枝。但不能太早，防止风折。此外，要及时松土除草，防治蚜虫、红蜘蛛等。

17. 银杏

Ginkgo biloba L.；银杏科银杏属

生长特性：落叶乔木，高可达 40 米。银杏为第四纪冰川后残留的中生代孑遗植物，特产于我国。适应能力很强，喜光，深根性，耐旱，但忌水涝，对土壤要求不严；在高温、高湿条件下生长稍差；在冬季最低温-20℃以上，年降水量 500~1500 毫米，冬、春干燥而温寒或温凉湿润，夏季温暖多雨的条件下，都能生长良好。苗期生长缓慢，以后逐渐加速；若水肥条件好，年生长可达高 1 米，径粗 1 厘米以上。雌株结实始于 20 年生，通常 40 年生进入结实盛期，结实能力可持续数百年，千年古树仍可年年结实。生产种子的嫁接苗，5 年开始结实。

城市绿化配置：银杏树冠雄伟、端庄，寿命长而极少病虫危害，秋季叶色金黄，形成景观稳定，且适应性很强，因此极受重视，从古至今均为人所爱。古代寺庙、道观无不种植，大宅庄园也多配栽。朝鲜、韩国、日本及欧美各国亦喜栽培。近年我国各地皆用作行道树，效果不错。但行道树必须选用雄株，雌株结实后秋季因养分不足，叶色早枯，且树姿受结实影响而枝下垂，有损景观效果。此外，落实经车压、人踩后发出异味，且浆汁污染路面。但在其他地方雌株则无妨碍。园林中植为庭荫树，门前对植，草坪孤植、列植或丛植、群植均可，若与松、柏、杉类混栽，秋季黄叶与绿叶相映；在南方与枫香、乌桕、重阳木混栽，红、绿、黄相互映衬更显壮丽秋色。

栽植技术：银杏属喜光树种，应选择坡度不大的阳坡为造林地。种植土要选用土层深厚肥沃、有机质含量在 1%~3%、透气及透水性好的土壤。银杏以秋季带叶栽植及春季发叶前栽植为主，秋季栽植在 10~11 月进行，可使苗木根系有较长的恢复期，为第二年春地上部发芽做好准备。银杏栽植要按设计的株行距挖栽植穴，穴挖好后要回填表土，施发酵过的含过磷酸钙的肥料。栽植时，将苗木根系自然舒展，与前后、左右苗木对齐。不宜将苗木埋得过深，深埋后不易发根。定植好后及时浇定根水，以提高成活率。成活后，无须经常灌水，一般在土壤化冻后至发芽前浇第一次水。后期可视天气情况浇水。施肥在春、秋两季进行，在树冠外围，用环状施肥法或打洞的方法，施一次腐熟的有机肥，施后浇水。

18. 七叶树

Aesculus chinensis Bunge；七叶树科七叶树属

生长特性：落叶乔木，高 20 米。产于陕西、甘肃、河南、安徽，野生多分布于海拔 800~1500 米山地，秦岭仍可见野生大树，生长地多为平缓坡地，土层深厚，半阳性、湿润避风。喜光，稍耐阴，喜温暖气候，也能耐寒。深根性，萌芽力强，生长速度一般。幼树喜阴，喜冬暖夏凉与湿润的气候，在偏酸性土中生长发育良好，以深厚、肥沃和排水良好的沙质壤土为宜。阳光过强或土壤过于干燥时对生长不利。生命力强，适应风沙、盐碱等各种不良环境，抗污染。

城市绿化配置：七叶树树干挺拔，树形壮丽，树冠开阔，叶形如掌，俗称梭罗树，而早期人们也将其称为菩提树，视为佛教始祖释迦牟尼悟道之树，故各大佛寺、庙宇多有栽植。园林中用作庭荫树、行道树，建筑物前行列栽植，草坪上丛植和门前对植，都很相宜。

栽植技术：早春土壤湿润时适宜栽植。定植后，要加强土肥水管理。以环状沟施肥为宜。基肥以迟效性肥（如草木灰、绿肥等）为主，最好在 10 月以后至树停止生长前施入。小树可一次施足基肥，大树应在开花前后追施一次速效性肥，并在春梢生长接近停止前再施一次有机肥，促进花芽分化和果实膨大。施肥要注意树势，强壮树少施并以磷、钾为主；弱树，特别是开花结果多的树应多施肥。关键的灌水有 4 次，即花前水、花后水、果实膨大水和封冻水，每一次灌水都很重要，并且要浇足水。另外，七叶树发叶早，容易受晚霜危害，应加强防治。

19. 胡桃

Juglans regia L.；胡桃科胡桃属

生长特性：落叶乔木，高可达 25 米以上，但通常仅 10~12 米。

原产我国新疆西北部至哈萨克斯坦、阿富汗、伊朗等中亚国家，现伊犁地区仍保留有大面积野生林。喜温，忌湿热，要求干凉气候，喜肥沃深厚土壤，光照充足，忌土壤板结黏重，不耐水涝；酸性、中性及钙质土均能适应，但盐碱地上生长不良。深根性，侧根亦发达，生长速度中等，寿命长，适宜地区通常能达 200 年以上。8 年开始结果，20 年进入盛期，200 年以上老树仍果实累累。

城市绿化配置：树冠广阔，树荫浓，树皮洁净，是良好的庭荫树、行列树、行道树，也可于草坪一隅植作遮阴树，以便席地纳凉。树叶能挥发核桃酚，有杀菌除虫功效，疗养区种植成片胡桃林，能发挥保健功效。但胡桃树下不能种植蔬菜，因核桃酚有毒素，无论菜叶、果菜都味苦不能食用，食后中毒导致呕吐、腹泻。

栽植技术：栽植前进行增加土壤肥力的准备工作，主要以施有机肥为主。选取主根及侧根完整、无病虫害、抗逆性强的苗木。最好为 2~3 年生壮苗，苗高 1 米以上，地径不小于 1 厘米，须根较多，以保证成活和健壮生长。苗木定植以前，应将苗木的伤根及烂根剪除，然后放在水中浸泡半天，或用泥浆蘸根，使根系吸足水分，以利于成活。一般定植穴的直径不少于 0.8 米，定植穴挖好以后，将表土和有机肥混合填入坑底，然后将苗木放入，舒展根系，使根系分布均匀，分层填土踏实，培土到与地面相平，全面踏实后，打出树盘，充分灌水。苗木栽植深度可略超过原苗木深度，栽后 7 天再灌水一次。幼树注意防寒，越冬前应采用拱形埋土等有效防寒措施。此外，其他养护如施肥、灌水、中耕除草及病虫害防治等管理按照常规管理即可。

20. 枫杨

Pterocarya stenoptera C. DC.；胡桃科枫杨属

生长特性：落叶乔木，高 30 米。产于我国，分布极广。北起辽宁南部，经河北、山东，直至福建、台湾；西至山西、陕西、甘肃，经四川、云南、广西至广东、海南，长江流域及以南地区皆有分布。多生于海拔 200 米以上的山区、丘陵、沿溪河、沟谷河滩湿润地，直到海拔 1500 米。喜光、好湿，对土壤选择不严格，但强酸性、强碱性及盐碱地生长不良。深根性树种，侧根发达，耐旱性强，萌蘖性好，生长快，寿命长。

城市绿化配置：树体高大雄伟，适应性强，根系庞大而寿命长，故可作行道树、行列树，尤以其耐水性强，作为河、湖堤坝的护堤固岸树种最为适宜。花后坚果成串下垂也很别致，且其对多种有害气体具抗性，有过滤和净化空气作用。

栽植技术：选择树干通直、无病虫害的枫杨作为采种母株。种子转为黄褐色之后采集，净种后用干净布袋贮藏，翌年春天用60℃温水浸泡两天，然后按25厘米的行距进行条播，30天左右即可出苗。幼苗长到高15厘米左右时，在阴天进行间苗。幼苗期应加强松土、除草、施肥和浇水。枫杨喜欢湿润环境，在栽培中应保持土壤湿润而不积水。栽植时应浇好头3次水，过后每月浇一次透水，每次浇水后应及时松土保墒，入秋后应控制浇水，防止秋发，初冬应浇足、浇透防冻水。翌年早春应及时浇解冻水，此后至7月前，每月浇一次透水，秋末按第一年方法浇防冻水。第三年后，应浇好防冻水和解冻水，其他时间视降水情况确定是否浇水和浇水量。

21. 香樟

Cinnamomum camphora（L.）Presl.；樟科樟属

生长特性：常绿乔木，高30米。产于长江流域中下游以南地区，为亚热带树种。分布于云南、贵州、四川、重庆、湖北、湖南、江西、安徽南部、江苏南部、浙江、福建、台湾、广东、广西及海南。喜光，但苗期不能暴晒；好温暖湿润气候，孤立树分枝低，密植或混交林中则干直，枝高。耐寒性不强，−8℃低温5小时就受冻。喜生长于海拔1500米以下低山丘陵和平原地区，对土壤要求为沙壤土至黏壤土，纯沙土和黏土生长不良，更喜酸性土，在中性土及轻碱土和0.2%的含盐沙壤土上也可生存，但必须降雨量充沛，湿度高。深根性，根系发达，萌发力强，可萌蘖更新。寿命长，千年古樟在浙江、江西及湖南还有台湾较普遍。对烟尘及有毒气体具有较高抗性。

城市绿化配置：园林中利用其树大荫浓、四季常青、枝叶秀丽且散发香气，常用作庭荫树、行道树和行列树栽植，江南农村也多在农舍旁、院坝植之供夏季遮阴、聚会之用，极为普遍。其抗大气污染，挥发香气有净化大气作用，植于草坪一隅，或种植成林带，用于阻隔有害气体及烟尘和噪声都是很好的树种。江北各地选避风向阳、冬季最低气温在-5℃以上小环境种植，也可生长。

栽植技术：香樟主根长，侧根、须根少，移栽可促使侧根、须根发育，有利于提高香樟的成活率。移栽次数越多，根系越发达，成活率越高。1年生香樟幼苗易受冻害，移栽时要剪掉晚秋梢，用稻草覆盖保墒。移栽密度要合理。修剪枝叶时要剪除部分或全部叶片，并适当修剪过长的主根。一般在3月中旬至4月中旬，在春季芽苞将要萌动之前定植。冬季少霜冻或降水量较多的地方也可冬植。栽植前应对其根部进行整理，剪掉断根、枯根、烂根、短截无细根的主根，还应对树冠进行修剪。带土球的苗木不用进行根部修剪，只对树冠修剪即可。栽植深度以地面与香樟苗的根颈处相平为宜，栽植时，护根土要与穴土紧密相连，否则易形成吊空。移栽后注意浇水和施肥等管理工作。

22. 楠木

Phoebe zhennan S. Lee et F. N. Wei；樟科楠属

生长特性：常绿乔木，高20米。产于陇南、陕南、四川、云南、贵州、湘西及鄂西、西藏东部。多生于海拔500~1600米温暖湿润的山坡及山谷，与常绿阔叶林混生，也有自成小片纯林，喜光，亦稍耐半阴，要求深厚肥沃而排水良好土壤，酸性、中性土生长良好，不适石灰性强的钙质土和盐碱土。分支匀称，树形美观，生长速度中等，寿命长，在四川、贵州及湖北常见于村庄栽培。寺庙、道观也有大树，萌蘖力强，能自萌更新。

城市绿化配置：楠木树干直、分支匀，高大雄伟，宜作庭院庭荫树、行道树或行列树栽植，也可在大草坪一隅植3~5株供席地纳凉，还可在广场出入口两侧行列种植，为出入人群遮阴。树叶挥发香气有净化空气作用，大型公园可成片栽植供游人游憩，避骄阳暴晒。

栽植技术：选择1~2年生、苗高50厘米以上的无病害健壮苗木。楠木对立地条件要求较高，造林地宜选择土层深厚、腐殖质含量高、空气湿度较大的山区半阴坡山腰中下部，或沟谷两侧、河边台地。林地清理方式视造林地植被种类多少而定，可砍伐剩余物，除草清杂。采用水平带整地后挖穴或穴垦整地，植穴规格50厘米×50厘米×40厘米，每穴施复合肥200克，回填表土拌匀肥料。种植宜在3~4月进行，苗木栽植前适当修枝，剪去过长或受到损伤的根系。为保持根系湿润，随起苗随打浆，泥浆中应加入3%~5%的钙镁磷肥。栽植做到苗根舒展，苗身端正，栽深适度。楠木生长慢，冠幅窄，幼年耐阴，可通过混交方式以利于提高造林成效。由于楠木幼年慢生，混交造林应严格控制混交比例，其他树种控制在20%左右。

23. 鹅掌楸

Liriodendron chinense (Hemsl.) Sargent；木兰科鹅掌楸属

生长特性：落叶乔木，高可达40米。产于我国，广泛分布于长江沿岸及以南地区，云南、贵州、四川、陕西东南部、湖北、湖南、安徽、江西、浙江、福建、广西都有分布。喜光，好温暖湿润气候，具一定抗寒性和耐冬季干旱力，喜肥沃、深厚和透气性强土壤；萌发力强，生长速度快。根系发达，有菌根共生，为肉质根，忌积水与透气不良的黏性土。10年开花结实，15年生坚果可育成苗木，但坚果发芽率极低，一般不超过5%。

城市绿化配置：鹅掌楸树体高大，树干挺拔，树冠圆整而雄伟，分枝匀称，遮阴量大，叶形奇特且秋季黄叶如金，极具观赏价值。园林中多用作庭荫树、行道树、行列树，可草坪孤植、门前对植，或者植于广场周围，植于停车场遮阴，植于大型会议出入口人流密集区遮阴降噪声；也可在大型公园安静休憩区片植或独立种植，供隔离和仔细欣赏。大型郊野公园或风景名胜区的入口、广场周围行列种植，可显出雄伟气势，并能形成独特景观；与雪松、华山松、杉木、柳杉、香樟、枫香、乌桕、重阳木等带状、片状混植，秋季叶色斑斓，引人入胜。

栽植技术：鹅掌楸宜种植于避风向阳处，适宜土层深厚、肥沃湿润、排水良好的沙质土壤。用苗多为 2 年生，一般 3 月上中旬进行栽植，以春季芽刚萌动时进行为好，需带完整土球，栽植地在秋末或冬初进行全面清理，定点挖穴，穴径 60~80 厘米，深 50~60 厘米。定植点不宜过于干燥，庭院绿化和行道树栽培应选择土壤深厚、肥沃、湿润的地段。栽后要浇足定根水，连浇数日。定植后及时进行中耕除草、培土，于每年秋末或冬初进行整枝。

24. 玉兰

Magnolia denudata Desr.；木兰科木兰属

生长特性：落叶乔木，高可达 15 米。原产我国中部各山区，甘肃小陇山、陕西秦岭、河南伏牛山、安徽大别山、江西庐山、浙江天目山，四川邛崃山、大凉山、小凉山和峨眉山，湖北神农架、重庆金佛山、贵州梵净山、云南乌蒙山、广西大瑶山、湖南衡山、广东大庾岭及福建武夷山等，都有野生。一般分布在海拔 500~1800 米的常绿阔叶林，或两者混交林中，多为零星散生，很少有群落出现。玉兰喜向阳，好温暖湿润而排水好的肥沃土壤；抗寒力较强，−25℃低温可安全越冬；根系发达，有根菌共生，具一定抗旱能力，但因为肉质根而不耐水浸和透气不良的黏土。高温期 34℃以上极易焦叶，宜半阴。

城市绿化配置：玉兰是我国著名花木，栽培历史可上溯至春秋吴王阖闾在今九江木兰洲植木兰构宫殿，其木兰即玉兰。现今各地园林无不种植，北起北京，南至广州，多有栽培。北京故宫、颐和园及古老佛寺潭柘寺、大觉寺、卧佛寺、戒台寺等无不栽植，而颐和园和大觉寺的玉兰，相传均为清朝乾隆皇帝命人从四川移来，现仍年年开花。民间庭院常讲究"玉棠春"及"玉棠春富贵"的花木配植，即玉兰、海棠、牡丹、迎春花和桂花。不但可堂前点缀欣赏，也可列植路旁，大型建筑物、纪念性建筑旁列植，可表现为"玉洁冰清"的象征。草地一隅或常绿树丛间植之，早春花开朵朵洁白如玉，香气如兰，给人以优雅恬静之感。

栽植技术：玉兰移植，一般在萌芽前 10~15 天或花刚谢而未展叶时较为理想。起苗前 4~5 天要给苗浇一次透水，这样做利于栽种后成活。在挖掘时要尽量少伤根系，断根的伤口一定要平滑，以利于伤口愈合。栽种前要将树坑挖好，树坑底土最好是熟化土壤。栽培土通透性要好，土壤肥力要足，要能供给植株足够的养分。栽植时深度可略高于原土球 2~3 厘米。大规格苗应及时搭设好支架，防止被风吹倾斜；种植完毕后，应立即浇水，3 天后浇第二次水，5 天后浇第三次水，3 次浇水后可进入正常管理。如果所种苗木带有花蕾，应将花蕾剪除，防止开花、结果消耗大量养分而影响成活率。在栽培养护中应严格遵循其"喜湿怕涝"这一原则。在雨后要及时排水，防止因积水而导致烂根，此外还应该及时进行松土保墒。玉兰喜肥，除在栽植时施用基肥外，此后每年都应施肥，肥料充足可使植株生长旺盛。玉兰能耐-20℃的低温，但小规格玉兰和当年栽种的玉兰都应加强越冬管理，除在 11 月中下旬其落叶后应浇足、浇透封冻水外，还应对树坑进行覆草、覆膜或培土处理，树体可进行涂白处理，防止春季抽条。种植成活多年的玉兰，只进行浇防冻水和涂白处理即可。

25. 广玉兰

Magnolia grandiflora L.；木兰科木兰属

生长特性：常绿乔木，在原产地高达 30 米。约于 1913 年引入我国，先进入广州，故名广玉兰，后我国各地普遍栽培。喜光树种，但不耐西晒，西晒极易引起树干灼伤，影响生长。幼树颇耐阴，耐寒性较强，能经受短期-19℃低温而叶部无显著损伤，但在长期的-12℃温度下，则叶受冻害。喜肥沃、湿润而排水良好的酸性土或中性土，不耐干旱、瘠薄，也不耐水涝和盐碱土壤，在积水或盐碱地，生长量少、枝叶少、叶易黄化。不耐修剪。根系发达，颇能抗风。对二氧化硫、氯气、氟化氢、二氧化氮等抗性强，并有吸收汞蒸气和二氧化硫的能力，对粉尘的吸滞能力强。

城市绿化配置：广玉兰树姿雄伟壮丽，叶厚实有光泽，四季常青，花硕大有香气，实为园林中具有特色的观赏树种、庭荫树种，适宜草坪孤植，更适合在现代建筑物周围进行列植，也可群植作为背景树，借色彩对比收到较突出的景观效果。为保证广玉兰移植后的成活率，常疏剪枝叶，而广玉兰的恢复期较长，需七八年以上，因而移植后的广玉兰树冠稀疏、荫质不佳，很难担当行道树的职责。

栽植技术： 广玉兰移栽以早春为宜，但以梅雨季节最佳。春节过后半月左右，广玉兰尚处于休眠期，树液流动慢，新陈代谢缓慢，此时即可移栽。移栽后，当晚春气温回升时，根系首先萌动生长修复，加上精心管理，基本不会影响广玉兰当年生长，加上梅雨季节降雨量大，空气湿度高，此时移栽的广玉兰成活率非常高。土球大小是广玉兰移栽成败的关键，土球直径为树木胸径的8~10倍，这样可以保证根系少受损伤，易于树势恢复。广玉兰根为肉质根，极易失水，因此在挖运及栽植时要求迅速、及时，以免失水过多而影响成活。广玉兰移栽后，第一次浇定根水要及时，并且要浇足、浇透。通过修枝摘叶减少水分蒸发，缓解受伤根系供水压力。修枝应修剪掉内膛枝、重叠枝和病虫枝，并力求保持树形的完整；摘叶以摘掉枝条叶片量的1/3为宜，否则会降低蒸腾拉力，造成根系吸水困难。在栽培养护中应遵循"喜湿怕涝"这一原则。在雨后要及时排水，防止因积水而导致烂根，此外还应该及时进行松土保墒。广玉兰喜肥，除在栽植时施用基肥外，此后每年都应施肥，肥料充足可使植株生长旺盛。

26. 紫玉兰

Magnolia liliflora Desr.；木兰科木兰属

生长特性： 落叶大灌木或小乔木，高达3~5米。原产我国中部，现除严寒地区外均有栽培。喜光，喜温暖、湿润的气候条件，喜肥沃、排水良好的土壤，不耐盐碱土、黏土和过干的土壤，较耐寒，肉质根忌积水，不耐修剪。

城市绿化配置： 紫玉兰花大色紫，花叶同放，着色率高，为园林绿化中著名的春季观花树种。宜配植于前庭、园路两侧；也常点缀于池畔或溪边，可获独特景观效果；还可与其他木兰类树种配植成专类园。

栽植技术： 在北方要选择背风向阳之处栽植。苗木要带土球，以免使肉质根受伤而腐烂。春秋两季均可栽植，北方应在春季土地解冻之后至树木萌芽之前进行。栽时要深翻土地，穴底施腐熟的有机肥，基肥上覆薄土一层，然后放入紫玉兰，使根系舒展。栽后浇透水。栽植成活后，春天要防旱，注意及时浇水，开花前后结合浇水各施 1 次肥，可促进开花和新叶生长。夏天多雨季节要防涝，及时排出积水，秋天不可浇水过多。入冬落叶时施 1 次以磷、钾为主的肥料，增强其抗寒越冬能力，其余时间少施或不施。玉兰枝干愈合能力较差，除十分必要者外，多不进行修剪。

27. 苦楝

Melia azedarach L.；楝科楝属

生长特性： 落叶乔木，高 10~15 米。产于黄河以南广大地区，直至南亚、东南亚皆有分布。喜光，喜湿润温暖气候，耐寒性较差，抗旱，好肥沃土壤；在华北地区，幼苗易受干冻枯干，但避风处可以越冬。生长迅速，根萌蘖力极强，伐后翌年即可萌蘖生长，当年可高 5 米左右。具抗盐碱能力。

城市绿化配置： 树形优美，枝叶秀丽，花开时节淡紫花朵飘香，入秋金黄核果垂于枝头，均具观赏价值。为庭荫树、行道树、行列树优良树种。其对大气中的烟尘、二氧化硫等有害物质具有吸收和忍耐能力，还可在 0.4% 的盐土上生存。无论低山、丘陵、平原或低洼盐碱地都能生长。为各地农村四旁绿化速生用材。

栽植技术： 大苗培育时，选择土层深厚、土壤肥沃的育苗地，精耕细作，施足基肥，同时做好土壤的消毒和灭虫工作。南北方向做苗床，床面宽 1.5 米，每亩定植 660 株左右。秋季落叶至春季萌芽前，选阴天或无风的清晨及傍晚进行移植。移植时适当修剪主根，以促进侧根的生长。移植后做好松土除草、灌溉施肥、病虫害防治等工作，使根系、枝条尽快恢复生长。经过两年的培育，当苗木平均高 3 米左右、胸径 3 厘米左右时可出圃。苦楝易于栽植，成片造林株行距以 2 米×3 米、3 米×4 米、4 米×5 米为宜。农田林网、"四旁"栽植单行株距 3~4 米，两行以上株行距 4~5 米。不宜深栽，栽植后浇透水，填土踏实，以提高造林成活率。

28. 香椿

Toona sinensis (A. Juss.) Roem. ；楝科香椿属

生长特性：落叶乔木，树冠卵形，树高 25 米。原产我国，分布于黄河以南至长江流域各地，现北起辽宁，山西中部、陕西中部、宁夏南部、甘肃东南部以南各地多有栽培。喜光，耐干旱；喜湿润，好肥沃深厚土壤，但又耐瘠薄；根系发达并具穿透力，能在风化不全的岩缝中穿出萌芽；萌芽能力特强，常自然萌发根蘖苗形成群丛。抗寒性较好，–26℃能安全越冬，但幼苗仅能忍受–15℃低温。污染力强，生长迅速，寿命可达 100 年以上。

城市绿化配置：香樟树干挺拔，幼叶紫红，枝叶浓密，遮阴效果好，花序大而芳香，多为庭院栽植，更是春季多数人爱食的芽菜。可作庭荫树、行道树或广场列植树种。

栽植技术：采用 2 年以上树苗。苗木定植一般穴宽 1 米左右，定植后立即灌水，随后在距地表 20 厘米处定干修剪，冬季修剪地上枝后埋土护根露地越冬。香椿树顶端优势很强，一般只萌芽 1~2 个。根部发不定芽能力很强，开春扒土后随气温、地温回升迅速萌发出芽。萌发新苗可移栽。注意修剪不定芽，以防影响母株的生长。每年对幼树要注意保护，经常松土除草，适当剪枝修整。进行常规种植管理即可，香椿树的养护较为粗放。以后树体做一般修剪，剪掉干枯枝、病虫枝、直立徒长枝。对树冠扩展太远、下部光秃者应及时回缩，对弱枝要更新复壮。

29. 合欢

Albizia julibrissin Durazz. ；豆科合欢属

生长特性：落叶乔木，高 10~16 米。产于我国，北起太行山南段，沿黄河以南各地，甘肃天水、秦岭以南皆有分布。喜光，耐侧方蔽荫，耐旱，耐瘠薄土地及钙质土，在 0.3% 含盐土上能正常生长，但不耐水浸及板结、透气性不良土壤。冬季–20℃低温地区，幼苗期有枝梢顶端受冻发生，但随着根系健壮，5 年生后可再无冻害发生。树干多偏斜，根有萌发力。

城市绿化配置：合欢树姿潇洒、树叶娇媚，又正值盛夏开出红色绒毛球状花，并带清香。园林中植为庭荫树、行道树，行列种植衬托建筑；草坪、广场配植，可增夏日美景；若再与夏花型栾树相混植于浓绿松柏之间，红、黄、绿三色互相映衬，将绘成更美的景观。

栽植技术：苗期要做好定苗、除草、施肥等工作。定苗后结合灌水追施淡薄有机肥和化肥，以加速幼树生长。8 月上旬以前要以施氮肥为主，后期（8 月中下旬至 9 月间）以施用氮、磷、钾等复混肥为主，施肥时要按照"少量多次"的原则，不得施"猛肥"，以防肥多"烧苗"。由于合欢不耐水涝，故要在圃田内外开挖排水沟，做到能灌、能排。苗期要及时修剪侧枝，保证主干通直。发现有侧枝要趁早用手从枝基部抹去，防止侧芽再度萌发。小苗移栽要在萌芽之前进行，移栽大苗要带足土球。移植时间宜在春、秋两季。春季移栽宜在萌芽前，树液尚未流动时，秋季栽植可在合欢落叶之后至土壤封冻前。同时，要及时浇水、设立支架，以防风吹倒伏。管理上每年应予修剪，调整树态，保持其观赏效果。另外，还要于每年的秋末冬初时施入基肥，促使翌年生长繁茂，着花更盛。绿化工程栽植时，要去掉侧枝叶，仅留主干，以保成活，晚秋时可在树干周围开沟施肥 1 次，保证翌年生长肥力充足。

30. 构树

Broussonetia papyrifera（L.）Vent.；桑科构树属

生长特性：落叶乔木，高约 15 米。原产东亚，我国从辽宁南部经华北到西北、西南、华中、华东至华南，直到南亚、东南亚都有分布，朝鲜半岛及日本也有分布。喜光，但耐半阴；耐干旱、瘠薄，也能在溪河、湖岸等湿地生存；喜钙质土，也能在酸性土上生长；根系不深，但侧根水平分布广，生长迅速，萌发力强。对大气污染及烟尘吸滞力强。除桑天牛外，病虫害少。

城市绿化配置：生长快、成荫早，适应性与抗污力强，故可作庭荫树和化工厂绿化骨干树栽植。果熟时正值花少的夏末，红果可增园林景色。但因其味甜，也易招引苍蝇等昆虫。故若作行道树栽植，以选用雄株为好，以免招引昆虫和落果污染地面。其根系分布广而易萌蘖，故又为水土保持和加速绿化覆盖的优秀树种。

栽植技术：用种子或扦插繁殖。选择土壤肥沃、深厚、不积水、向阳坡地或平地作为育苗（造林）地。待苗出齐后，苗期管理应当注意用细土培根护苗。此间注意保湿、排水。进入速生期可追肥 2～3 次。做好松土除草、间苗等常规管理。构树苗期较少见病虫害。构树幼苗生长快，移栽容易成活，栽培管理简便，除定植时需浇透水外，一般不需要再浇水、施肥。

31. 榕树

Ficus microcarpa L. f.；桑科榕属

生长特性：乔木，高 25 米。产于浙江南部往南，福建、台湾、广东、海南、广西、云南、贵州至南亚、东南亚热带地区。寿命长，可活近 1000 年。极喜光，喜高温湿润气候，不耐阴，生长温度范围为 15～35℃，其中以 25～35℃生长最佳，属非耐寒性植物，具有吸氯、抗二氧化硫的特性。对土壤要求不严，在微酸性和微碱性土中均能生长。榕树具有雌雄同株和功能性雌雄异株两种繁殖系统。

城市绿化配置：可作为行道树、风景树、庭荫树，在华南地区应用广泛。榕树四季常青，姿态优美，具有较高的观赏价值和良好的生态效果。树冠开展，树荫浓蔽，气根纤垂，独木成林，姿态奇特古朴，可作为孤赏树产生独木成林的恢宏气势。同时，其具有较强的抗污染和便于管理的特性，进行生态造林，可对南方一些工业城市的空气环境起到净化作用，已经成为我国南亚热带城市园林的特色树种。而由于环境原因，北方地区则将榕树作为盆景观赏。

栽植技术：多采用扦插繁殖和压条繁殖。华南和西南地区多在雨季于露地苗床上进行嫩枝扦插，成活率可达 95% 以上。可利用榕树大枝柔软的特性进行压条，入土部分不用刻伤也能生根，2 个月后将它剪离母体。起苗时需带有完好的土团，对移栽地要求不高。榕树性强健，适应性强，在粗放的栽培条件下也能正常生长。浇水时掌握宁湿勿干的原则，切勿受旱。施肥不宜过多，每年追肥 2~3 次即可。注意树形的修剪，以防枝条徒长，使树形无法控制。

32. 桑树

Morus alba L.；桑科桑属

生长特性：落叶乔木，高 16 米。产于我国黄河、长江两个流域的广大地区，华北、西北、东北南部均有分布。喜光，耐寒性强，耐旱，耐瘠薄土壤，也较耐湿、耐盐碱，不择土壤，pH 值为 8 和含盐量 0.3% 的含盐土亦能生存；抗硫化氢、二氧化氮及氯气能力也较强。耐修剪，萌发力强。

城市绿化配置：桑树树冠广阔，枝叶繁茂，秋叶金黄，其观赏品种中，垂枝桑枝条下垂，龙游桑枝扭曲生长，扦插或嫁接繁殖，都是观赏枝干的佳品。植于庭院可作庭荫树，或行列栽植，或草地丛植，夏季遮阴、秋赏黄叶；若完全选出雄株，也可植作行道树。

栽植技术：选择土层深厚、疏松、肥沃的土壤，深耕土壤，增强通气性和透水性。施足基肥，要求充分腐熟的有机肥作基肥，结合深耕将有机肥深埋土中。一般以冬天和早春种植较好。应选用健壮苗木，不带病虫。夏、秋季种桑树，起苗时尽可能不伤根，保全桑苗根系；冬、春种桑树，应轻度修剪过长的主根，促使侧根多发，种植前，用混有磷肥的泥浆蘸根，利于发根成活。把桑苗根部埋入桑行线土中，盖土后轻提使根伸展，踩实再拢一层松土，要求超过根颈部 3 厘米，浇足定根水。幼树阶段每次施肥量不宜过多，应该少量多次，并及时浇水防旱，排除积水。定时松土除草。

33. 白蜡

Fraxinus chinensis Roxb.；木犀科白蜡树属

生长特性：落叶乔木，高 15 米。原产我国，分布极广，北起东北，南至海南，东起山东、江苏、浙江、福建及台湾，西迄新疆、西藏、云南皆有分布，分布海拔从 50 米至西南 3100 米。喜光，耐旱、喜湿，适应各种土壤，在含盐量 0.2% 的盐碱土上生长亦良好，根系发达，深而广；耐刈割、耐修剪，萌发力强，能萌发更新。

城市绿化配置：白蜡树形开张，枝叶繁密秀丽，适应性强，是庭荫树、行道树，以及低湿地、沙地及河、湖绿化的优良树种，秋季叶色鲜黄，还对多种有害气体具有抗性和吸纳能力。

栽植技术：春、秋两季均可栽植白蜡。"四旁"栽植宜选 3 年以上大苗，要求坑深 80 厘米，直径 60 厘米，施加有机肥作为底肥，栽植后浇水。栽植时，苗根要舒展踏实、扶正。营造成片城市景观林，要选择土层比较深厚的壤土、沙壤土或腐殖质土，造林前要细致整地，株行距以 2 米×1.5 米为宜。

34. 女贞

Ligustrum lucidum Ait.；木犀科女贞属

生长特性：常绿乔木，树高可达 15 米。产于我国甘肃东南部、陕西秦岭及山西中条山以南各地。喜光，亦耐半阴，好温暖湿润气候，也较耐寒冷和干旱；根系深而支根、侧根发达，对土壤要求不严格，除重盐土外均可生长；较耐水湿，短期浸水不致受损；对大气中烟尘及氯、氟、硫等有害气体均有较高抗性及耐性，并可部分吸收。耐修剪和刈割、砍伐，萌蘖力强，可萌发再生。

城市绿化配置：女贞四季常青，枝叶浓密而亮丽，夏季满树白花香雅宜人，加之适应性强，管理粗放，耐修剪、易萌发，园林中可作庭院遮阴用，群植、列植、孤植、丛栽均可，也可用作绿篱或景区分隔屏障，作行道树也极相宜；用于工矿区或居住小区防护减噪、隔音、防污染等均为上选树种。其寿命普遍在 60 年以上，最长可达 100 余年。

栽植技术：女贞一年四季均可栽植，最佳季节在 10 月下旬至土壤冻结前，成活率可达 98%。春、秋、冬季栽植时要带土球，土球直径应在 40 厘米，栽植时挖穴状坑，规格为 60 厘米×60 厘米，栽植后封土高度低于树坑沿 5～10 厘米为宜，栽植后及时进行疏枝、疏叶，保留原来树冠的 2/3 即可。夏季栽植时要带大土球，保持土球完整，不伤根系，栽植后及时进行疏枝、疏叶，保留原来树冠的 1/2 为宜，栽植后封土高度低于树坑沿 5~10 厘米为宜。树木定植后，用石灰水自树高 1 米处以下全部刷白。一是可以防寒、杀菌、预防病虫害，二是做到林相整齐，绿化效果好。

35. 二球悬铃木

Platanus hispanica Muenchh.；悬铃木科悬铃木属

生长特性：落叶乔木。为多球悬铃木与一球悬铃木的杂交种，最早在英国发现，18 世纪就开始在国际传播，19 世纪末期即已传入我国，20 世纪在我国黄河以南各地就普遍种植为行道树、庭荫树。其习性与一球悬铃木、多球悬铃木极近，均为喜光树种，不耐阴；耐水湿，亦耐干旱，根系发达，耐瘠薄土，不择土壤性质，抗寒性较好。生长快，寿命长，耐强度修剪；萌发力强，伐后可萌蘖更新。对大气中的二氧化硫、氯气及烟尘污染有较高适应力，为三种悬铃木中抗性最强者。

城市绿化配置：本种及一球悬铃木、多球悬铃木都是高大乔木，树冠雄伟，枝叶繁茂，遮阴效果好，秋叶鲜黄，适应性强且病虫害少，生长快、寿命长，故世界各地温带、亚热带地区普遍栽培作行道树和遮阴树用，被誉为"行道树之王"。但因其果毛及枝叶上的毛易造成空气污染，故在干旱地区尽量少用，尤其在幼儿园、精密仪器或仪表工厂和医药企业周围最好不种，以减少污染。

栽植技术：3 月中旬，对所定大树开始移栽，确保随挖、随运、随栽，将移栽悬铃木枝干进行重截，原则上只留主枝和第一级侧枝，距离侧枝基部 1~1.2 米处截断，栽植株距为 8 米，开穴的大小视根盘的大小而定，一般按 1.5~2.0 米的直径范围开挖，深 1.2 米，穴的上下一样大。开穴时，表层土和深层土各放一边，拣去石块等杂质。移栽时，要剪去老根、烂根，边栽植、边填土、边夯实，填土时先填表层土，后填深层土。栽完后在距树基 2~3 米处设边沟，便于排除坑中积水。移栽后 7 天进行复查，泥土下沉的要再填土，摇动的要扶正踏实，以防大风刮倒，再盖一层松土，在 4 月和 5 月萌芽期对根部浇水和对树干喷水各 1 次，高温季节增加 1 次浇水。

36. 一球悬铃木

Platanus occidentalis L.；悬铃木科悬铃木属

生长特性：落叶大乔木，别名美国梧桐，原产北美洲，多分布于美国中南部纬度偏北、经度偏东的地区。现广泛被引种于我国北部及中部。一球悬铃木具有悬铃木属的共同特点，适应性和抗逆性强，抗烟尘，能吸收有害气体，隔音、防噪。该树种的主要优点是蜕皮少，果序飞絮少，对环境污染少。对土质要求不严，但以肥沃湿润的壤土或沙质壤土最佳。

城市绿化配置：与二球悬铃木的城市绿化配置相似。生长速度快，主干高大，分枝能力强，树冠广阔，适应性强，又耐修剪整形，是优良的行道树种，广泛应用于城市绿化。在园林中孤植于草坪或旷地，或列植于甬道两旁，尤为雄伟壮观。同时，其有滞积灰尘，吸收硫化氢、二氧化硫、氯气等有毒气体的特性，适合于城区和工厂种植。

栽植技术：参阅二球悬铃木。

37. 三球悬铃木

Platanus orientalis L.；悬铃木科悬铃木属

生长特性：别名法国梧桐，原产欧洲东南部及亚洲西部，现广泛被引种于我国北部及中部。落叶大乔木，高达 30 米。喜光，喜湿润温暖气候，较耐寒。适生于微酸性或中性、排水良好的土壤，微碱性土壤虽能生长，但易发生黄化。抗空气污染能力较强，叶片具吸收有毒气体和滞积灰尘的作用。

城市绿化配置：与二球悬铃木的城市绿化配置相似。生长速度快，主干高大，分枝能力强，树冠广阔，适应性强，又耐修剪整形，是优良的行道树种，广泛应用于城市绿化。在园林中孤植于草坪或旷地，或列植于甬道两旁，尤为雄伟壮观。同时，其有滞积灰尘，吸收硫化氢、二氧化硫、氯气等有毒气体的特性，适合于城区和工厂种植。

栽植技术：参阅二球悬铃木。

38. 梅

Armeniaca mume Sieb.；蔷薇科杏属

生长特性：落叶小乔木，高 4~10 米。原产我国，野生分布于西南及长江中游各地，现西藏波密县通麦镇仍有野生梅林，沿秦岭南坡至南岭现仍有野生分布。梅喜温暖、湿润气候，在光照充足、通风良好条件下能较好生长。对土壤要求不严，耐瘠薄、半耐寒，怕积水。梅适宜在表土疏松、排水良好的湿润土壤上生长。梅耐高温，在 40℃条件下也能生长。在年平均气温 16~23℃地区生长发育最好。梅对温度非常敏感，在早春时开花，若遇低温，开花期延后。

城市绿化配置：梅为我国原产，分为两大系统，即果梅和花梅，在园林中均可栽培观赏，其栽培历史均在 2000 年以上。自古咏梅诗词无数，为历代文人所推崇。各地均有梅园、梅溪或梅花山，广植梅花欣赏，每届梅花开放时节，人们纷纷前往观赏。武汉、南京、无锡、成都等还专门举办梅花节。无论庭院、广场、道路、无处不可种植。

栽植技术：移栽尽量少伤根，并要带泥团。植地如是山地，宜先开好深 0.5 米、宽 1 米的栽植穴，施有机肥作基肥。种植时将苗放在穴的中央，一般入土 6 厘米，然后周围填土，略加压实，但不要用脚踩踏，以免压断幼根。植后充分浇水，并在植株周围培成碟形兜穴，以利于浇水和施肥，树盘周围盖山草，保持土壤湿润。平地水田地下水位高，种时无须开穴，宜培土墩混施基肥种植。风大的地区，种后要用竹木扶持苗身，防止风吹动摇或人、畜碰撞。成活后，要勤施、薄施有机肥，以促新梢萌发，迅速扩大树冠。

39. 樱花

Cerasus serrulata（Lindl.）G. Don ex London；蔷薇科樱属

生长特性：落叶乔木，高可达 20 余米。多生于海拔 700~1600 米山地沟谷、河岸、溪旁和稀疏杂木林中。喜光，好湿润，要求空气相对湿度大，忌空气干燥；好深厚、肥沃及排水、透气性好的土壤，不耐盐碱土和黏重土。抗寒性强，但在干旱地上和气候过旱地区抗寒表现差，生长衰弱早。寿命短，为 60~70 年，对大气污染抗性低，夏季高温、高湿时易产生流胶。

城市绿化配置： 樱花花期早，花繁茂，园林中植于河、湖、溪岸，或谷底口处，春花满树，或如覆雪，或似挂霜，或疑披霞。最宜成片种植，可显盛况；但庭院中孤植粉红类型或 3~5 丛植使红、白类型相间，亦不失美观。大型公园可于谷地专辟樱花谷，或在大草坪一侧、山坡阳处广植成片，后衬常绿树。风景名胜区、郊野公园均宜大片种植，定能在开花时节吸引游人。

栽植技术： 通常在 2~3 月选地栽植，定植穴的直径可为 1 米，深度为 0.8 米。放苗前，剪掉过长的主根。再把苗放入穴中，先填少量的土，再稍微往上提苗，使根系充分伸展，再稍微踩实土壤，施有机肥为基肥。施肥后再覆土，然后再紧紧地踩实。接着，浇定根水。定根水要充分灌透。最后用干草覆盖在定植穴四周。接下来的一个月之内，每隔 8~10 天要灌一次水，土壤的 pH 值要保持在 6.0 左右。定植后的幼树一个月内就成活。成活后，要勤施、薄施有机肥，以促新梢萌发，迅速扩大树冠。

40. 东京樱花

Cerasus yedoensis（Matsum.）Yü et Lu. Don ex London；蔷薇科樱属

生长特性： 落叶乔木，高达 16 米。原产于日本。我国各地均有栽培，尤以华北及长江流域各城市栽培较多。喜光，喜肥沃、深厚而排水良好的微酸性土壤，中性土也能适应，不耐盐碱，耐寒，喜空气湿度大的环境。根系较浅，忌积水与低湿。对烟尘和有害气体的抵抗力较差。

城市绿化配置： 日本樱花花期早，先叶开放，花多繁密，花色粉红，远观似一片云霞，绚丽多彩，可孤植或群植于庭院、公园、草坪、湖边或居住小区等处，也可以列植或和其他花灌木合理配置于道路两旁。

栽植技术： 参阅樱花。

41. 西府海棠

Malus micromalus Makino；蔷薇科苹果属

生长特性： 落叶小乔木或灌木，高达 3~5 米。原产我国华北、华东等地，现各地多有栽培。喜阳光，耐寒，耐干旱、忌涝，喜肥沃而排水良好的沙壤土。

城市绿化配置： 主要是用作行道树、庭院树、风景树、防风林等。西府海棠婆娑多姿，花开如彤云密集，在园林花木中独具风格，素有"国艳"的美称。西府海棠形态优美，适应性强，树形直立，树冠紧凑，可以孤植、列植、丛植、成片栽植以及作盆景等。西府海棠具有不同的叶色、花色、果色，被称为"园林风景中的瑰宝"。

栽植技术： 以秋季落叶后栽植为好。选 5~6 年生树苗定植。种植海棠观赏园，株行距取 3~4 米为宜，孤植、列植根据地形确定株行距。栽植前先按确定的株行距挖宽 80 厘米、深 60 厘米的定植穴，以有机肥为基肥，基肥要与表土混合均匀，填在定植穴中部。栽后填土时要分层踏实，防止雨水或灌溉造成土壤下沉过深带来根系断裂或根颈下移，使树以后的生长、结果受到影响。待定植苗成活后，后期管理中注意浇水和施肥。多选有机肥作为基肥，以秋施效果最佳。多在 9 月下旬至 10 月上旬进行，此时正处于树体营养物质积累旺盛期，地下根系生长旺盛，吸收能力强，施肥后有利于增加树体养分积累，提高树体营养水平，并能促使新根萌发，对翌年生长发育极为有利。

42. 海棠

Malus spectabilis（Ait.）Borkh.；蔷薇科苹果属

生长特性： 落叶小乔木，高达 8 米。产于我国华北的河北、山西，华东的山东、江苏、安徽、浙江及江西，华中的河南、湖北、湖南，西北的甘肃、陕西。栽培极广，遍及全国。喜光，稍耐半阴，抗寒、耐旱，忌积水；好深厚、肥沃及透气性、排水良好的土壤，在黏重土上生长不良；喜中性土，但不过酸和过碱的土壤上均可健壮生长发育，pH值 6~8 均能适应，但在含盐量超过 0.3% 的盐碱土则适应困难。抗高温能力也较强，通常36℃高温下无不良反映，42℃高温持续3天开始出现叶缘枯焦。根系发达，深可达60~80厘米，幅度延至树干外3~4米，萌芽力强，耐修剪，根蘖力旺；寿命长，可达100年以上，还能根蘖更新。

城市绿化配置：海棠是我国著名的传统观花树木，尤以北方最为常见。所谓"玉棠春"，就是玉兰、海棠和迎春花；"玉堂富贵"，就是玉兰、海棠加牡丹。中庭植玉兰，门前对植海棠，筑台种植牡丹或迎春花，是庭院中主要的配植方式。将海棠对植门前或亭廊周边、草地一隅、广场四周、主入口道路两侧，或园路岔口丛栽，均相配；春季花开满树，极为显眼，并略有清香。

栽植技术：参阅西府海棠。

43. 紫叶李

Prunus cerasifera f. *atropurpurea*（Jacq.）Rehd.；蔷薇科李属

生长特性：落叶小乔木，高达8米。原产于亚洲西南部，为樱桃李的观赏变型。我国各地园林中常见栽培。喜光树种，在庇荫条件下叶色不鲜艳。喜温暖湿润的气候，也耐寒，在上海能安然度过寒冬；对土壤要求不严，适于中性或微酸性土壤生长；较耐湿；根系较浅，萌枝力较强。

城市绿化配置：紫叶李是北方地区优良的园林彩叶树种之一。从春天的粉红色初芽，到夏季紫红色的树冠，其叶色变化极为丰富。它自然开张的树形、繁茂的叶片、紫红色的果实，都具有很高的欣赏价值。紫叶李因其成景快，适应性强，观叶、观花、观果，观叶期长等特点，在城市园林绿化、美化中发挥着重要的作用，是优良的绿化树种。在园林、风景区既可孤植、丛植、群植，又可片植，或植成大型彩篱及大型的花坛模纹，又可作为城市道路二级行道树以及小区绿化的风景树使用。

栽植技术：适宜栽植季节为春、秋两季。春季在3月左右，树液流动之前为宜；秋季宜在枝条成熟后的10月左右进行。挖定植穴，定植穴大小因植株而定，规格把握在比植株根幅（或土球直径）宽20~40厘米，于定植穴中填入有机肥，并每穴撒施适量磷肥、钾肥。定植穴整理好后半个月左右即可定植苗木于正中央，然后覆土，种植好后使紫叶李植株根颈正好与地面相平。定植苗木时，有条件的情况下中小苗尽量带土移栽。定植成活后，施肥与松土等工作结合进行，多在秋季于树冠外缘挖一条环状沟，深30厘米左右，施肥并覆土。

44. 加拿大杨

Populus × canadensis Moench；杨柳科杨属

生长特性： 又称为加杨、欧美杨，原产于美洲，是美洲黑杨和欧洲黑杨的杂交种，于19世纪中叶引入我国，全国各地多有种植，其中以华北、东北栽培最多。为落叶乔木，生长快，繁殖容易，萌蘖力强，寿命较短，适应性强，杂种优势明显。喜光，耐寒、耐旱，不耐阴，对二氧化硫抗性强，并有吸收能力。喜温暖湿润气候，耐瘠薄及微碱性土壤，在低洼盐碱地上生长不良，对水肥条件较为敏感。

城市绿化配置： 可用作行道树、庭荫树、公路树、防风林，是华北平原常见绿化树种，更是四旁绿化和营造农田林网的重要树种之一。因其生长快、繁殖容易、适应性强，既可成片造林，又能"四旁"种植。木材质软而轻，是优良的纤维用材树种。因其树冠阔，叶片大而有光泽，其孤植、列植均适宜。

栽植技术： 加拿大杨苗木定植时，先挖好种植穴，在种植穴底部撒上一层有机肥料作为基肥，厚度约为5厘米，再覆上一层土并放入苗木，以此把肥料与根系分开，避免烧根。放入苗木后，回填土壤，把根系覆盖住，并用脚把土壤踩实，浇一次透水。对于定植后存活的植株，春、夏两季根据干旱情况施用2~4次肥水：先在根颈部以外50厘米处开一圈小沟（植株越大，则离根颈部越远），沟宽、深都为20厘米；沟内撒进25千克左右有机肥或者250克左右复合肥，然后浇透水。天气干旱或进入苗木速生期，可适当增加灌水次数。入冬以后至开春以前，照上述方法再施肥一次，但不用浇水。

45. 钻天杨

Populus nigra L. var. *italica* (Muench) Koehne；杨柳科杨属

生长特性： 原产意大利，广植于欧洲、亚洲、美洲。我国自哈尔滨以南至长江流域各地均有栽培，西北、华北地区最适宜生长。落叶大乔木，速生丰产，寿命短。喜光，耐寒，耐干冷气候，湿热气候多病虫害，稍耐盐碱和水湿，忌低洼积水及土壤干燥黏重，喜生长在河流两岸排水良好的砂砾、碎石土壤上，沿河生长成纯林或与大青杨混生，为主要的速生护岸林树种之一。

城市绿化配置： 既是优良的用材树种，又是江河护岸和四旁绿化的观赏树种，还可营造防护林。钻天杨具有速生、丰产、干形好、材质优良等特点，用途广泛。可丛植或列植于草坪、广场、学校、医院等地，林区河流、沟渠多适于营造钻天林。

栽植技术： 参阅加拿大杨。

46. 毛白杨

Populus tomentosa Carr.；杨柳科杨属

生长特性： 落叶乔木，高达 30 米，胸径 1.5~2 米。我国特产，喜生长于海拔 1500 米以下的温和平原地区，以黄河中下游为分布中心，南达长江下游。强喜光树种，不耐庇荫，喜温凉气候及深厚而排水良好的土壤，对土质要求不严，较耐寒冷，忌高温多雨。深根性，根萌蘖性强，生长快，寿命较长。抗烟尘和污染能力强。

城市绿化配置： 毛白杨树干耸直，叶片较大、墨绿色，给人以雄伟之感，在园林绿化中，适宜作行道树和庭荫树。在广场、干道两侧列植，有威严豪壮的气势；孤植于旷地及草坪上，则能显现出其特有的威武风姿；因抗烟尘和污染，又是四旁绿化、工厂绿化的好树种。

栽植技术： 毛白杨栽植技术与加拿大杨类似。苗木定植时，先挖好种植穴，在种植穴底部撒上一层有机肥料作为基肥，厚度约为 5 厘米，再覆上一层土并放入苗木，以把肥料与根系分开，避免烧根。放入苗木后，回填土壤，把根系覆盖住，并用脚把土壤踩实，浇一次透水。对于定植后存活的植株，春、夏两季根据干旱情况施用 2~4 次肥水：先在根颈部以外 50 厘米处开一圈小沟（植株越大，则离根颈部越远），沟宽、深都是 20 厘米。沟内撒进 25 千克左右的有机肥，或者 250 克左右的复合肥，然后浇透水。天气干旱或进入苗木速生期，可适当增加灌水次数。入冬以后至开春以前，照上述方法再施肥一次，但不用浇水。

47. 垂柳

Salix babylonica L.；杨柳科柳属

生长特性：落叶乔木，高 18 米。产于长江流域及以南至广东，西达西藏东部，北至淮河流域，华北、西北多有栽培，西南高山区海拔 2500 米以下平原及山地的溪、河、湖畔亦常见栽培。喜光，稍耐侧阴。好湿润，耐水浸，近水处常可见水中红色不定根形成庞大根群，根系发达，也耐一定干旱。对土壤选择不严，但过于黏重和干旱土壤上生长不良；强酸、强碱及含盐量超过 0.2% 的盐碱地上均生长不良。生长速度快，实生苗 3 年后、扦插苗 2 年后就能进入速生期，30 年后生长减缓，实生苗寿命可达 200 年，扦插苗可达 100 年以上。但在城市中心区寿命很难达到 100 年，50 年生就出现枯顶衰老现象。萌发力强，萌枝力及生根性都很强，大树倒地接触土壤沾湿就能生根，根桩也能萌芽更新。

城市绿化配置：垂柳枝条细长下垂，姿态优美而潇洒，清风袭来随风飘荡，加之叶色正绿反灰，绿白相映，既娇柔又优美，自古以来为人所爱，人们纷纷在园林中种植观赏。植于河、湖、池塘岸边或桥头，柳丝扫地、拂水，再有月牙"挂"树梢，可以给人带来无尽的遐想，尽是诗情画意。由于对大气中的有害气体有较强的抗性，并能吸收部分有害气体如二氧化硫等，故也是工矿区防护树种。但繁殖栽培中，一定不可选用雌株。

栽植技术：栽植前先挖定植穴，定植穴口径为 80 厘米左右，深度为 60 厘米左右。将穴内原土换为肥沃的沙壤土，于定植穴中填入有机肥作为基肥。苗木运到后先进行根系修剪，然后立即栽植。修剪时要科学合理，截口一定要平滑。之后将垂柳栽入树坑。栽植时不宜太深，在穴的四周填满沙壤土并压实。垂柳栽植完毕立即浇一次透水。等到水全部渗下去之后，紧接着浇第二次水。第二次浇水也要将树坑全部浇满，并把倒伏的苗木扶正。定植成活后进入养护期，若遇干旱及时浇水，其他按园林树木常规养护即可。

48. 旱柳

Salix matsudana Koidz.；杨柳科柳属

生长特性： 落叶乔木，高达 20 米，胸径 80 厘米。旱柳分布甚广，遍布我国东北、华北、西北及长江流域各地，而以黄河流域为其分布中心。喜光树种，不耐庇荫，耐寒性强，绝对低温 -39℃ 下无冻害，喜水湿，亦耐干旱，对土壤要求不严，但以肥沃、疏松、潮湿土壤最为适宜。根系发达，主根深而侧根、须根分布皆较广。树干韧性强，因而固土抗风力强，不易风折。萌芽力强，生长迅速，一般寿命仅 50~70 年，生长在条件良好之地可达 200 年。对乙炔、二氧化氮、乙醛、乙醇、醋酸、粉尘等有害物质抗性较强。

城市绿化配置： 旱柳树冠丰满，枝叶茂密，发芽早、落叶迟，深受人们喜爱。在园林中常作为行道树和庭荫树，可植于湖岸边、低湿地及草坪等处，也可对植于建筑物两侧；春季柳絮多而漂浮时间长，对精密仪器厂和幼儿园等均会造成不良影响，以选择雄株栽种为宜。又因抗污染性强、根系发达、耐湿，也适于作为工厂绿化、四旁绿化及防护林等的树种。

栽植技术： 栽植前先挖定植穴，定植穴口径为 80 厘米左右，深度为 60 厘米左右。将穴内原土换为肥沃的沙壤土，于定植穴中填入有机肥作为基肥。苗木运到后先进行根系修剪，然后立即栽植。修剪时要科学合理，截口一定要平滑。之后将旱柳栽入树坑。栽植时不宜太深，在穴的四周填满沙壤土并压实。旱柳栽植完毕立即浇一次透水。等到水全部渗下去之后，紧接着浇第二次水。第二次浇水也要将树坑全部浇满，并把倒伏的苗木扶正。定植成活后，施肥与松土等工作结合进行，多在秋季于树冠外缘挖一条环状沟，深 30 厘米左右，施肥并覆土。

49. 馒头柳

Salix matsudana var. *matsudana* f. *umbraculifera* Rehd.；杨柳科柳属

生长特性： 是旱柳的一个变种，馒头柳分密枝，端稍齐整，形成半圆形树冠，状如馒头，北京园林常见栽培。喜光，耐寒、耐旱、耐水湿，耐修剪，适应性强，遮阴效果好。

城市绿化配置：与旱柳相似，常作为行道树、护岸树，可孤植、丛植及列植。枝条柔软，树冠丰满，树形优美，是中国北方常用的庭荫树、行道树。适合于庭前、道旁、河堤、溪畔、草坪栽植，也可对植于建筑两旁。还可用作公路树、防护林及沙荒造林，用于农村四旁绿化等。

栽植技术：参阅旱柳。

50. 栾树

Koelreuteria paniculata Laxm.；无患子科栾树属

生长特性：落叶乔木，高可达 20 米。产于东北南部，经华北至西北、西南、华中到华东各地都有分布，朝鲜、日本也有分布。自然生长多在海拔 1500 米以下山地，北方集中在海拔 300～900 米，西南及江南可达海拔 2000 米。多生于阳坡、半阳坡干燥地，杂木林中混交或崖畔自成小片纯林。喜光，亦稍耐半阴，耐寒、耐旱且耐瘠薄，有抗盐碱能力。不择土壤，但忌积水。深根性，萌蘖力强，穿透力也强，可在岩石缝生长而拱起石块。抗大气烟尘及二氧化硫、氯化氢等。

城市绿化配置：栾树嫩芽紫红色，夏季金黄色花开满树，入秋果实红褐似小红灯笼挂满树梢，深秋树叶也变成红褐色或黄色，几乎全年都有观赏意义，且寿命长可达 200 年以上，又无重大病虫危害。故园林中应用颇广，庭院中可作庭荫树、行列树、行道树，植于广场遮阴，或在草地散植，尤其与合欢混植，花期红黄相映，可成美景。郊野风景名胜区中与松、柏等常绿树混植，春、夏、秋三季均可观赏。

栽植技术：栾树属深根性树种，宜多次移植以形成良好的有效根系。由于栾树树干不易长直，第一次移植时要平茬截干，并加强肥水管理。春季从基部萌蘖出枝条后，选留通直、健壮者培养成主干。第一次截干达不到要求的，第二年春季可再进行截干处理。以后每隔 3 年左右移植一次，移植时要适当剪短主根和粗侧根，以促发新根。栾树幼树生长缓慢，可适当密植。栽植前先挖定植穴。将穴内原土换为肥沃的沙壤土，于定植穴中填入有机肥作为基肥。苗木运到后先进行根系修剪，然后立即栽植。定植成活后，施肥与松土等工作结合进行，多在秋季于树冠外缘挖一条环状沟，深 30 厘米左右，施肥并覆土。

51. 荔枝

Litchi chinensis Sonn. ；无患子科荔枝属

生长特性：常绿乔木，树高 20~25 米。产于我国海南、广东、广西、云南、贵州南部、福建及台湾。荔枝喜向阳，好高温湿润气候，喜多腐殖质的酸性土，钙质土也可生长，要求土壤排水、透气及肥沃；畏寒、忌涝，稍耐阴，在温度适宜地区，能耐冬季季节性干旱，但花期要求空气湿度高或多雾天气。深根性，根系发达，有菌根共生。只要温度适宜，海拔 10 ~ 1500 米都可生长良好。萌发力强，耐一定修剪。

城市绿化配置：荔枝为常绿乔木，树形颇美，叶绿茂盛，在南方许多城市被栽种为园艺观赏植物。荔枝适应性强，可植于城区公园，也可以植于居住区等地，荔枝还是良好的引鸟植物种类。宜孤植作庭荫树，也可与喜阴花灌木配植于树坛、树丛或与其他树种混植成风景林，果能吸引鸟类，构成鸟语花香的自然景观，是一个较早应用到园林绿化中的果树品种。

栽植技术：南方地区在 3~4 月定植为宜。定植时应注意，为使回填的土壤充分与树根的泥土接触，填土固定荔枝树前应清除包扎树根的草绳。以选用沙壤土作为回土的土壤为宜，有机肥不能直接接触根系，以免影响新根的萌发，回土时要分层充分压实、灌（冲）水，不留空隙，使根系与土壤充分接触。定植时还没有长出幼嫩的新根，根系的吸收能力非常弱，为保持树体水分平衡，除经常浇水保持土壤湿润外，长出第二次新梢前，树干每天喷水 3~4 次保湿。定植成活后，一个月即可开始施肥。同时必须加强病虫害的防治，由于根系吸收能力较弱，可结合病虫害的防治增施叶面肥，促进枝梢的生长。为培养结果的树冠，2~3 年内以增加根量、促梢、壮梢为主。争取一年抽新梢 3~4 次，第二次新梢老熟后，以勤施、薄施的原则进行施肥，促进枝梢的生长。幼年荔枝树根少且浅，受表土水分变化的影响大，在土壤干旱、天气干燥的条件下，应注意淋水保湿，雨季防止定植穴积水。

52. 泡桐

Paulownia fortunei（Seem.）Hemsl.；玄参科泡桐属

生长特性：落叶乔木，树高可达 25 米。产于我国中部及南部各地。生长非常迅速，十几年树龄的泡桐要比同龄杨树直径大 1 倍，但生长时间长了，树干会出现中空。泡桐的适应性较强，一般在酸性或碱性较强的土壤中，或在较瘠薄的低山、丘陵或平原地区均能生长，但忌积水。

城市绿化配置：是良好的行道树、庭院树、风景树、防护林和经济树种等。春季先开花，花大，盛花时满树花非常壮观，花落后长出大而密的叶，是树荫效果好的庭院树。生长快，抗污染性较强，可用作工厂附近的隔离带和四旁绿化的行道树。对干旱适应性强，是黄河故道上防风固沙的优良树种。

栽植技术：通常在 2~3 月选地栽植，定植穴的直径可为 1 米，深度为 0.8 米。植株要带土球。在定植穴中放入基肥并覆土。大的植株移栽时应带土球，以利于成活。把植株放入穴中，填土然后再紧紧地踩实。定植完成后，灌定根水，定根水要充分灌透。接下来的一个月之内，每隔 8~10 天要灌一次水。泡桐生长量大，定植 5~6 年后，树冠扩大，为促进泡桐生长，要及时进行修枝和追肥。追肥一般在 4~6 月施用。施用方法是：在离树干基部外围 50 厘米处挖 30 厘米深的圆形沟，然后均匀施入肥料，复土封盖。要注意，挖沟时不要伤根，不要使肥料附着于树干或主根。

53. 臭椿

Ailanthus altissima（Mill.）Swingle；苦木科臭椿属

生长特性：落叶乔木，高可达 30 米。产于我国辽宁南部、华北及西北、华东、华中至长江流域。自然生长多在海拔 1500 米以下山地和平原。喜光树种，耐干旱瘠薄，能生于风化的岩石缝隙，根有很强穿透力，可将岩层掀开；较耐寒，能抗-25℃低温，但幼苗期有时有冻梢发生。不耐积水，水浸后根皮很易伤烂。深根性，根皮厚、肉质，须根不多，但侧根庞大、分布广，受伤后能很快愈合并萌发根蘖苗；老树枯死能萌蘖更新。适应性强，不择土壤，含盐量0.3%的盐碱土上也能正常生长；生长速度快，在平原地或土层深厚山地，年生长高度可达1米以上。抗烟尘和多种污染气体能力强；寿命一般可达100年以上。

城市绿化配置： 臭椿树大荫浓，适应性强，且少病虫危害，对空气中有害气体能吸收或排斥，故是理想的庭荫树、广场遮阴树、行道树和行列树，也可作为防护树栽植。其变形观赏性很强，华北各地多有栽培和保留天然种树，用于房前屋后遮阴，或作为街道行道树。

栽植技术： 臭椿栽植一般在春季进行，要适当深栽。按照苗木规格确定栽植穴的大小，一般大苗栽植穴直径为80~100厘米。栽植深度以超过原来土痕2~5厘米为宜。总的要求是：根伸、苗正、行直。从起苗到栽植应尽量缩短时间，防止苗木失水过多。栽植后灌一次透水。臭椿适应性强，在粗放的栽培条件下也能正常生长。浇水时掌握宁湿勿干的原则，春季及时浇灌萌芽水，切勿受旱。施肥不宜过多，每年追肥2~3次即可。

54. 青檀

Pteroceltis tatarinowii Maxim.；榆科青檀属

生长特性： 落叶乔木，高可达20米。为我国特有植物，产自辽宁南部，经河北、山西至甘肃、青海、四川、云南，沿黄河、长江两大流域各地均有分布。但因过去砍伐过度，已保存不多，少见成林。已被列为国家稀有三级保护植物。自然分布多生长于海拔500~1500米中低山区，最好生长于钙质土和石灰岩山地，在微酸性、中性土上也生长良好；耐旱、耐瘠薄，可在裸露石灰岩岩缝及碎石滩上生长，在风化花岗石堆积堆上也可成林，在山溪河滩、谷口扇形石滩也处处可见；深根性，根还可盘于巨石细裂缝生长，穿透性很强。萌芽力强，皖南宣纸产区多有矮林作业经营，每年割枝剥皮造纸。适应性强，对不良气体有较强抗性。

城市绿化配置：树形美观，树冠球形，树皮暗灰色、片状剥落，千年古树蟠龙虬枝，形态各异，秋叶金黄，季相分明，极具观赏价值。可孤植或片植于庭院、山岭、溪边，也可作为行道树成行栽植，是不可多得的园林景观树种。青檀寿命长，耐修剪，也是优良的盆景观赏树种。

栽植技术：青檀定植时间最好在 3~4 月，最迟不超过 6 月，最好选择阴雨天种植。若作城市景观林栽培，株行距不小于 4~5 米，定植穴直径 60 厘米左右，穴深 50 厘米，每穴施有机肥作基肥。将青檀带土团栽入穴内（只要保持土团完整，成活率很高），将土压实，浇足定根水。定植成活后，每年除草、浅松土，合理施肥。每年施肥 2~3 次，春、夏施用氮肥为主的复合肥，秋、冬施有机肥加过磷酸钙。

55. 白榆

Ulmus pumila L.；榆科榆属

生长特性：落叶乔木，高 25 米，胸径 1 米。产于我国东北、华北、西北、华东等地区。喜光树种，幼龄时侧枝多向阳排列成行。耐寒性强，在 -40℃ 的严寒地区也能生长。抗旱性强，在年降水量不足 200 毫米、空气相对湿度 50% 以下的荒漠地区能正常生长，但喜生长在湿润、深厚、肥沃的土壤中。耐盐碱性较强，在含盐量 0.3% 的盐土及 0.35% 的碳酸钠盐土，pH 值为 9 时尚能生长。深根性，根系发达，具有强大的主根和侧根，抗风力强，保土力强。耐瘠薄，不耐水湿，地下水位过高或排水不良的洼地常引起主根腐烂。萌芽力强，耐修剪，生长快，寿命长，可达 100 年以上。对二氧化硫、氯气、氟化氢的抗性及吸收能力强，对氯化氢的抗性和吸收能力较强，对铅蒸汽的吸收能力较强，吸附粉尘的能力强。

城市绿化配置：白榆树干挺直、枝叶稠密、绿荫浓厚、生长迅速、适应性强，宜作行道树、庭荫树、防护林及四旁绿化、工厂绿化树种，但目前应用已远较过去减少很多，可能和材质较差、叶含多量淀粉、病虫害较多有关。因其萌芽力强、耐修剪，可作绿篱，又是制作老桩盆景的好材料。

　　栽植技术：白榆幼苗栽植最好在秋季落叶后或春季芽萌动前进行，成活率高。可裸根或蘸泥浆移植。按规划打穴、施基肥，栽植后填土压实，浇透定根水。栽植第一年，主要是养根。地上部枝叶任其生长，尽量不修剪，并加强水肥管理，使枝叶繁茂，以加强光合作用，促使根系健壮生长。第二年在原地继续培养。第三年苗木已高达 1.5 米以上，胸径为 1.5 厘米左右，秋季落叶后，在距地面 5~10 厘米处将地上部的枝叶截去，只留 1 个健壮的芽任其生长，加强水肥管理。第四年原地继续培养，加强水肥管理，注意去除萌蘗及过强的侧枝，不让其影响主干的发育。第五年扩大株行距，加强水肥管理，以后常规养护。

三、灌木与藤本栽植技术

1. 夹竹桃

Nerium oleander L.；夹竹桃科夹竹桃属

　　生长特性：常绿灌木，高可达 5 米。原产于印度、巴基斯坦至伊朗。现世界各热带、亚热带地区广为栽培，我国长江流域各地均有露地栽培。喜温暖湿润气候，好阳光充足和肥沃土壤，能耐半荫，也可抗大气干旱和季节性干旱；根系发达，受到创伤后可萌蘗更新。越冬温度要求不低于 5℃。

　　城市绿化配置：夹竹桃适应性广，花期长而花艳，故为园林中最常见观赏花木，无论庭院、广场、道路、大型草坪边缘、山坡都可栽植。福建用于海防林缘栽为配景树，效果也好。其抗大气污染能力很强，可在各地污染源地区栽植。

　　栽植技术：夹竹桃繁殖以扦插繁殖为主，也可分株和压条。扦插在春季和夏季都可进行，温度控制在 20~25℃，水插、基质插均可。发生不定根时即可移栽育苗。夹竹桃小苗移植到圃地或盆栽培育，培养土以肥沃、疏松透气的土壤条件为好，在生长期间保证肥水供给，以促进生长。南方地栽，宜选择坡地，挖大穴、施基肥、栽带土球大苗，栽后及时浇水，生长期及时进行浇水施肥，当年即能成形开花，花后及时修剪，促成冠形的扩大。生长季是夹竹桃生长旺盛和开花时期，需水量大，每天除早晚各浇一次水外，如见盆土过干，应再增加一次喷水，以防嫩枝萎蔫。9月以后要少浇水，并通过修剪抑制枝条生长，促使枝条老熟，增加养分积累，以利于安全越冬。

2. 鸡蛋花

Plumeria rubra L. var. *acutifolia*（Poir.）Bailey；夹竹桃科鸡蛋花属

生长特性：落叶小乔木，高3~6米，常成灌木状生长。原产中南美洲热带地区，分布于墨西哥至委内瑞拉。在高温高湿、阳光充足、排水良好的环境生长良好，耐旱、畏冷，忌涝渍，喜酸性土壤，但也抗碱性。栽培以深厚肥沃、通透性良好、富含有机质的酸性沙壤土为宜。适生温度为23~30℃，夏季能耐40℃的极端高温，不耐低温。在温带栽培冬季易落叶，在我国南方既可地栽，也可盆栽，长江流域及其以北只能盆栽。

城市绿化配置：鸡蛋花夏季开花，清香优雅；落叶后，光秃的树干弯曲自然，树形优美，适合在庭院、草地中栽植，也可盆栽。花白色黄心，具芳香，叶大、深绿色，树冠美观，常盆栽用于观赏。

栽植技术：鸡蛋花很少结果，采用扦插繁殖育苗。一般宜在5月中下旬，从分枝的基部剪取枝条长20~30厘米，放在阴凉通风处2~3天，待剪口处白色乳汁流出，伤口结一层保护膜再扦插，湿伤口、带乳汁扦插易腐烂。插入干净的蛭石、沙床或浅沙盆，然后喷水，置于室内或荫棚下，隔天喷水一次，使基质保持湿润、透气，扦插后15~20天移至半阴处，使之见弱光，30~35天生根。扦插小苗生根成活后，要及时移栽在口径20厘米的盆中。鸡蛋花宜种植在含腐殖质较多的疏松土壤中，种好后放于室内，1周后见弱光，再经半月可放在阳光充足处。鸡蛋花生长迅速，需每年春天换盆1次，一般换入口径30厘米的花盆中，盆土可按园土4份、马粪土4份和河沙2份混合调制，每盆加放100克饼肥或酱渣，50克过磷酸钙或骨粉。换盆后浇透水，谷雨前后移至室外向阳处。鸡蛋花喜温暖、湿润、阳光充足的生长环境，耐干旱，在南方露地种植，宜种植在含腐殖质较多的疏松土壤中，多选择沙性土壤，配施有机肥；生长期应每月施追肥1~2次，花前应施以磷为主的薄肥1~2次以促进开花。如肥不足，则开花少或不开花。浇水防旱，尤其在盛夏要求浇足水防旱，但忌涝，防止过湿，否则根易腐烂。雨季要防止积水，以防烂根；冬季休眠切忌湿度过大，否则易烂根。南方绿地栽植时，气温低于8℃或通风不良，会掉叶，但只要保持5℃以上，就不会冻死，翌春会发芽长叶。

3. 枸骨

Ilex cornuta Lindl.；冬青科冬青属

生长特性：常绿灌木状小乔木，高约3米。产于我国长江中下游各地，现各地园林多有栽培。喜光，但也耐阴，喜温暖气候及肥沃、湿润而排水良好的微酸性土，耐寒性强。萌芽力强，耐修剪，生长缓慢。对二氧化硫、氯气的抗性强，较适应城市环境。

城市绿化配置：枸骨四季常青，叶色青翠具光泽，叶形奇特，秋季红果挂满树梢，经久不凋，具有诱人的魅力，为园林绿化中具有观赏价值的树种。可孤植于花坛、树坛中，也可对植于路口、前庭或丛植于草坪边缘，和欧式建筑相配更为相宜，也可配植于岩石园中，还是绿篱和四旁绿化的树种。为蜜源树种，花粉、花蜜均较丰富，散植、丛植于绿地或林缘，可诱引病虫害天敌。

栽植技术：枸骨常采用扦插法和播种法繁殖。扦插一般在梅雨季节进行，硬枝、半成熟枝扦插均可，在生长健壮的树体上剪取粗壮、长10~12厘米的枝段作插穗，留上部叶片2~3枚，每片叶剪去一半。扦插后置于半阴、20~25℃的温度和较高空气相对湿度的条件下，经40多天可发根。如用生根粉处理，可缩短生根的时间。由于枸骨种子的种皮坚硬，种子要后熟3个月才能发芽，用低温湿沙层积贮藏，至翌年春季3~4月播种，能提高出苗率。发芽适宜温度为18~22℃。枸骨喜欢阳光充足、气候温暖及排水良好的酸性肥沃土壤，耐寒性较差，在南方绿地栽植时，宜作基础种植，也可孤植于花坛中心，或植于庭园、路口，只要按其习性选择合适的栽培地点，不需要精细管理也能生长良好。挖定植穴时施些基肥，会生长更好。因枸骨须根少，在移栽时，多采用带土球移栽。若裸根栽植，为保证成活，须采取重修剪，剪去一部分枝叶，以保持树体的水分平衡。

4. 常春藤

Hedera helix L.；五加科常春藤属

生长特性：常绿藤本，原种产于欧洲、亚洲西部和北非。分布广泛，北自甘肃东南部、陕西南部、河南、山东，南至广东、江西、福建，西自西藏波密，东至江苏、浙江的广大区域内均有生长，越南也有分布。阴性藤本植物，亦能在全光照的环境中生长，喜温暖湿润气候，不耐寒。对土壤要求不严，在湿润、疏松、肥沃的土壤中生长良好，不耐盐碱。

城市绿化配置：常春藤叶形美丽，四季常青，在南方各地常作垂直绿化树种使用。多栽植于假山旁、墙根，让其自然附着垂直或覆盖生长，起到装饰美化环境的效果。还有增氧、降温、减尘、减少噪声等作用，是藤本类绿化植物中用得较多的材料之一。常攀缘于林缘树木、林下路旁、岩石和房屋墙壁上，庭院也常有栽培。

栽植技术：常春藤可采用播种法、扦插法、分株法和压条法多种方法进行繁殖。但由于扦插法具有保持品种性状、枝量多、繁殖系数高、繁殖期长的特点，且使用方便，因此多采用此法。扦插适宜时期是生长季节，采用生长旺盛、具有气生根的半成熟枝条作插穗，其上要有一个至数个节，插后要遮阴、保湿、增加空气湿度，3~4周即可生根。匍匐于地的枝条可在节处生根并扎入土壤。常春藤绿地种植可作地被植物或攀缘植物，在南方多地栽于园林的庇荫处，令其自然匍匐在地面上或者假山上。常春藤对光照、土壤和水分的要求不严，以中性和微酸性土为最好，但需栽植在土壤湿润、空气流通之处。为了植株生长旺盛，加施一些底肥。盆栽通常选用腐叶土、园土和沙混合而成的培养土。移植可在初秋或晚春进行，定植后需加以修剪，以促进分枝。在栽植养护期中，为促进植株生长，生长期每月要施 2~3 次稀薄的有机液肥。对生长已成形的盆株，可减少施肥。冬季则停止施肥。常春藤喜温暖多湿的环境，在生长期要保证供水，经常保持土壤湿润，防止完全干燥。若水分不足，会引起落叶。在空气干燥的情况下，应经常向叶面和周围地面喷水，以提高空气湿度。新栽的植株，待春季萌芽后应进行摘心，促进分枝。

5. 紫叶小檗

Berberis thunbergii 'Atropurpurea' Nana；小檗科小檗属

生长特性： 落叶灌木，枝丛生。适应性强，喜凉爽湿润环境，耐寒、不耐高温，耐旱、不耐水涝，喜光，但亦耐阴，耐修剪，对各种土壤都能适应，更适宜在肥沃、深厚、排水良好的土壤中生长。原产于日本，我国浙江、安徽、江苏、河南、河北等地均有分布。中国各省（自治区、直辖市）广泛栽培。

城市绿化配置： 紫叶小檗春季开小黄花，入秋则叶色变红，果熟后亦红艳美丽，是良好的观果、观叶和刺篱材料。城市绿化常与常绿树种作块面色彩布置花坛、花镜，效果较佳，是园林绿化中色块组合的重要树种，可用作花篱或在园路角隅丛植，点缀于池畔、岩石间，也用于大型花坛镶边或剪成球形对称状配植。

栽植技术： 紫叶小檗繁殖主要采用扦插法、播种法。扦插法：可在 6~8 月选当年生芽眼饱满的半硬枝条，剪成长 10~12 厘米的插穗，插入土中 1/2，需搭棚遮阴或全光照喷雾。播种法：每年 10 月下旬采种，洗净果肉，放于通风干燥处晾干，立即秋播或低温沙藏处理至翌年 3 月下旬播种，春季可以盆播，也可以做苗床开沟条播，20 天即可出苗，而秋播以露地苗床播种为主。紫叶小檗在绿地种植以光照充足、肥沃深厚、排水良好的沙壤土中种植生长更佳。移栽可在春季或秋季进行，裸根或带土坨均可，采用土球苗栽种有利苗木成活，尽快达到观赏效果，种后及时浇水。盆栽植株在盛夏季节宜放在半阴处养护，其他季节应让它多接受光照。

6. 南天竹

Nandina domestica Thunb.；小檗科南天竹属

生长特性：常绿直立灌木，干丛生，高 2 米，少分枝。产于我国，广泛分布于长江中下游各地，日本及朝鲜也有分布。喜温暖湿润气候，好生长于半阴钙质土，要求通风好、土壤疏松及排水好。在强光下叶色发红，花期暴晒多则不授粉结实。土壤过于干燥则生长不良，也难孕花。

城市绿化配置：南天竹为优良观赏植物，可观四季青翠之叶、白色秀丽之花和冬季艳红之果。黄河以南大都可以种植，在林荫道大树下、庭院门旁、窗前、山石、墙隅或树丛等半阴下种植。元旦、春节期间剪下果枝与蜡梅、银柳配成切花插瓶，可添喜庆气氛。

栽植技术：南天竹繁殖多采用播种和扦插繁殖。播种：可于果实成熟时随采随播，也可春播。在整好的苗床上，按行距 33 厘米开沟，深约 10 厘米，均匀撒种，每公顷播种量为 90~120 千克。播后，盖草木灰及细土，压紧。幼苗生长较慢，经常中耕除草、浇水、追肥，培育 3 年后可出圃定植。扦插：应选取 1~2 年生健壮茎干剪成插穗，每插穗长 15~20 厘米长，每插穗具有 3~4 节，插穗上端剪成平口，与芽距离 1 厘米以上，插穗下端剪成斜口；去除下端叶片，保留上端少量叶片。扦插前可用使用生根粉浸蘸插穗基部。保持基质与空气湿度，35~45 天后生根。南天竹栽植的土壤要求肥沃、排水良好的沙质壤土。栽前整成 120~150 厘米宽的低床或高床。移栽宜在春天雨后进行。株行距各为 100 厘米。栽后第一年内及时浇水，保证成活。春、夏、秋三季各中耕除草、追肥 1 次。以后每年浇水、中耕除草随绿化安排，只在春季或冬季追肥 1 次。

7. 凌霄

Campsis grandiflora（Thunb.）Loisel ex K. Schum.；紫葳科凌霄花属

生长特性：落叶藤本，靠气生吸根依附它物攀缘升高，高可达 8~10 米。产于我国长江流域各地，日本亦有分布。喜光，也耐半阴，靠吸根吸附它物上升，若无吸附物则匍地延长生长，寻找吸附物并着地入土成吸收根。好湿润、温暖气候，耐旱、耐寒，但在北京空旷地种植，在寒、旱交加的情况下，幼苗越冬困难，至少保护 3 年，主干才可安全越冬，而嫩梢多枯干。但避风处则毫无伤害，且有百年老株。忌水淹，萌发力强，耐修剪；不择土壤，但要求排水、透气性好、肥沃、深厚土层。

城市绿化配置：凌霄靠吸根攀缘，高可达 8 ~ 10 米，稍加管理即可分列有序、布满墙垣，入夏开花，碧叶绛花，给人以凉爽而欣慰之感。种于栅栏、篱垣之侧，攀满之后，外视可显主人隐退优居之雅；内观颇觉隔尘远俗气概。若植于花园门口，以竹、木或铁制成简易大门，任其攀缘，届时绿叶、红花形成花门，极显高雅。棚架种植，既可遮阴乘凉，又可静赏花、叶。中庭孤植，立一根支柱，略加盘扎，可赏古雅姿态。植于山石，可使之有生气。

栽植技术：扦插可在春季或雨季进行，春天将上一年的新枝剪下，直接插入地边，即可生根成活。夏季截取较坚实粗壮的枝条，扦插于沙床，保持较高空气相对湿度，20 天即可生根。或在生长季将粗壮的藤蔓压到地表，分段用土堆埋，露出芽头，保持土湿润，约 50 天即可生根，生根后剪下移栽。分根宜在早春进行，即将母株附近由根芽生出的小苗挖出栽种。凌霄适应性较强，不择土，枝丫间有气生根，以此攀缘于山石、墙面或树干向上生长，多植于墙根、树旁、竹篱边。绿地种植时，给凌霄选择好攀缘物体，挖坑、整地、施肥，将成苗栽植，早期管理注意浇水、施肥，萌出新枝只保留上部 3~5 个，下部的全部剪去，使其成伞形，控制水肥，经一年即可成形。每年发芽前，适当疏剪去掉枯枝、细弱枝、下垂枝和过密枝，使保留枝条健壮、树形合理，利于生长、开花。花前施一些复合肥，适当灌溉，使植株生长旺盛、开花茂密。翌年夏季现蕾后及时疏花，并施一次液肥，则花大而鲜丽。

8. 炮仗花

Pyrostegia venusta（Ker-Gawl.）Miers；紫葳科炮仗花属

生长特性：常绿藤本。产于中、南美洲热带地区。现热带及亚热带温暖无霜地区多有栽培，我国东南及华南、西南温暖地区均有栽培。喜光，稍耐半阴，好温暖湿润气候；生长势旺，要求土壤深厚肥沃；不耐低温，畏寒惧霜。耐修剪，萌发力强，也有根蘖。

城市绿化配置：炮仗花生长旺盛，开花繁密，花期正值新年，花色橙黄至橙红，串串下垂，盛时几乎不见叶，给人带来喜庆感。是极好的垂直绿化树种，不管花架、花棚、花门或墙垣、栅栏，只要有一定供卷须攀附条件，都可攀附向上升，建筑物墙体、大型山石稍添攀附条件即可。炮仗花可用于顶面及周围的绿化，也宜地植作花墙，覆盖土坡、石山，或用于高层建筑的阳台用于垂直或铺地绿化，还可用大盆栽植，置于花棚、花架、茶座、露天餐厅、庭院门首等处。

栽植技术：炮仗花开花后少有结实，常用扦插和压条法育苗。扦插于 3 月中下旬进行，老茎扦插是快速成形的好办法。选择 1 年生的粗壮枝条作插穗，插入湿沙床内保湿、保温，扦插后约 25 天发根，成活率可达 70%。扦插后约 1 个半月，可移入圃地培育，也可出圃定植，翌年可开花，第三年可绿化成景。压条可全年进行，春、夏为佳，以夏季为最宜。主要是利用落地的藤蔓，在叶腋处伤皮压土。20~30 天可发根，1 个半月左右剪下成新株，当年即可开花。栽培应选阳光充足、通风凉爽的地点。炮仗花对土壤要求不严，绿地栽培在富含有机质、排水良好、土层深厚的肥沃的酸性沙壤土为好。栽植穴要挖大一些，培养土要选用腐叶土、园土、山泥等为主，并施入适量经腐熟的堆肥、豆饼、骨粉等有机肥作基肥。穴土要混拌均匀，并需浇 1 次透水，让其发酵 1~2 个月后，才能定植。定植后第一次浇水要透，并需遮阴。要保持土壤湿润，浇水次数应视土壤湿润状况而定，夏季气温高，浇水要充足，同时要向花盆附近地面上洒水，以提高空气湿度。秋季开始进入花芽分化期，此时浇水需适当少些，以便控制营养生长，促使花芽分化。

9. 黄杨

Buxus sinica (Rehd. et Wils.) Cheng ex M. Cheng；黄杨科黄杨属

生长特性：常绿灌木或小乔木。产于我国长江流域中下游，自秦岭往南多有分布，在秦岭南坡的佛坪、宁陕间海拔 800~1200 米曾有小片纯林多处，均长成 8 米上下乔木。喜温暖和湿润气候，但亦较耐寒和干旱。自然生长多在稀疏林下或林缘，或溪边、崖下，常能成小片群落。生长地土层肥沃，富含枯枝落叶形成的腐殖质。根浅，侧根及须根发达。生长缓慢，但耐修剪，砍伐后萌蘖力较强。微酸性、中性及钙质土都能适应，但忌土壤积水和不透气的黏重土。对多种污染气体的抗性较强。

城市绿化配置：黄杨四季常绿，分枝较密而又耐荫蔽，很耐修剪而萌发性好，是园林中用作绿篱及修剪整形栽植的上好树种；也可用于大型花坛镶边，还可以作为乔木植为树群；或与秋季叶色发红或变黄的鸡爪槭、茶条槭、青檀等混植，构成红、黄、绿相交的秋景树；或者与早春开花的迎春花、连翘、紫荆相伴或作背景栽植，以衬托春花之艳丽。

栽植技术：黄杨可播种、扦插繁殖。黄杨播种繁殖，9 月上中旬播种，在沙质土地做床，土壤要用 0.1% 辛硫磷或五氯硝基苯进行消毒。种子先用清水浸泡 30 小时，在床面开沟，深度 3 厘米，然后将种子均匀撒入沟内，并轻踩 1 遍让种子与土壤结合，用木板把床面刮平，再用稻草覆盖苗床，厚度 3 厘米。用喷壶浇 1 次透水，以后每周往稻草上浇 2~3 次透水，浇到 10 月中旬种子生根为止。翌年 4 月为尽快提高地温，应分 2 次进行撤草。及时除草，发生病虫害及时防治。春季起出移植。扦插繁殖于 4 月中旬和 6 月下旬随剪条随扦插。扦插深度为 3~4 厘米，插前灌足底水，插后浇封闭水，在畦面上做拱棚保湿、保温，浇透水，温度保持在 20~30℃，若温度过高要遮阴，相对湿度保持在 75%~85%。黄杨对土壤要求不严格，绿化地的沙土、壤土都能种植，但最好是疏松肥沃沙质壤土，耐碱性较强，绿地种植多以绿篱、色带和树球为景。绿篱种植与色带种植相同，先精心整地，施有机肥，挖沟宽度 25~30 厘米，深 30 厘米，根据冠幅大小确定栽植株距，覆土踩实，两侧做堰，水要浇透。然后再进行整形修剪。当年要经常进行浇水，以促进生长。湿润、荫蔽下长势良好，枝繁叶茂。

10. 蜡梅

Chimonanthus praecox（L.）Link.；蜡梅科蜡梅属

生长特性： 落叶或半常绿灌木，有时可高 5 米呈小乔木状。产于我国中西部地区，主要分布于湖北、四川、重庆及陕西西南部，现湖北神农架、保康仍有较大面积野生纯林，沿三峡两岸随处可见散生植株。喜光，亦耐半阴，抗旱、耐寒，忌积水、洪涝。对土壤要求不严格，各种土均可生存，但过于黏重和盐碱土上不宜生长。生长势和发枝力强。

城市绿化配置： 蜡梅可片状栽植，形成蜡梅花林；可在建筑正面门口、两侧以及中心花坛处以蜡梅作主景，配以南天竹或其他常绿花卉，构成黄花红果相映成趣、风韵别致的景观；也可与鸡爪枫、黄杨、月季等树种混栽，构成不同层次及不同物种的灌木、乔木混合配置。还可用于漏窗透景或与岩石、假山配置。

栽植技术： 蜡梅繁殖方式常用播种、分株、压条和嫁接繁殖。播种繁殖：6 月采种，随采随播。播前浸种催芽 24 小时，以保证苗齐、发芽早。10 天发芽，当年生苗高 10～20 厘米，一般实生苗 3～4 年始开花。实生苗品质无法保证，多作嫁接的砧木。分株繁殖：落叶后至萌芽前进行，在母株根部剪取有根小苗，另行栽植。秋季施 1 次薄肥，培养 2 年可开花。压条繁殖：春季根部环剥后堆土压条，也可在梅雨季节（6 月下旬到 7 月中旬）高空压条。嫁接繁殖：用红心蜡梅实生苗或分株苗作砧木，采用切接、靠接或芽接，其中采用最多的是切接。蜡梅一般是在秋季落叶之后、春季发芽之前种植最容易成活，蜡梅小苗可以裸根蘸泥浆或带宿土种植，大树必须带完整的土球起苗种植。秋、冬落叶后至春季萌芽前移栽植株，冬季因刮风影响开花，北方地区绿地种植要选择背风向阳的环境。蜡梅切忌水湿，忌黏土和盐碱土，种植地需干燥，蜡梅对土壤肥力要求不严，但好肥，栽植时以排水良好的中性或酸性沙质的肥沃土壤为好，适当施一些有机肥。栽后及时进行修剪，以调整水分平衡和营养供给，促进萌发壮条。

11. 糯米条

Abelia chinensis R. Br.；忍冬科六道木属

生长特性：落叶灌木，高 3～4 米。产于我国长江流域及以南各地。多生长于海拔 1500 米以下空旷地、溪流河谷岸边或稀疏林下，海拔 400～1200 米处较常见。阳性但耐半阴、耐干旱而喜湿润，不拘任何土壤，但忌黏土及积水处。抗寒性强，在北京种植仅苗期有少量枯梢，3～4 年后完全适应。

城市绿化配置：糯米条落叶很晚，立冬后在北方陆续落叶，其花自 7 月陆续开至立冬仍有花蕾。花穗大而花密集，且具香气，早开之花落后，宿存的萼片呈粉红亦可赏，树姿紧密具观赏价值，开花时期正值少花时节，实为不可多得的园林观赏树种。无论在庭院角隅、路旁、山石前后，或园林中植作花篱，或草坪一角丛植、筑台专植、门前对植等，皆可收获观赏之效。此外，也可剪截花枝配大型花作切花插瓶，增添香气。

栽植技术：糯米条多采用播种、扦插方法繁殖苗木。种子于秋季成熟后采摘，进行沙藏，翌年春季播种，播后 30～40 天出苗，培育 1 年即可出圃。扦插可于春季用硬枝，将枝条剪成 10～15 厘米长的插条，插于沙床上，保持湿度，待生出根系即移入苗床。夏季可采嫩枝，保留上部一对叶片，插于全光雾插床中，保持空气湿度，1 个月左右即生根。糯米条喜光，耐寒能力差，较耐阴，怕强光暴晒，喜温暖、湿润气候，有一定的耐旱、耐贫瘠能力。对土壤要求不严，酸性、中性土壤均能生长，但以肥沃的沙质壤土为宜，挖穴时宜配合施一些有机肥。移植苗木可在秋末后或春初进行，为保持苗木生长旺盛，应对移植苗适当进行修剪，集中营养促进发壮枝。每个生长季增施两次追肥，春季施肥一次，初夏开花前追施一次磷、钾肥。干旱季节应及时灌水保持土壤湿润。冬季休眠期针对树势进行树形调整修剪，以保持树形和枝条的更新。

12. 猬实

Kolkwitzia amabilis Geaebn.；忍冬科猬实属

生长特性：落叶灌木，高 4 米。产于我国，分布于太行山南段、中条山、秦岭、巴山、伏牛山、巫山至神农架、桐柏山、大别山等山地，能自成群落，阳坡及阴坡均见。生长于海拔 600~1200 米的林下空地及林缘，在采伐迹地上成为主要灌丛优势种。根系壮，适应性强，呼和浩特引种生长良好。耐寒、抗旱，要求排水良好土壤，盐碱地及黏土不适应。

城市绿化配置： 猬实适应性强，花密色妍，开花时正值初夏，已是春季百花凋谢之时，满树粉红，十分可爱。园林中植作花篱，或草坪丛植、庭院内堂前孤植、门前对栽，或墙隅、粉墙前，单丛、群丛植之皆可；园路转角、岔口、假山石旁、山坡、池畔、桥头等处，无处不宜，并均可增初夏景观。

栽植技术： 猬实可采用播种、扦插繁殖。播种繁殖：冬季取出种子，用浓度为 20% 的代森锌溶液消毒后，种子和沙以 1：3 的比例拌匀，在背风向阳处挖深 60~80 厘米的坑，将拌匀的种沙放入坑内进行催芽，并注意通风。育苗地选在地势平坦、排水良好、土壤疏松、肥力中等的地块，整地要细致、深翻、把平、除草，并用 5% 辛硫磷颗粒剂进行土壤消毒，施足肥，苗床长 3~5 米，宽 1.2 米，高 20~30 厘米，灌足底水。在 3 月下旬至 4 月上旬，待种子有 30% 开裂时，即可播种。将种沙均匀撒播于苗床上，覆细土。播种后用塑料薄膜覆盖苗床，2~3 周即能出苗。5 月苗基本出齐，此时撤膜，并注意中耕除草、浇水、施肥，种子出苗率可达 85% 以上。第二年，小苗即可移植。扦插繁殖：可在春季选取粗壮休眠枝，或在 6~7 月间用半木质化嫩枝，露地苗床扦插，容易生根成活。栽植前施足基肥，生长期施氮肥，加强肥水管理，可促进发枝，使植株成形。猬实在北方地区花期为 5 月上中旬，花量大，休眠期施有机肥，开花前追施磷、钾肥，可促进开花，补充肥力。雨季要注意排水，积水会引起根部腐烂。

13. 金银花

Lonicera japonica Thunb.；忍冬科忍冬属

生长特性： 常绿、半常绿缠绕性藤本，长可达 10 米。产于我国，分布北起辽宁、河北、山西、甘肃，南至浙江、江西、湖南至西藏东部；日本、朝鲜半岛亦有分布。自然生长多在海拔 400~1200 米山地，常见生长于溪谷河岸、湿润山坡、疏林下及灌丛中。树体强健，根系发达，枝蔓匍地遇湿即能生出不定根，并可再从根际萌生新枝蔓。喜光、耐阴、好湿、抗旱但忌水涝；不择土壤，碱土上也能生长良好。

城市绿化配置：金银花花色黄白交替而花形奇特，且大部分地区都能常绿生长，华北地区避风处也能有 300 天以上绿色，故称"忍冬"，花芳香宜人。园林中设棚架栽培、山石攀缘，或篱障处、透孔墙下栽培，既可加绿，又可赏花。在地埂、土坝上栽植还可覆盖地面减少风蚀，且能保持水土减低径流护埂保坝。

栽植技术：金银花的繁殖采用种子繁殖或扦插繁殖。种子繁殖小苗生长缓慢，生产中多不采用。扦插法简单易行，容易成活，生产上使用得最多，一年四季除严冬外均可进行。选肥沃、湿润、灌溉方便的沙壤土，以土杂肥作基肥，翻耕、整平、耙细做苗床。按行距 25~30 厘米开沟，沟深 15~20 厘米，将截好的插条均匀地排列在沟中，插条之间有空隙即可。填土踏实，地上露出 5 厘米左右，立即浇透水，若气温在 20℃以上，保持土壤湿润，半个月左右即能生根发芽。秋、冬季育的苗，因处于休眠期，年前不生根，但也不能缺水，否则会干枯致死。扦插育苗者在其生出粗壮的不定根后，即可移栽育苗。金银花移栽应选在春季 3 月上中旬、秋季 8 月上旬至 10 月上旬。按株行距 0.75 米×0.75 米开穴，穴内施些腐熟的有机肥，2 年左右大苗每穴 1~3 株分散植于穴内，按半月形栽种，填土、压实、浇水。栽植后的 1~2 年内，是金银花植株发育定型期，多施一些人畜粪、草木灰、尿素、硫酸钾等肥料。栽植 2~3 年后，每年春初，应多施畜杂肥、厩肥、饼肥、过磷酸钙等肥料。第一茬花采收后即应追适量氮、磷、钾复合肥料，为下茬花提供充足的养分。秋、冬季剪枝后追施一次速效氮肥，浇一次水，促使下茬花早发。

14. 金银木

Lonicera maackii (Rupr.) Maxim.；忍冬科忍冬属

生长特性：落叶灌木或小乔木，高可达 6 米。产于我国，分布极广，长江流域及以北地区除荒漠外，几乎都有生长。俄罗斯的西伯利亚，朝鲜半岛及日本亦有分布。适应性极强，喜光，亦耐阴，好湿润，亦耐旱，耐寒又抗高温，寿命长且病虫害少，萌发力强并耐修剪。天然生长多在林下，但亦见于平坦河滩灌丛中处优势上层，生长地海拔可从海平面到2500米；在-45℃低温和42℃高温持续3天，均未见冻害和灼伤；对土壤适应能力极强，除强酸性、强碱性和含盐量超过0.3%的盐碱土外，都能生存，在黏重土和纯沙地上生长差。根系发达，固土能力强，并有根萌蘖力。

城市绿化配置：金银木枝叶丰满，初夏花香，秋、冬红果缀于枝端，经冬不凋，春季发芽始干缩落地，不论旷地或阴处皆可适应，实为园林中较好的观赏树木。植于庭院、广场、道路、建筑物四周，皆可发挥其观赏作用。尤其北方，冬季萧瑟，有金银木红果衬于松柏之间，会感喜庆；多雪地区雪下露出红果，更是赏心悦目。切枝配以蜡梅插花瓶中供室内欣赏，亦为佳品。

栽植技术：金银木繁殖容易，多以播种、扦插获苗。播种繁殖：秋季种子成熟后采集，处理得纯净种子，阴干，干藏至翌年1月中下旬，取出种子催芽。先用温水浸种3小时，捞出拌入湿沙中，增温催芽，经常翻动，补水保温。种子萌动即可播种。在苗床开沟条播，行距20~25厘米，沟深2~3厘米，播种量为每10平方米50克，覆土约1厘米，盖农膜保墒增地温。播后20~30天可出苗，及时间苗。苗高4~5厘米时定苗，苗距10~15厘米。及时浇水、中耕除草，当年苗可达40厘米以上。扦插繁殖：10~11月取当年生壮枝，剪成长10厘米左右的插条，插前用生根粉溶液处理10~12小时。扦插密度为5厘米×10厘米，插深为3/4，插后浇一次透水，用小拱棚或阳畦保湿、保温。一般封冻前能生根，翌年3~4月萌芽抽枝。当年苗高达50厘米以上。繁殖后第二年春天，及时移苗扩大株行距，可按40厘米×50厘米株行距栽植。每年追肥3~4次，经2年培育即可出圃。金银木喜光，亦耐阴，所以不仅可以种植在向阳处，建筑物北侧、疏林下等庇荫处也可种植。金银木以在深厚肥沃土壤中生长最为旺盛，稍耐旱，但在微潮偏干的土壤环境中生长良好，在阳光充足地方种植有利于花繁果艳。春季绿地栽植，挖穴施入有机肥作底肥，采用裸根移栽即可，地上部适当疏枝短截，有利于成活。栽后及时浇透水，生长期结合绿地浇水保证栽植成活。

15. 锦带花

Weigela florida (Bunge) A. DC.；忍冬科锦带花属

生长特性：锦带花属落叶灌木，高达 1 ~ 3 米。分布于我国黑龙江、吉林、辽宁、内蒙古、山西、陕西、河南、山东北部、江苏北部等地。生于海拔 800 ~ 1200 米湿润沟谷、阴或半阴处，喜光，耐阴，耐寒；对土壤要求不严，能耐瘠薄土壤，但以深厚、湿润而腐殖质丰富的土壤生长最好，怕水涝。萌芽力强，生长迅速。

城市绿化配置：锦带花的花期正值春花凋零、夏花不多之际，花色艳丽而繁多，花期可长达两个多月。适宜庭院墙隅、湖畔群植，也可在树丛林缘作篱笆、丛植，还可点缀于假山、坡地。锦带花对氯化氢抗性强，是良好的抗污染树种。花枝可供瓶插。

栽植技术：锦带花的繁殖可用扦插、压条、分株、播种等方法。扦插繁殖，3 月或梅雨季节可用硬枝扦插或嫩枝扦插，将插穗截成 15 厘米长，扦插于经过消毒且有荫棚的苗床中，或落叶后取 1 年生枝条露地扦插，均易成活。压条全年都可进行，选下部枝条下压土中。待节处生根成活即可截取成新植株。分株多在春季萌动前后结合移栽进行，将整株挖出，分成数丛，另行栽种即可。播种繁殖生长期较长，一般少量繁殖不采用此法。绿地种植，宜光照充足，选择肥沃、深厚、湿润而腐殖质丰富的土壤最好。每年春季栽植，夏季也可栽植容器苗。根据苗木大小挖穴，并施有机肥作底肥，将苗木栽上踩实后做好灌水堰，按绿地管理进行浇灌。

16. 四照花

Dendrobenthamia japonica (A. P. DC.) Fang var. *chinensis* (Osborn) Fang；山茱萸科四照花属

生长特性：落叶乔木，高达 8 米。产于山西中条山，河南太行山、伏牛山，陕西秦岭，甘肃小陇山以南至长江流域各地。多生长于海拔800~2000 米山地，喜生长于湿润溪谷或平缓坡地杂木林中，好半阴，忌暴晒。耐干旱，但若高温、干旱则生长不良。

城市绿化配置：四照花为著名观赏树木，初夏开花，白色总苞片耀眼，入秋红果缀枝可爱，深秋叶色变红。园林中可在庭院、角隅半阴处种植，稀疏林间、池旁、亭侧阴处也可种植。若与青檀、榔榆、木瓜等相混植，则可收获不同季节的多种景色。配植山石也很好。

栽植技术：四照花繁殖常用种子繁殖、分蘖法和扦插法。播种繁殖，种子收获后低温层积 120 天以上催芽。春季，沙藏种子硬壳开始裂口即可播种，播后 1 个月发芽。苗期需加强田间管理，注意及时浇水、松土、除草和施肥，以利于根系生长。至 3 年生即可用于定植，约 8 年生可开花。分蘖繁殖，休眠期将植株下的小植株分蘖移栽定植即可。扦插繁殖于生长季节进行。3~4 月选取硬枝，剪取 5~6 厘米长，插于纯沙或沙质土壤中，盖上遮阴网，保持湿度，50 天左右可生根。四照花喜温暖气候和阴湿环境，适生于肥沃而排水良好的土壤。适应性强，能耐一定程度的寒冷、干旱、瘠薄。绿地栽植应选半阴或具西侧遮阴条件，以防日灼叶焦。依苗大小挖穴，施有机肥促进生长，小苗裸根蘸泥浆栽植，大规格苗木可起土球栽植，以保证栽植成活。植后立支柱，及时浇水，养护一年。每年在开花、发芽、结果前按树木大小进行松土、追肥和浇水。每年定期施肥 3~4 次，浇水 5~6 次，这样有利于生长良好、开花时间长、花大而艳丽。

17. 红瑞木

Cornus alba Opiz；山茱萸科梾木属

生长特性：落叶灌木，高 2~3 米。产于我国东北、华北及华东和西北各地，多生长于海拔 800~2000 米山地，常长在山谷溪流、河滩阔叶林或针阔叶混交林间，也见于林缘及灌丛中。喜光，亦耐半阴，喜湿润环境和肥沃土壤，抗寒、耐旱，生活力强，适应性广。在干旱、寒冷地区栽培，常因蒸发量大，造成植株生理失水，时有枯萎现象发生，因而应植于避风或半阴处为好。

城市绿化配置：红瑞木初夏白花成簇，初秋白果晶莹，深秋红叶娇艳，而入冬落叶后枝干红色耀目，雪后银色大地红枝伸展，艳丽景色最难忘却，若再与棣棠、迎春花等绿干灌木相配，就更添一番情趣。园林中可植于河旁、池畔、常绿树前或疏林下，或在草坪一隅丛植，或行列栽植于建筑物四周，或植成绿篱；也可在山石旁与迎春花、棣棠相配，构成景观。

栽植技术：红瑞木用播种、扦插和压条法繁殖。播种时，种子应沙藏后春播。压条可在 5 月进行，将枝条环割后埋入土中，生根后在翌春与母株割离分栽。扦插应在秋末进行，剪取 1~2 年生健壮枝条作插穗，冬季沙藏，至翌年 3 月下旬插入土中，生根后，每月施薄液肥一次。红瑞木喜光，耐半阴。绿地种植应选光照充足、排水良好、土壤深厚肥沃的坡地。秋末、春初芽萌动前移植均可。红瑞木定植不宜过密，以利于通风、透光。小苗可裸根移植，大苗移植需带土球，栽前要重剪，每穴应施腐熟堆肥 10~15 千克作底肥，连灌 3 次透水，以后生长季节注意浇水，春季萌动后，要逐步增加浇水量，经常保持土壤湿润。夏季高温干旱易使叶片发黄干缩和枝枯，要保持充足水分并喷水降温或移至半阴、湿润处养护。每月要浇 1~2 次透水，以满足生长需求。浇水时尽量不沾湿叶片，最好在晴天上午进行为宜。及时松土、除草。植后的前 3 年，每年冬季或春季萌芽前在根部穴施一定量的有机肥，也可酌情施一定量的复合化肥。早春萌芽应进行更新修剪，将上年生枝条短截，促其萌发新枝，保持枝条红艳。

18. 迎红杜鹃

Rhododendron mucronulatum Turcz.；杜鹃科杜鹃花属

生长特性：落叶灌木，高 1~2 米，分枝多。产于内蒙古、辽宁、河北、山东、江苏北部。生于山地灌丛。蒙古、日本、朝鲜、俄罗斯也有分布。

城市绿化配置：最宜在林缘、溪边、池畔及岩石旁成丛、成片栽植，也可于疏林下散植，是花篱的良好材料，可经修剪培育成各种形态。花季中绽放给人热闹而喧腾的感觉，非花季叶片深绿色，可栽种在庭园中作为矮墙或屏障。

栽植技术： 春季萌芽前栽植，地点宜选在通风、半阴的地方，土壤要求疏松、肥沃，含丰富的腐殖质，以酸性沙质壤土为宜，并且不宜积水，否则不利于杜鹃正常生长。栽后将土踏实，浇水。施肥不需要大肥，适量施肥，遵循"干肥少施，液肥薄施"的原则，可配制酸性肥水调整土壤的酸碱度。浇杜鹃花最好使用雨水，其次用河水、池塘水。如用自来水，宜把水存放1~2天，让氯气挥发掉再使用。用时加0.2%硫酸亚铁，生长季节每7~10天浇1次，经常使用，确保土壤呈酸性。杜鹃花的根系比较细弱，既怕涝，又不耐旱，过干或过湿对植株生长都不利，必须根据天气晴雨、空气干湿、盆土含水量等情况酌情浇水。浇水的时间宜在早晚，特别是炎热的夏季更不宜在中午浇水。杜鹃花生长较缓慢，一般任其自然生长，只在花后进行整形，剪去徒长枝、病弱枝、畸形枝、损伤枝，适度控制冠形。

19. 扶芳藤

Euonymus fortunei (Turcz.) Hand.-Mazz.；卫矛科卫矛属

生长特性： 常绿藤本，长可达10米。分布于我国黄河流域以南各地，日本朝鲜也有分布。耐阴，喜阴湿环境，较耐寒，对土壤要求不严，能耐干旱瘠薄，生长迅速，攀缘力强。

城市绿化配置： 生长旺盛，终年常绿，是庭院中常见的地面覆盖植物。适宜点缀在墙角、山石等处。可对植株加以整形，使之成悬崖式盆景，置于书桌、几架上，给居室增加绿意。扶芳藤为地面覆盖的最佳绿化观叶植物，特别是它的彩叶变异品种，有较高的观赏价值。夏季黄绿相容，有如绿色的海洋泛起金色的波浪，到了秋冬季，则叶色艳红，又成了一片红色海洋，实为园林彩化、绿化的优良植物。扶芳藤能抗二氧化硫、三氧化硫、氧化氢、氯、氟化氢、二氧化氮等有害气体，可作为空气污染严重的工矿区环境绿化树种。

栽植技术： 扶芳藤为常绿攀缘灌木，枝上通常生长细根并具小瘤状突起，极易生根，多采用扦插、压条、分株的繁殖方法，成活率很高。绿地栽植扶芳藤用途很多，作为匍匐地被、攀缘藤本或直立灌木均可。通常有所针对地种植与养护。在林下或山地均可种植，以疏松、肥沃的沙质壤土为佳。一般园土即可，作攀缘植物栽植，宜挖穴施些有机肥。地被栽植用成活的小苗按较近的株行距栽种，作直立灌木进行栽植时应选择基干粗壮直立的成形苗木，作攀缘植物栽植应用枝细长的苗木，并将上部枝条捆在攀缘物体上，以利于攀缘生长。植后及时浇水，新栽苗管理简单，见干浇水即可。一年以后，苗根扎下去后，春、夏两季根据干旱情况施用 2~4 次肥水。扶芳藤生长快，善攀缘、发枝量大，且极耐修剪，老枝干上的隐芽萌芽力强，可根据株形需要进行修剪。进入休眠期，要把瘦弱、病虫、枯死、过密等枝条剪掉。也可结合扦插对枝条进行整理。

20. 紫藤

Wisteria sinensis（Sims）Sweet；蝶形花科紫藤属

生长特性：落叶大藤本，枝蔓长可达 18~30 米，径可达 40 厘米。原产于我国中部，现辽宁、内蒙古、河北、河南、江西、山东、江苏、浙江、湖北、湖南、陕西、甘肃、四川、广东等地均有栽培，俄罗斯也有栽培。喜光，亦耐阴，较耐寒；喜湿润肥沃、排水良好的土壤，对土壤酸碱度适应范围广，在微碱性土中也可生长良好；有一定的耐旱、耐瘠薄和耐水湿能力；主根深、支根少，不耐移植。抗污染能力较强，对二氧化硫、氯气的抗性和吸收能力强，对氯化氢的抗性较强，对铬有一定抗性。

城市绿化配置：紫藤枝叶茂盛、稠密，庇荫效果强，花大且香，是棚架、花廊、凉亭等的优良绿化材料。适栽于湖畔、池边、假山、石坊等处，具独特风格，盆景也常用。

栽植技术：紫藤繁殖育苗有多种方法。播种繁殖，秋天获取种子即播种，或翌春播种。扦插繁殖，在早春，取 1~2 年生硬枝，剪成 10~15 厘米段，直插、斜插均可。压条繁殖，在生长初期，将 2 年生枝削去部分皮后压入土中，成活后与母树分开成新植株。分蘖繁殖，取根际发出的幼小植株，于冬、春进行移植。紫藤喜阳光，略耐阴。为了使它生育良好，一般在阳光充足的绿地设置一定的棚架进行栽培。

紫藤的主根很深，所以有较强的耐旱能力，但是喜欢湿润肥沃的土壤，种植的地方需要土层深厚、肥沃的土壤。多于早春定植，定植前须先搭架。紫藤直根性强，故移植时宜尽量多掘侧根，并带土球。将粗枝分别系在架上，使其沿架攀缘。由于紫藤寿命长，枝粗叶茂，制架材料必须坚实耐用。幼树初定植时，枝条不能形成花芽，以后才会着花生蕾。若栽种数年仍不开花，可能树势过旺，枝叶过多，或树势衰弱，积累养分不足，前者通过疏剪枝叶使树体通风、透光，或部分切根，调整营养，后者通过增施肥料促进生长、积蓄营养，即能开花。应适当多施钾肥。生长期一般追肥 2~3 次，开花后可将中部枝条留 5~6 个芽短截，并剪除弱枝，以促进花芽形成。紫藤一般都设置棚架进行栽培，也可剪成灌木状。

21. 太平花

Philadelphus pekinensis Rupr.；绣球花科山梅花属

生长特性：落叶灌木，高 2~3 米，亦有高 5~6 米小乔木者。原产于我国，分布于华北、西北及西南，朝鲜亦有分布。多生长于海拔 800~1600 米山地，在四川则可在 2500 米生长。喜光，亦稍耐阴，要求缓坡，喜深厚、肥沃疏松、排水和透气性好土壤，黏重土壤中生长不良，微酸性、微碱性土均能适应，耐干旱、抗寒，忌积水，萌发力强。

城市绿化配置：太平花花繁，色乳白略黄而有芳香，病虫害少，适应性强，清雅无华。园林中可筑台种植于庭院中，也可植于窗前、廊下，或亭、台、轩门前，或假山石旁，孤植或丛植，也可行列种植成花篱，还可植于稀疏林下和松、柏、杉林缘以活跃严肃气氛。花枝剪作切花插瓶供室内欣赏，也是好材料。

栽植技术：太平花繁殖容易，可用播种、分株、压条、扦插等法繁殖。播种繁殖，10 月下旬至 11 月蒴果成熟，采果净种，用布袋干藏于冰箱冷藏室，翌春，播种宜拌细山灰，撒播于苗床上，覆盖稻草，厚 1 厘米，以不见土为度。15 天左右出苗，阴天或傍晚揭稻草，搭荫棚。待苗高 3~5 厘米，气温在 30℃ 以下时，揭去荫棚，进行全光培育，1年生苗高 20~30 厘米。实生苗 3~4 年即可开花。扦插繁殖，嫩枝于 5 月下旬至 6 月上旬扦插较易生根。硬枝扦插、压条、分株可在春季芽萌动前进行。压条繁殖，在健壮枝条上先进行刻伤处理，以使枝条茎段上产生愈伤组织，将刻伤处埋入基质中，并酌情浇水，待有新根在伤处生长出来后，可与母株断开另植。宜栽植于向阳而排水良好之处，挖穴后先施基肥。早春裸根栽植，植后及时浇水（太平花虽"喜燥恶湿"，但仍需及时补充所需水分）。应根据不同地区、不同季节进行适时浇水。一般情况下 3~4 月每月浇水 1 次，5~6 月气温相对升高，蒸发量大，可每月浇水 2 次，7~9 月雨水较多，应及时排涝。11 月进入休眠期，浇 1 次越冬水是必不可少的。切忌用已污染的池塘水、湖水，特别是含酸、碱量较大的水浇灌。除草应做到除早、除小、除尽。每年土壤解冻时要松土、除草，以保墒防旱，防止杂草与之争夺养分，有利于生长发育和花芽分化。开花对营养的消耗量大，花前、花后可施少量追肥，每株 50 克，5~6 月用 0.2% 磷酸二氢钾溶液进行叶面施肥 4~6 次，每周喷 1 次，使植株所形成的花芽多而饱满。

22. 海州常山

Clerodendrum trichotomum Thunb.；马鞭草科大青属

生长特性：落叶灌木或小乔木。分布于我国华北、华东、中南、西南各地。朝鲜半岛、日本、菲律宾也有分布。喜光、稍耐阴，喜湿润肥沃壤土，较耐旱，适应性强，有一定耐寒性，忌低洼积水，耐盐碱性较强。极少病虫害，易于管理。

城市绿化配置：花形奇特美丽，花期长，果实色彩鲜艳，是优良的秋季观花、观果树种，宜配置于庭院、山坡、水边、堤岸、悬崖、石隙及林下。

栽植技术：海州常山以播种、扦插、分株等方法进行繁殖。生产中多以播种和分株为主。播种繁殖，秋天采收成熟浆果，除去杂物后，将种子阴干消毒，后将其低温沙藏，春季露地播种。土壤宜用沙壤土，条播沟深 2.5~3 厘米，播后 15 天左右出苗，苗木生长期及时松土除草，6 月、7 月各追肥 1 次，施后及时浇水。雨季防田间积水。实生苗

3~5年后方可开花。分株繁殖，海州常山根系极易萌蘖，在成年树的周围形成不定根的新株，因此采用分株繁殖较为方便。秋后或早春植株萌动前，将成年树周围的根蘖小苗从根颈处挖出，使分开的各株有良好的根系，适当修枝条，栽植于挖好的树坑中，即可成活。分株的苗木当年便能开花。为了保持海州常山旺盛生长，将植株栽于土壤深厚、光照条件好的环境下，栽植土壤须增施有机肥。3~4月，定植前施足腐熟的有机肥，然后埋土，栽后及时浇水3次，并在生长初期保持灌水，以保证成活。每年为促进植株萌芽，扩大株丛，须增施追肥，促进旺盛生长。枝条萌芽力强，于生长早期剪去主干或摘去顶芽，促进侧枝萌生。在生长旺盛、花蕾未形成前，通过修剪保持株形。秋季不要施肥，以增加植株抗寒性能，有利于越冬。

23. 龙牙花

Erythrina corallodendron L. ；豆科刺桐属

生长特性：灌木或小乔木，高可达4米。原产于美洲热带。我国北京、云南、广东、广西、福建、海南、山东、贵州、浙江、河南、河北、四川等地均有栽培。喜高温、多湿和阳光充足环境，不耐寒，稍耐阴，抗风力弱，能抗污染，生长速度中等，宜在排水良好、肥沃的沙壤土中生长。

城市绿化配置：初夏开花，深红色的总状花序好似一串红色月牙，艳丽夺目，适用于公园和庭院栽植，若盆栽可用来点缀室内环境。

栽植技术：龙牙花主要采用扦插繁殖，以4~5月为最好。剪取健壮充实的枝条，15~20厘米长，插入沙床，保持阴湿环境，插后15~20天生根。移植到圃地种植，及时施肥、浇水。龙牙花喜向阳及不当风处生长，抗风力弱，能抗污染，生长速度中等，不耐寒，稍耐阴，宜在排水良好、肥沃的沙壤土中生长。在我国热带地区适用于公园和庭院栽植，其他地区多以盆栽来点缀室内、室外环境。绿地种植以向阳、背风、土壤肥沃、排水良好的地段栽植为宜，挖大穴、施大肥。春季发芽前栽植，栽后将枝条短截，及时浇水。生长期进行追肥、浇水，促进生长及开花。每年春季发芽前，进行修剪整形，对于老株适

当截枝、截干更新，促进重发新枝，剪除枯枝和短截长枝，促使多形
成花枝。龙牙花为先叶后花树木，若管理适当，可多次开花，开完花
后，及时短截，以促进枝叶生长，再次发枝开花。每年冬季开沟施肥，
天气干旱时灌水，保持土壤湿润。盆栽，每年春季换盆，并进行修剪
整形，剪除枯枝和短截长枝，促使多形成花枝。生长期每半个月施肥
1 次，花期增施 1~2 次磷、钾肥，盛夏要保持盆土湿润。冬季对老株
适当截干更新，促进重发新枝。

24. 紫薇

Lagerstroemia indica L. ；千屈菜科紫薇属

生长特性：落叶乔木或灌木，高可达 8 米。紫薇分布很广，自我
国长江流域往南各地至南亚、东南亚，迄大洋洲都有分布。在我国以
四川、重庆、湖北、贵州、湖南、江西、浙江、福建等最为集中。湖
北、浙江、福建均发现不少紫薇古树。在湖北保康近年来发现，有成
片数百年的紫薇老树林。紫薇喜温暖湿润气候，好阳光，要求土壤肥
厚，但耐寒、耐旱。喜钙质沙壤土，忌水涝及透水、透气性不良的黏
性土；萌发力强，耐修剪，可萌芽更新；枝柔软，可随意盘扎、编织
新梢，当年实生苗、扦插苗均可开花。树液流动晚，萌芽迟，在北方
待寒流基本结束、温度稳定在 15℃左右时方萌动发芽。

城市绿化配置：紫薇树干光洁，体态优雅，枝叶秀丽，花期长而
又值花少的夏、秋季节，且轻抚树干全树晃动，故有"百日红"和
"怕痒树"的别称，为人们所喜爱。园林中乔木型可作行道树、孤植
树或行列树栽植，庭院、广场、草坪等任何地方栽植均可，深秋叶色
变红，与常绿树及秋季黄叶树混植，也是优良配植树种。编织、绑扎
造型后，更是园林中不可缺少的。

栽植技术：紫薇的繁殖常用播种、扦插两种方法。播种繁殖，紫
薇的结种量大，苗木生长健壮，产生的侧枝明显减少，但播种法繁殖
出的苗株花色容易产生变异。多生产小乔木。扦插繁殖生产的苗木萌
芽枝多，需及时清除，但具有苗株保持与母树相同花色的优良性状。
播种繁殖多秋季收集成熟果实，去果皮，将种子晾干，放入容器干藏。

春季在苗床上条播或撒播，盖一层细沙，上覆草。10 余天发芽出土，及时揭草，待幼苗出现 2 对真叶时可间苗；苗期勤除草，除小、除了，6~7 月追肥 2~3 次，入夏灌溉防旱，年终苗高 40~50 厘米，翌年春分移栽长大。扦插繁殖分硬枝扦插和嫩枝扦插。硬枝扦插一般在 3 月中下旬至 4 月初枝条发芽前进行。嫩枝扦插在 7~8 月进行，此时新枝生长旺盛，最具活力。栽植紫薇应选择光照充足、背风御寒、土层深厚、肥沃的地段。挖穴，施有机肥。大苗移植要带土球，并适当修剪枝条，否则成活率较低。栽后浇透水，3 天后再浇 1 次水。紫薇出芽较晚，正常情况下在 4 月中旬至 4 月底才展叶，新栽植株因根系受伤，发芽更要延迟。因此，不要误认为没有栽活而放弃管理。成活后的植株管理比较粗放。紫薇耐旱、怕涝，每年可于春季芽萌动前和秋季落叶后浇一次返青水和封冻水，平时如不过于干旱，则不用浇水。一般在春旱时浇 1~3 次水，雨季要做好排涝工作，防止水大烂根。每年休眠期施有机肥。在休眠期应对其整形修剪。紫薇为当年成花的树木，可对 1 年生枝重剪回缩，使养分集中、发枝健壮，并剪除徒长枝、干枯枝、下垂枝、病虫枝、瘦弱枝和内生枝。

25. 含笑

Michelia figo（Lour.）Spreng.；木兰科含笑属

生长特性：常绿灌木或小乔木，高 2~5 米。原产我国华南、福建等地，现华南至长江流域各地均有栽培。喜温暖湿润气候，有一定耐寒性，在 $-13℃$ 的低温条件下，虽有落叶现象，但全株并未冻死。喜半阴环境，不耐烈日暴晒，不耐干燥、瘠薄，要求肥沃、排水良好的微酸性土和中性土，不耐盐碱，对氯气抗性较强。

城市绿化配置：含笑树形端正，绿叶葱茏，花香浓郁，是园林中优良的闻香花木。宜配植于庭园、草坪和树丛边缘及建筑周围，或用于工厂绿化、街道绿化，单植、丛植、群植等皆宜。

栽植技术：含笑常用扦插、压条等方式繁殖。扦插于 7 月下旬至 9 月上旬进行，取未发新芽但留有 3~8 片叶子的木质化枝条或顶芽约 15 厘米，插穗基部蘸生根粉后插入沙质土壤中，遮阴并保持空气湿润，约 2 个月即可生根，第二年春季移植到圃地。压条法适于开花后，4~5 月最好，用 2~3 年生苗木的壮枝进行，3~4 个月即可生根。含笑为木本花灌木，喜温暖气候，不甚耐寒，在长江以南选背风向阳处露地栽植。夏季炎热宜半阴，其他时间最好阳光充足。含笑的根部肥厚多肉，要求排水良好、肥沃的微酸性壤土，中性壤土也适应，避免积水造成根部腐烂，甚至发病而亡。春季移植，挖大穴，施有机肥。含笑不耐移植，进行移植时宜多带土球，植后及时浇水，树冠适当短截、疏剪，以保持水分平衡。在生长季节（4~9 月）每隔 15 天左右施一次追肥，腐熟饼肥、骨粉、鸡鸭粪和鱼肚肠等沤肥掺水施用为好，开花期和 10 月以后停止施肥。为调整叶色，时常施些矾肥水。含笑为常绿灌木，花生于叶腋。植株的修剪、整形以越冬之前为宜。适当疏去一些老叶，去掉过密枝、瘦弱枝、枯枝，以触发新枝叶，使树冠内部透风、透气，有利于促进开花，但不宜过度修剪。花后剪去幼果枝，减少养分消耗。生长后期及时疏剪弱细枝条，使树体通风透光，促进花芽分化。

26. 木芙蓉

Hibiscus mutabilis L.；锦葵科木槿属

生长特性：落叶灌木或小乔木，高 2~5 米。分布于我国山东、辽宁、四川、湖南、广东以及云南等省，尤以四川、湖南为多，故四川成都、湖南分别有"芙蓉城""芙蓉国"之称。喜光，略耐阴，喜温暖、湿润气候，耐寒性略差，对土壤要求不严，瘠薄土亦能生长，忌干旱，耐水湿，耐修剪，生长较快。对二氧化硫、氯气、氯化氢有一定抗性，对氨气较敏感。

城市绿化配置：木芙蓉花大、花期长，品种多，花色丰富，因而是一种很好的观花树种；因耐水湿，多种植于池畔、溪边等临水处。此外，植于草坪边缘、路边、林缘、坡地、建筑物前，或作花篱都很合适。

栽植技术：木芙蓉的繁殖可用播种、扦插、分株等方法进行。播种繁殖，可于秋后收取充分成熟的木芙蓉种子，在阴凉通风处贮藏，至翌年春季播种。木芙蓉的种子细小，可与细沙混合撒播。苗床用土要细，播后覆土、洒水保持苗床湿润，25~30天后即可出苗，第二年春季方可移植。扦插繁殖以2~3月为好。选沙壤土或河沙作基质，将截成长度为10~15厘米的1年生壮枝作插穗。扦插前插穗下部在浓度为3~4克/升的高锰酸钾溶液中浸泡15~30分钟。扦插的深度以穗长的2/3为好。插后浇水、覆膜，以保温、保湿，1个月后即能生根，翌年即可开花。分株繁殖宜于早春萌芽前进行，挖取分蘖旺盛的母株分割后另行栽植即可。木芙蓉为深根性植物，根粗壮、稍具肉质，喜温暖湿润和阳光充足的环境，对土壤要求不严，但作为绿化的观花树木，宜栽种于庭院向阳处，以邻水栽培为佳，在肥沃、湿润、排水良好的沙质土壤中生长最好。春季种植时，结合木芙蓉枝粗叶大、生长快的特点，挖大穴、施大肥，大苗带土球移植，植后及时浇水。木芙蓉的日常管理较为粗放，天旱时应注意浇水，春季萌芽期需多施肥水，花期前后应追施少量的磷、钾肥，在花蕾变色时应适当控水，以控制其叶片生长，使养分集中在花朵上。每年冬季或春季可在植株四周开沟，施些腐熟的有机肥，以利于植株生长旺盛、花繁叶茂，施肥后及时浇水、封土。木芙蓉长势强健，萌枝力强，枝条多而乱，应及时修剪、抹芽。

27. 扶桑

Hibiscus rosa-sinensis L.；锦葵科木槿属

生长特性：落叶灌木，高达6米，一般温室栽培高约1米。原产我国和印度。强阳性植物，喜温暖、湿润气候，要求日光充足，不耐阴，不耐寒、干旱，在长江流域及以北地区只能盆栽，在温室或其他保护地保持12~15℃气温越冬。室温低于5℃时，叶片转黄脱落；低于0℃，即遭冻害。耐修剪，发枝力强。对土壤的适应范围较广，但以富含有机质、pH值6.5~7的微酸性壤土生长最好。

城市绿化配置：扶桑为美丽的观赏花木，花大色艳、花期长，颜色丰富，有单瓣、重瓣等不同品种。盆栽扶桑是布置公园、花坛、宾馆、会场及家庭养花的较好花木。在南方多栽植于池畔、亭前、道旁和墙边，长江流域和北方常以盆栽点缀阳台或小庭园，在光照充足条件下，观赏期特别长。也是夏、秋公共场所摆放的主要开花盆栽植物之一。

栽植技术：扶桑繁殖多用扦插或嫁接的方法。扦插繁殖：早春至晚秋随时可以扦插。插条选用 1 年生半木质化的枝条最好，长 10~12 厘米，剪去下部叶片，留顶端叶片，下切口要平，插前用生根粉溶液处理 10~12 小时，插于沙床，并每天喷水，保持温度 18~25℃，湿度 85%左右，20 天后即能生根成活。嫁接繁殖：多用于扦插困难或插期长、成活率低的重瓣品种，枝接和芽接均可，砧木用单瓣扶桑。绿地栽植条件以阳光充足、土壤疏松、肥沃为好，挖大穴、施大肥。盆栽用土宜选用疏松、肥沃的沙质壤土，可用壤土 4 份、粪干 1 份配成营养土。大苗带土球移植，植后及时浇水。扶桑在生长季节要加强施肥、浇水、松土、拔草等管理工作。绿地每半个月追肥一次，浇水视土壤情况而定。盆栽每隔 7~10 天施一次稀薄液肥，浇水应视盆土干湿情况而定，过干或过湿都会影响开花。秋后管理要谨慎，少施肥或不施肥，以免抗寒力弱。盆栽植株要移至室内，在 15~22℃的室内培植，注意通风和适当光照。扶桑管理较粗放，不需要特殊管理，要保持树形优美，使着花量多。根据扶桑发枝萌蘖能力强的特性，可于早春整形并适当疏枝，保留的 1 年生枝除基部留 2~3 芽外，上部全部截去。剪修可促使发新枝，长势将更旺盛，株形也更美观。修剪后，因地上部分消耗减少，要适当控制水肥。

28. 木槿

Hibiscus syriacus L.；锦葵科木槿属

生长特性：落叶灌木，株高可达 2~3 米。原产我国，印度、叙利亚也有，台湾、福建、广东、广西、云南、贵州、四川、湖南、湖北、安徽、江西、浙江、江苏、山东、河北、河南、陕西等地均有栽培。对环境的适应性很强，较耐干燥和贫瘠，对土壤要求不严格，尤喜光。稍耐阴，喜温暖、湿润气候，耐修剪、耐热且耐寒。

城市绿化配置：木槿可作花篱式绿篱，可孤植和丛植，也可作庭园点缀及室内盆栽。木槿对二氧化硫与氯化物等有害气体具有很强的抗性，同时还具有很强的滞尘功能，是有污染工厂的主要绿化树种。

栽植技术：木槿可用播种、扦插、压条和嫁接等方法繁殖。播种繁殖，单瓣木槿结种后干藏至翌春播种，播后约 20 天发芽。扦插繁殖，多在早春或梅雨季节进行，秋末或冬初也可，均极易生根成活。如春季扦插，发芽前将枝条剪成 15~20 厘米长的枝段，清水浸泡 4~6 小时后插于沙床，约 30 天生根。压条繁殖，在母株根基部培上土，让其多生发枝条，待芽条生根后，第二年连带部分根挖取移栽。唯忌干旱，生长期需适时、适量浇水，经常保持土壤湿润。在绿地栽种，为了提高其生长、开花、观赏效果，应选择光照充足、土壤疏松、肥沃的地段，种植穴挖成长 50 厘米，宽 50 厘米，深 40 厘米。每穴用农家肥作基肥。春季发芽前或秋季落叶后前进行移栽，定植后浇足定根水。枝条萌动生长时，应及时追肥，以促进营养生长；现蕾前追施 1~2 次磷、钾肥，以促进植株孕蕾；5~10 月盛花期间结合除草、培土进行追肥两次，以磷、钾肥为主，辅以氮肥，以保持花量及树势；休眠期挖穴施肥，以农家肥为主。科学浇水，干旱无雨天气应注意灌溉，而雨水过多时要排水防涝。

29. 米仔兰

Aglaia odorata Lour.；楝科米仔兰属

生长特性：常绿灌木或小乔木，高可达 7 米。原产于东南亚各地，现广泛栽培于各热带、亚热带地区。我国华南及东南沿海与西南干热河谷地带多有栽培，并有荒生植株野化，长江流域及以北则常盆栽。喜光，亦稍耐半阴；好温暖湿润气候，畏寒，不能经受霜冻；要求深厚肥沃而排水良好的土壤；根系不深，但须根发达；不耐干旱，但冬季季节性干旱能忍受；忌积水，在透气性差的黏土上生长不良。

城市绿化配置：枝叶繁茂，花虽小，但花期长且极香，故极受重视；花开时正值暑热，香气可驱臭除烦，益智清脑，故植于庭院或盆栽，均有益于身心。鲜花摘下窨茶，饮后香气宜人，余香长久；也可用于提取香精或配作香料。在热带地区，可作树球、色带、绿篱。

　　栽植技术：米仔兰常用扦插和高空压条的方法繁殖。扦插有硬枝扦插和嫩枝扦插。硬枝作插穗，于4~5月进行。嫩枝扦插选用当年生的半木质化枝条，于6~8月进行。采集插穗的标准是：枝条叶片质厚、色绿、腋芽饱满。插穗长10厘米左右，保留上端2~3片叶，其他叶片全部去除，削平切口。用河沙、膨胀珍珠岩、泥炭、蛭石等作基质。插后浇足水。架设荫棚，保持通风、湿润环境。插后40~60天生根。用20~25毫克/千克的吲哚丁酸浸12~24小时，或50毫克/千克的生根粉浸15小时，有促进生根的效果。压条最好的时间是梅雨天气，选择1年生健壮枝条，茎粗0.5毫米。于处理部位环剥，环宽0.5厘米，深度以见木质部为准，用苔藓或湿土敷于环剥部位，用塑料薄膜包扎，让苔藓等始终保持湿润，40天后就能陆续生根。生根后再剪离母体，于庇荫处缓苗，上盆定植。待幼苗长到20~25厘米高时，即可摘心，促使其发生侧枝，早日形成树冠。栽植时应选温暖湿润的向阳处，以排水良好、肥沃疏松、富含腐殖质的微酸性壤土或沙质壤土或中性土壤为好，定植时挖大穴、施大肥。盆栽选酸性、中性土壤均可，一般用泥炭土或掺磷肥沤制过的堆肥作培养土。以土球苗进行栽植，栽后浇透水。浇水根据气候干湿情况而定，盆栽既要保持湿润又不能长期水分过多。维持较高的空气湿度对米仔兰生长有利，在天旱和生长旺盛期，最好每天叶面喷水1~2次。米仔兰枝叶繁茂，生长期中不断抽生新枝，形成花穗，因此需要有充足的肥料。若肥力不足，花量会明显下降。为此，春季开始生长后，就应及时追肥。盆花追肥以腐熟的饼肥或麻酱渣水为好，施肥应掌握薄肥勤施的原则，尤其是春天开始追肥时，忌施浓肥。追肥宜7~10天施一次，在肥水中应增加适量的过磷酸钙。

30. 叶子花

Bougainvillea spectabilis Willd.；紫茉莉科叶子花属

　　生长特性：常绿攀缘灌木。原种产于巴西。世界各地广泛栽培。喜温暖、湿润气候，不耐霜寒，低温引起叶片脱落，影响花芽分化。为短日照植物，但须充足阳光，不耐阴。不择土壤，耐高温、贫瘠、干旱，但以富含腐殖质、肥沃、疏松、排水良好的壤土为宜，忌积涝。

城市绿化配置：叶子花株形潇洒自然，生机蓬勃，美丽鲜艳的苞片组成大型圆锥状花序，疏密有致，遍布树冠绿叶丛中，有鲜红、砖红、粉红、橙黄、紫红、白色及二色镶嵌、重瓣，花叶品种变化丰富，是热带、亚热带冬暖地区极好廊架、棚垣、垂直绿化攀缘植物；花期可长达近半年；在北方室内栽培，适宜温室角隅或西侧种植，繁茂的枝、叶可为其他喜阴植物创造美丽而适宜的荫蔽环境；盆栽可修剪造型，供会场、门廊、花镜、花坛装饰美化。我国北方为使之国庆开花，自7月上中旬始，每天8小时短日照处理，25天即可看见花蕾，通常短日照处理45天后应时开放。

栽植技术：叶子花常用扦插繁殖。6~7月花后剪取成熟的木质化枝条20厘米长，插入沙床，一般30天左右生根。若温度过低，生根慢，成活率低。如用IBA或NAA处理，有促进生根的作用，浓度一般为100~200毫克/升，处理时间10~20秒。成活后移入圃地培育，第二年就能开花。叶子花在南方，既可培育成树球灌木，也可攀架养成藤本，还可作成各种造型。在北方多作为盆栽。叶子花喜充足光照。对土壤要求不严，在排水良好、含矿物质丰富的黏重壤土中及排水良好的沙质壤土生长良好，耐贫瘠、耐碱、耐干旱，忌积水，耐修剪。露地栽培，选择阳光充足的空旷地或窗台南面，挖大穴，施大肥；盆栽时，培养土应选腐叶土4份、园土2份、腐熟厩肥1份、锯木屑1份、河沙2份进行配制，上盆时还需掺入腐熟厩肥30克作基肥。大苗采用土球苗移植，栽后及时浇透水，生长期对水分需要量较大，特别是盛夏季节，如水分供应不足，易产生落叶现象，直接影响到植株的正常生长或延迟开花。因此，夏季和花期浇水应及时，花后浇水可适当减少。除施足基肥外，生长季节还应追肥。施入少量的磷酸二氢钾，同时给叶面喷施0.1%~0.2%的磷酸二氢钾溶液，盛花期每周浇施1次矾肥水，叶面喷施0.2%的磷酸二氢钾。栽培过程中要经常摘心，以形成丛生而低矮的株形。也可设支架，使其攀缘而上。花后需修剪整形，将枯枝、密枝去除，加强肥水管理，促使萌发新枝。

31. 连翘

Forsythia suspensa (Thunb.) Vahl；木犀科连翘属

生长特性：落叶灌木，高达3米。产于我国北部、中部及东北各地，现各地均有栽培。喜光，耐半阴，喜温暖、湿润气候，对土壤要求不严，但在钙质土中生长最好，耐寒、耐干旱瘠薄，怕涝。根系发达，萌蘖性强，病虫害少。对氯气、氯化氢的抗性较强。

城市绿化配置：连翘早春先开花后展叶，花朵密集，满树金黄色，十分艳丽耀眼，是园林绿化中早报春光的优良观花树种，宜配植于宅旁、亭旁、墙篱，以常绿树为背景；和紫红、深红、粉红花色的榆叶梅、绣线菊、紫荆等配植，其景观效果更佳。根系发达，可作护堤树栽植。

栽植技术：先在选好的定植地块上，按行株距2米×1.5米挖穴（一般1亩地栽植222株），穴径和深度各70厘米，先将表土填入穴内，达半穴时，施入适量厩肥或堆肥，与底土混拌均匀。然后，每穴栽苗1株，分层填土踩实，使其根系舒展。栽后浇水，水渗后，盖土高出地面10厘米左右，以利于保墒。

32. 迎春花

Jasminum nudiflorum Lindl.；木犀科素馨属

生长特性：落叶灌木，高达2~3米。产于我国华东、华中、华北等各地。喜光，稍耐阴，耐寒，耐旱，忌涝，对土壤要求不严，但喜肥沃、排水良好的土壤。浅根性，萌蘖性强，枝端着地部分极易生根，耐修剪。

城市绿化配置：迎春花开于早春，满枝金黄，树形铺散，枝条青翠，在园林绿化中常应用为基础材料种植，可配植于路边、山坡、水畔或假山旁，也可作为花篱用以隔离空间。

栽植技术：把根部完整的迎春花树苗栽种到定植穴中，定植后的株距为15厘米左右，行距为30厘米左右。定植完成后浇透定根水。在迎春花生长期阶段，施有机肥料一次。这样能促进花芽分化，并有利于越冬和翌年开花繁茂。夏季要适时中耕除草，除草的同时给迎春花根部松土，以利于迎春花吸收土壤中的养分，促进生长。在雨季到来之前，要经常注意灌水。立秋后不要灌水，以防枝条过长、过嫩而不能安全越冬。迎春花萌发力强，在生长期间要经常摘心，有利于养分积累和花芽分化。每年花谢后应对所有花枝短剪，促使长出更多的侧枝，增加着花量，同时加强肥水管理。花芽分化期，应施一次磷肥，以利于花芽的形成。还要注意拔除田里的杂草。花开后浇一次水，保证迎春花开花时对水分的需求。

33. 茉莉花

Jasminum sambac（L.）Aiton；木犀科素馨属

生长特性： 常绿灌木，枝细长柔软呈蔓藤状生长，高可达 3～4 米。原产于印度、巴基斯坦、伊朗至阿拉伯半岛，早于唐、宋时期即由陆、海两条丝绸之路引入我国栽培，广东、福建、浙江、江苏、湖南、四川等地多有栽培。近年在云南有大量种植，形成窨茶种植产业。茉莉花为亚热带植物，喜光又稍耐阴，好温暖而不抗寒，要求 5℃ 以上温度，0℃ 以下出现冻害；喜酸性土，不耐盐碱，忌生长季节干旱积水，要求空气湿度在 80% 以上，气温不高于 32℃ 和不低于 5℃，最适温为 15～32℃；超过 35℃ 高温时，干燥、暴晒会使出现枯叶、焦梢日灼之害。

城市绿化配置： 茉莉花枝叶青翠，花期长而香气浓郁宜人，白花绿叶清雅不骄，是花木中的珍品。在长江流域以南温暖地区，多可露地种植欣赏，可庭院筑台种植或平地栽种，或者丛植于甬路两侧；园林中路旁植作花篱、大树外缘，特别是在古树、名木外侧列植，既可欣赏，更可起保护古树、名木之用。广场一隅或草坪一侧丛植，均极相宜。江北地区也可盆栽，晚春移出摆放于庭前、廊下、阳台观赏，冻前移入室内。

栽植技术： 春季气温逐渐回升，适合茉莉花的根系成活生长，且新梢未萌发，此时栽植最为适宜。挖大小合适的定植穴，栽植深度以根、茎交接处齐土面为宜，定植穴的大小以根能伸展为宜，定植穴内留些细土拢成小墩，使根在土壤上"坐定"，理顺根系，然后覆土、踏实，浇 2~3 次透水，适当做遮阴处理 10 天左右，避免阳光直射，以后逐渐见光。日常管理的关键是水分管理，要根据茉莉花喜湿润、不耐旱、怕积水、喜透气的特性，掌握浇水时间和浇水量。移栽当年开花后，追肥一次，以氮磷钾复合肥为主。以后可按成株茉莉花管理。

34. 小叶女贞

Ligustrum quihoui Carr.；木犀科女贞属

生长特性：落叶或半常绿灌木，高 2~3 米。产于我国华北及长江流域。喜光，稍耐阴，较耐寒，树体强健。对土壤要求不严，但在深厚、肥沃而排水良好的土壤上生长旺盛。萌枝力强，叶再生力强，耐修剪。对二氧化硫、氯气、氟化氢、氯化氢、二氧化碳等抗性强。

城市绿化配置：主要作绿篱栽植；其枝叶紧密、圆整，庭院中常栽植观赏；抗多种有毒气体，因此也是优良的抗污染树种。可作桂花、丁香等树的砧木，亦可作盆景。

栽植技术：为培育大苗应进行二次移植。硬枝扦插第一次移植在第二年的 4 月底至 5 月初进行，嫩枝扦插在扦插后 50 天左右进行，第一次移植株行距 30 厘米×20 厘米；第二次移植株行距 60 厘米×40 厘米。每次移植后必须及时浇足水，3~5 天浇第二次水，7~10 天浇第三次水。适时中耕除草。5~8 月进行 3~5 次适度修剪。11 月上旬搭建保温设施，11 月下旬到 12 月初浇足封冻水。移植后第二年应在 3 月中旬浇足返青水，4 月中下旬清理苗圃落叶、杂物。9 月施用复合肥料，开沟撒施后覆土，并及时浇水。11 月中旬搭建拱棚等防寒设施。小叶女贞萌枝力强，在母株根际周围会产生许多萌蘗苗。在春季芽萌动前，将母株根际周围的萌蘗苗挖出，带根分栽。或将整株母株挖出，用利刃将其分割成几丛，每丛有 2~3 个枝干并带根，分丛栽植。为提高成活率，可剪去部分枝叶，减少水分蒸发。按株行距（30~40）厘米×（50~60）厘米栽植，然后浇透水。春、秋两季均宜移植，成活率高。移植无须带完整土球。

35. 桂花

Osmanthus fragrans（Thunb.）Lour.；木犀科木犀属

生长特性：常绿乔木，高可达 15 米。原产我国西南各地，主要分布于四川、云南、广西、广东、湖南、湖北等省（自治区），至今仍可见到野生，多生长于海拔 1500 米以下山地。喜温暖、湿润气候，喜阳光，亦能耐阴。抗逆性强，既耐高温，也较耐寒，能耐最低气温-13℃，最适生长气温是 15~28℃。湿度对桂花生长发育极为重要，要求年平均湿度 75%~85%，年降水量 1000 毫米左右。对土壤的要求不太严，除碱性土和低洼地或过于黏重、排水不畅的土壤外，一般均可生长，但以土层深厚、疏松肥沃、排水良好的微酸性沙质壤土最为适宜。根系较发达，深可达 1 米，侧根和须根很密。寿命长，可达千年以上。

城市绿化配置：桂花树冠圆整，树干端直，四季常青，花香纯正而花开又值月明仲秋，在适宜生长处无不种植，北方冬寒则多盆栽供欣赏。在园林中庭院堂前孤植、门外对植、山坡群植、草地丛植均极相宜。西南农村要有农户将其孤植院中，或门前对植大树，开花时节香飘数里，成为这户人家的标志，称"大桂花树某家"。

栽植技术：经播种、扦插等途径培育出来的 1 年生桂花幼苗，综合抗性较差，不宜立即作绿化苗使用，应先移栽到圃地内继续培植 2~5年。在移植的上年秋、冬季，先将圃地全垦一次。将基肥与表面壤土拌匀，填入穴内。肥料经冬雪及春雨侵蚀发酵后，易被树苗吸收。在树液尚未流动或刚刚流动时移栽最好，一般在 2 月上旬至 3 月上旬进行。取苗时，尽可能做到多留根、少伤根，取苗后要尽快栽植。栽好后要将土压实，浇一次透水，使苗木的根系与土壤紧密接触。另外，如若需从外地调苗，要注意保湿，以防苗木脱水。在春、秋季，结合施肥分别中耕一次，以改善土壤结构。越冬前对树干涂白，可增强抗寒能力。

36. 暴马丁香

Syringa reticulata（Blume）Hara var. *amurensis*（Rupr.）Pringle；木犀科丁香属

　　生长特性：落叶大灌木，高达 10 米。主要分布在小兴安岭以南各山区，大兴安岭只有零星分布。此外，我国吉林、辽宁、华北、西北、华中，以及朝鲜、俄罗斯的远东地区、日本也有分布。中生树种，喜温暖湿润气候，耐严寒，对土壤要求不严，喜湿润的冲积土。常生长于海拔 300~1200 米山地针阔叶混交林内、林缘、路边、河岸及河谷灌丛中。

　　城市绿化配置：暴马丁香花序大，花期长，树姿美观，花香浓郁，是公园、庭院及行道较好的绿化观赏树种。常丛植于建筑前、茶室或凉亭周围；也可散植于园路两旁、草坪之中；与其他种类丁香配植成专类园，形成美丽、清雅、芳香、青枝绿叶、花开不绝的景区，效果极佳。

　　栽植技术：一般在春季萌芽前裸根栽植，株距 1~3 米。栽植2~3年生苗，穴径应在 70~80 厘米、深 50~60 厘米。每穴施腐熟的有机肥料，与土壤充分混合作基肥，栽植后浇透水，之后每 10 天左右浇 1 次水，每次浇水后松土保墒。栽植 3~4 年生的大苗，对地上枝干进行强修剪，从离地面 30 厘米处截干，第二年就可开出繁茂的花。在春季萌动前适当修剪，主要剪除细弱枝、过密枝，并合理保留好更新枝，不施肥或仅施少量肥，切忌施肥过多，以免引起徒长，从而影响花芽形成。花后剪除残留花穗，并施磷、钾肥及氮肥。5~7 月是丁香生长旺盛并开花的季节，每月浇 2~3 次透水，注意排水防涝。到 11 月中旬灌足水。

37. 紫丁香

Syringa oblata Lindl.；木犀科丁香属

　　生长特性：落叶小乔木或大灌木，多干丛生，高可达 6 米。产于我国东北南半部至华北、西北东南部、山东南部、四川北部，野生紫丁香多分布于 300~1500 米海拔的山地平坦坡上、山谷河岸、林缘、灌丛中，到四川可上升到海拔 2500 米高处。喜光，耐半阴、耐干旱，忌水涝，不耐高温、抗寒；喜温暖湿润、肥厚土壤，有一定抗盐碱能力；耐修剪，萌发力强，根系发达而须根多，寿命长，老树根际有萌蘖盘，可萌蘖更新。

城市绿化配置：紫丁香枝叶茂密，花丛庞大，芳香宜人，花期正值春花已尽之时，故为北方各地园林绿化中应用较普遍的花木之一。广泛植于庭院、居民小区、机关、学校、工矿企业园林，还在公园、植物园专辟"丁香园"种植各种丁香种类和品种，也是城市道路绿化配植主要树种之一。

栽植技术：一般在落叶后或萌动前裸根移植，选土壤肥沃、排水良好的向阳处种植。萌芽前裸根栽植，株距 1~3 米。栽植 2~3 年生苗，穴径应在 70~80 厘米，深 50~60 厘米。每穴施腐熟的有机肥料，与土壤充分混合作基肥，栽植后浇透水，之后每 10 天左右浇 1 次水，每次浇水后松土保墒。栽植 3~4 年生的大苗，对地上枝干进行强修剪，从离地面 30 厘米处截干，第二年就可开出繁茂的花。在春季萌动前适当修剪，主要剪除细弱枝、过密枝，并合理保留好更新枝，不施肥或仅施少量肥，切忌施肥过多，以免引起徒长，从而影响花芽形成。花后剪除残留花穗，并施磷、钾肥及氮肥。5~7 月是紫丁香生长旺盛并开花的季节，每月浇 2~3 次透水，注意排水防涝。到 11 月中旬灌足水。

38. 牡丹

Paeonia suffruticosa Andr.；毛茛科芍药属

生长特性：落叶灌木。老树高达 3 米。我国陕西、山东、河北、江苏、浙江、安徽等地山中都有野生分布。喜温暖、凉爽、干燥、阳光充足的环境。喜阳光，也耐半阴，耐寒，耐干旱，耐弱碱，忌积水，怕热，怕烈日直射。适宜在疏松、深厚、肥沃、地势高燥、排水良好的中性沙壤土中生长。酸性或黏重土壤中生长不良。

城市绿化配置：牡丹花朵硕大，花瓣质地娇柔，花形多姿，花色丰富艳丽，雍容华贵，素有"富贵花"之美称，人人喜爱；园林中适宜孤植、丛植、片植或装饰组成牡丹专类园，在中国传统庭院中可植于花台、阶梯，或盆栽观赏，用于庆典盛会装饰，典雅高贵。牡丹适应性广，在我国南、北方较广大的地域范围均能栽培，是我国著名的传统名花。

栽植技术：既可以进行地面栽培，也可以进行盆栽。牡丹地面栽植应选择疏松、肥沃、排水良好的沙质土壤，栽在背风向阳、不易积水的地方。一般在 9 月下旬至 10 月上旬栽植，株行距为 50 厘米×50 厘米左右，用有机肥作为底肥。栽植深度以根、茎交接处齐土面为宜，栽植坑的大小以根能伸展为宜，坑内留些细土拢成小墩，使根在土壤上"坐定"，理顺根系，然后覆土、踏实，浇 2~3 次透水。

39. 海桐

Pittosporum tobira（Thunb.）Ait.；海桐花科海桐花属

生长特性：常绿小乔木或灌木，高达 3 米。产于我国江苏南部、浙江、福建、台湾、广东等地，朝鲜、日本亦有分布。长江流域及其以南各地庭园常见栽培观赏。对气候的适应性较强，能耐寒冷，也耐暑热。黄河流域以南，可在露地安全越冬。华南可在全光照下安全越夏。黄河以北，多作盆栽，置室内防寒越冬。对光照的适应能力亦较强，较耐荫蔽，耐烈日，但以半阴地生长最佳。喜肥沃湿润土壤，干旱贫瘠地生长不良，稍耐干旱，颇耐水湿。萌芽力强，耐修剪。

城市绿化配置：通常可作绿篱栽植，也可孤植，丛植于草丛边缘、林缘或门旁，列植在路边，多作房屋基础种植和绿篱。海桐枝叶繁茂，树冠球形，下枝覆地；叶色浓绿而有光泽，经冬不凋，初夏花朵清丽芳香，入秋果实开裂露出红色种子，颇为美观。因为有抗海潮及有毒气体能力，故又为海岸防潮林、防风林及矿区绿化的重要树种，并宜作城市隔噪声和防火林带的下木。在气候温暖的地方，是理想的花坛造景或造园绿化树种。

栽植技术：露地春季移植一般在 3 月进行，秋季种植应在 10 月前后。大苗在挖掘前必须用绳索收捆，以防折断枝条，且挖掘时一定要带土球，土球的大小根据主干的粗细而定。小苗可裸根移植，但要及时移植。海桐夏季消耗大量水分，应经常浇水；冬天如果温度较低，浇水量相应减少。生长季节每 2 周施一次肥，其他时期不用施肥。海桐虽耐阴，但栽植地不宜过阴，植株不可过密，否则易发生虫害。开花时常有蝇类群集，应注意防治。

40. 紫竹

Phyllostachys nigra（Lodd. ex Lindl.）Munro；禾本科刚竹属

生长特性：地下茎单轴散生型。原产于我国，南北各地多有栽培，在湖南南部与广西交界处尚可见有野生的紫竹林，印度、日本及欧美许多国家均引种栽培。阳性，喜温暖湿润气候，耐寒，能耐-20℃低温，耐阴，忌积水，适合沙质、排水性良好的土壤，过于干燥的沙荒石砾地、盐碱土或积水的洼地不能适应。

城市绿化配置：紫竹为传统的观竿竹类，竹竿紫黑色，柔和发亮，隐于绿叶之下，甚为绮丽。此竹宜种植于庭院山石之间或书斋、厅堂、小径、池水旁，也可栽于盆中，置窗前、案几上，别有一番情趣。紫竹竿紫黑、叶翠绿，颇具特色，若植于庭院观赏，可与黄槽竹、金镶玉竹、斑竹等竿具色彩的竹种同植于园中，增添色彩变化。为优良园林观赏竹种。

栽植技术：种竹要深挖穴，浅栽，务必使鞭根舒展。立地条件好，则种植密度宜小些；立地条件差，则密度要大些。不强求竹竿直立，竹下部与垫土紧密接触，分次回土踏实，浇足定根水，设置支架。初期抚育着重除草松土、施肥、灌溉，成林后进行护笋养竹、间伐及病虫害防治。栽竹时间以早春2月为宜，雨水充足时也可种植。种植时还要注意天气变化，避免在连续干旱天气种植。

41. 石榴

Punica granatum L.；石榴科石榴属

生长特性：落叶小乔木或灌木，高可达8米。喜光，好温暖，亦具一定抗寒性，在-20℃发生冻枝，但若冬季干冷时间长，-15℃即发生冻枝。在北京避风处可安全越冬，老四合院中大都有栽培，现仍有少量60年老树保存。喜湿润土壤，抗大气干燥，不择土壤，pH值4.5~8.5的土壤均可适应；根系多须根，具较强耐旱力；生长速度中等，寿命长，可存活200年以上；耐修剪，萌发力强，老树常有根蘖可以更新。对大气污染也有较高的适应力和抗性。

城市绿化配置：石榴在我国栽培历史悠久，已逾 2000 年，古人咏石榴的诗、词、歌、赋极多，自古至今石榴均为人喜爱。其树姿优美，适应性强，经 1000 余年的选育，形成了果石榴和花石榴两大体系。开花正值春花已尽的夏季，"五月石榴红似火"（农历），花期前后可达 1 个月；花后果实长至 9~10 月，熟时也是红艳可爱，象征丰收，树上红果绿叶相衬，园林中无论植于何处均极相宜。庭院中植之是传统配植，若配以玲珑山石、荷花缸、千屈菜盆栽则更显别致。池塘岸边、河湾山坡、路口岔道旁，丛栽或片植均可，大道两侧作为绿化亦均可。

栽植技术：秋季落叶后至翌年春季萌芽前均可栽植。地栽应选向阳、背风、略高的地方，土壤要疏松、肥沃、排水良好。根据栽植苗木大小适当开穴，并加入适量腐熟的有机肥作为底肥。栽植时要带土团，地上部分适当短截修剪，栽后浇透水并注意遮阴。定植后第一年，枝叶全部保留，以养树、养根，促使生长。

42. 山桃

Prunus davidiana Franch. ；蔷薇科桃属

生长特性：落叶小乔木，高可达 10 米。产于山东、河北、河南、山西、陕西、甘肃、四川、云南等地。主要分布于我国黄河流域、内蒙古及东北南部，西北也有，多生于向阳的石灰岩山地。山桃属喜光树种，抗旱、耐寒、怕涝。山桃原野生于各大山区及半山区，对自然环境适应性很强，一般土质都能生长，对土壤要求不严。山桃是深根性树种，有明显的主根，侧根、须根发达，穿透力强。山桃虽抗旱，但仍喜肥沃湿润土壤。山桃的移栽成活率极高，恢复速度快。

城市绿化配置：山桃花期早，开花时美丽可观，并有曲枝、白花、柱形等变异类型。园林中宜成片植于山坡并以苍松翠柏为背景，可充分显示其娇艳之美。常与杜梨、沙棘、枸子、狼牙刺、黄刺玫等树种混生，也能形成山桃纯林。在庭院、草坪、水际、林缘、建筑物前零星栽植也很合适。山桃在园林绿化中的用途广泛，绿化效果非常好，深受人们的喜爱。

栽植技术：可裸根起苗，需做到起苗不伤根，随起苗、随打浆、随包装，确保苗木在运输过程中不散失水分。苗木运输到定植地后，及时定植。植树穴深挖 40 厘米见方为宜，将苗木放入栽植穴，扶正、覆土、踏实，栽植深度比原土痕深 2 厘米左右，确保苗木根系舒展，并覆虚土保墒。每年要抚育 1~2 次，松土除草。在生长旺盛期，适当施用有机肥或复合肥，以促进苗木生长。

43. 榆叶梅

Amygdalus triloba Ricker；蔷薇科桃属

生长特性：落叶灌木，高达 3~5 米。产于黑龙江、吉林、辽宁、内蒙古、河北、山西、陕西、甘肃、山东、江西、江苏、浙江等地。喜光，稍耐阴，耐寒，能在-35℃下越冬。对土壤要求不严，以中性至微碱性而肥沃土壤为佳。根系发达，耐旱力强，不耐涝，抗病力强。

城市绿化配置：榆叶梅枝叶茂密，花繁色艳，有较强的抗盐碱能力，是我国北方园林、街道、路边等重要的绿化观花灌木树种。适宜种植在公园的草地、路边，或庭园中的角落、水池等地。如果将榆叶梅种植在常绿树周围或种植于假山等地，其视觉效果更理想。与其他花色的植物搭配种植，在春、秋季花盛开时，花形、花色均极美观，各色花争相斗艳，景色宜人，是不可多得的园林绿化植物。

栽植技术：定植开穴时，可施用腐熟的有机肥作底肥，并浇透定根水，10~15 天后再浇一次水。在进入正常管理后，要注意浇好 3 次水，即早春的返青水、仲春的生长水、初冬的封冻水。早春的返青水对榆叶梅的开花质量和一年的生长影响至关重要，这一次浇水不仅可以防止早春冻害，还可及时供给植株生长的水分。这次浇水宜早不宜晚，一般应在 3 月初进行，过晚则起不到防寒、防冻的作用。榆叶梅喜肥，进入正常管理后可于每年春季花落后、夏季花芽分化期、入冬前各施一次肥。

44. 杏

Armeniaca vulgaris Lam.；蔷薇科杏属

生长特性：落叶乔木，最高可达 15 米。原产于我国，各地多有栽培，其果实为初夏常见水果，华北、西北和华东栽培普遍。耐寒、耐旱，适应性强，品种很多，花开早而多。植于墙隅，开花时节可赏"一枝红杏出墙来"的美景。还有重瓣的栽培品种。

城市绿化配置：树势强健，耐干旱，除作果树外，杏也是一种很好的绿化、观赏树种，尤其是在干旱少雨、土层浅薄的荒山或是风沙严重的地区，杏是防风固沙、保持水土、改善生态环境、造林的先锋树种。

栽植技术：栽植前先按确定的株行距挖宽 80 厘米、深 60 厘米的定植穴，一般山地株行距 3 米×4 米，平原地以株行距 4 米×4 米为宜。以有机肥为基肥，基肥要与表土混合均匀，填在定植穴中部。栽后填土时要分层踏实，防止雨水或灌溉造成土壤下沉过深带来根系断裂或根颈下移，使树以后的生长、结果受到影响。待定植苗成活后，后期管理中，注意浇水和施肥。多选有机肥作为基肥，施肥后有利于增加树体养分积累，提高树体营养水平，并能促使新根萌发，对翌年生长发育极为有利。

45. 毛樱桃

Cerasus tomentosa（Thunb.）Wall.；蔷薇科樱属

生长特性：落叶灌木，高 3 米。原产于我国华北，分布较广。落叶灌木，生于山坡林中、林缘、灌丛中或草地，海拔 100～3200 米。喜光，同时耐阴、耐寒、耐旱、耐高温，适应性极强，寿命较长。田埂、果园周边均可生长。

城市绿化配置：毛樱桃在园林绿化中可采取孤植、列植、丛植等方式，也可与其他树种搭配栽植。在园林中的应用范围很广，可与早春黄色系花灌木如迎春花、连翘配植应用，构成春回大地、欣欣向荣的景象。也适宜以常绿树为背景配置应用，突出色彩的对比。还适宜在草坪上孤植、丛植，配合玉兰、丁香等小乔木构建疏林草地景观。

栽植技术：栽植前挖深 0.5 米、直径 0.5~0.6 米的定植穴，表土与底土分别于两边放置。将苗木根部置于穴中，回填表土埋根，边埋边提动苗木，使根系与土壤充分接触，再填表土，用脚踏实，并及时灌水。栽后 5~7 天浇缓苗水，连续 1~2 次即可。待定植苗成活后，后期管理中，注意浇水和施肥。毛樱桃耐瘠薄、耐旱，但肥水条件改善后产量、质量提高明显。多选有机肥作为基肥，施肥后有利于增加树体养分积累，提高树体营养水平，并能促使新根萌发，对翌年生长发育极为有利。

46. 木瓜

Chaenomeles sinensis（Thouin）Koehne；蔷薇科木瓜属

生长特性：落叶小乔木，高达 7 米。原产于我国，浙江、江西、广东、广西等地都有栽培。喜温暖环境，不耐阴，栽植地可选择避风向阳处。在江淮流域可露地越冬，对土质要求不严，但在土层深厚、疏松肥沃、排水良好的沙质土壤中生长较好，低洼积水处不宜种植。喜半干半湿，土壤过湿则花期短。结果后喜湿，若土干，就很容易落果。果熟期土壤过湿也易落果。

城市绿化配置：木瓜是常见的观赏植物。木瓜以其树姿优美、花色繁多、花形多样、花期长，以及春季赏花、夏季观果、秋季果香袭人等特有的观赏特性，成为盆栽花卉和园林绿化的优良树种。

栽植技术：定植最好在春季枝条萌动时进行，栽植前先按确定的株行距挖宽 80 厘米、深 80 厘米的定植穴，株行距 2 米×2 米左右。以有机肥为基肥，基肥要与表土混合均匀，填在定植穴中部，每穴定植 1 株。苗栽入穴内要求根系舒展，根部用细土盖严、踩实，然后浇足水，待水渗后回填土壤封穴。木瓜定植后，应在春季进行中耕除草。木瓜栽后应在春、秋两季追肥或叶面喷肥，促使植株生长健壮。定植后 2~3 年，冬前还应结合追肥培土防寒。

47. 贴梗海棠（皱皮木瓜）

Chaenomeles speciosa（Sweet）Nakai；蔷薇科木瓜属

生长特性：落叶灌木，高可达 2.5 米。原产于我国西北的甘肃南部、陕西南部，西南的四川、云南、贵州及华南的广东和广西，另见于河南西南及湖北西部各地。现辽宁南部、长城以南各地园林中普遍栽培，且早已被引入欧美各国，并与倭海棠杂交，选育出很多观赏品种。喜光，亦耐半阴，有较强耐寒、抗旱能力；对土壤要求不严，酸性、中性或轻碱土都能适应，但忌过湿积水地；在荫蔽处则仅能生长，而开花少或不开花。根系发达，萌发性好而耐修剪，分蘖力旺。

城市绿化配置： 公园、庭院、校园、广场等道路两侧可栽植贴梗海棠。贴梗海棠可作为独特孤植观赏树或三五成丛点缀于园林绿地中，也可培育成独干或多干的乔灌木作片林或庭院点缀；春季观花，夏、秋赏果，可制作多种造型的盆景，被称为"盆景中的十八学士之一"。贴梗海棠盆景可置于厅堂、花台、门廊角隅、休闲场地，可与建筑合理搭配，使庭院倍添风采，被点缀得更加幽雅清秀。

栽植技术： 栽植时间以秋季落叶后为好，选 2～3 年生树苗定植。种植株行距取 3～4 米为宜，孤植、列植根据地形确定株行距。栽植前先按确定的株行距挖宽 60 厘米、深 60 厘米的定植穴，以有机肥为基肥，基肥要与表土混合均匀，填在定植穴中部。栽后填土时要分层踏实，防止雨水或灌溉造成土壤下沉过深带来根系断裂或根颈下移，使树以后的生长受到影响。待定植苗成活后，后期管理中，注意浇水和施肥。多选有机肥作为基肥，以秋施效果最佳。多在 9 月下旬至 10 月上旬进行，此时正处于树体营养物质积累旺盛期，地下根系生长旺盛，吸收能力强，施肥后有利于增加树体养分积累，提高树体营养水平，并能促使新根萌发，对翌年生长发育极为有利。

48. 平枝枸子

Cotoneaster horizontalis Decne；蔷薇科枸子属

生长特性： 落叶或半常绿匍匐灌木，高不及 0.5 米。原产于我国，半常绿较低矮的花灌木分布于陕西、甘肃、湖南、湖北、四川、贵州、云南等省。多散生于海拔 2000～3500 米的灌木丛中。喜温暖湿润的半阴环境，耐干燥和瘠薄的土地，有一定的耐寒性，怕积水。

城市绿化配置： 平枝枸子枝叶横展，叶小而稠密，花密集枝头，晚秋时叶色红艳，红果累累，是布置岩石园、庭院、绿地和墙沿的优良植物，也可作为地被植物。在园林中，和假山叠石相伴，在草坪旁、溪水畔点缀，相互映衬，景观绮丽。

栽植技术：对地栽的植株，在春、夏两季根据干旱情况施用 2~4 次肥水，采用环状释肥的方法，先在根颈部根据树冠大小，开一圈小沟（植株越大，则离根颈部越远），沟宽、深都为 20 厘米左右。沟内撒进适量有机肥或者复合肥，然后浇透水。入冬以后、开春以前，照上述方法再施肥一次，但不用浇水。春季植株开始萌动的时候，浇透水，保证营养生长。

49. 水栒子

Cotoneaster multiflorus Bunge；蔷薇科栒子属

生长特性：落叶灌木，高可达 2~4 米。产于东北、华北、西北及西南各地。生长势很强，喜光，耐寒，稍耐阴，在高大树木下部或其他稍有荫蔽的地方也能正常生长。水栒子对土壤要求不严，在肥沃且通透性好的沙壤土中生长最好。其抗逆性很强，极耐干旱和瘠薄，但不耐水淹。

城市绿化配置：水栒子是落叶灌木，花洁白，果艳丽繁盛，是北方地区常见的观花、观果树种。水栒子既是优良的园林观赏树种，又是保持水土、涵养水源的重要树种。可作为观赏灌木或剪成绿篱，有些匍匐散生的种类还是点缀岩石园和保护堤岸的良好植物材料。在园林中，水栒子可于草坪中孤植供欣赏，也可几株丛植于草坪边缘或园林转角，或者与其他树种搭配混植构造小景观。

栽植技术：参阅平枝栒子。

50. 山楂

Crataegus pinnatifida Bunge；蔷薇科山楂属

生长特性：落叶小乔木，高可达 8 米。产于我国东北、华北、华东、西北东部地区及四川北部山区。朝鲜及俄罗斯远东地区亦有分布。生长在海拔 100~1500 米，多与其他树木混交；喜光，耐干旱、瘠薄，耐寒性强，寿命长达300年；根系发达，萌蘗性强，有根蘗更新能力，在贫瘠、土层薄条件下多有萌蘗出生。不耐钙质土。

城市绿化配置： 山楂枝繁叶茂，在园林中可作隔离刺篱之用；叶色深绿，初夏满树白花，入秋后红果累累缀于枝顶，艳丽可爱，在园林中植为园路行道树或庭院植之观赏兼收果品均甚相宜。

栽植技术： 栽植时间以秋季落叶后为好，选5~6年生树苗定植。种植山楂观赏园，株行距取3~4米为宜，孤植、列植根据地形确定株行距。栽植前先按确定的株行距挖宽80厘米、深60厘米的定植穴，以有机肥为基肥，基肥要与表土混合均匀，填在定植穴中部。栽后填土时要分层踏实，防止雨水或灌溉造成土壤下沉过深带来根系断裂或根颈下移，使树以后的生长、结果受到影响。待定植苗成活后，后期管理中，注意浇水和施肥。多选有机肥作为基肥，以秋施效果最佳。多在9月下旬至10月上旬进行，此时正处于树体营养物质积累旺盛期，地下根系生长旺盛，吸收能力强，施肥后有利于增加树体养分积累，提高树体营养水平，并能促使新根萌发，对翌年生长发育极为有利。

51. 棣棠

Kerria japonica（L.）DC.；蔷薇科棣棠属

生长特性： 落叶灌木，高1~2米。产于我国，西起甘肃东南部、陕西秦岭、山西中条山，至河南太行山、山东昆嵛山以南各地。朝鲜、日本亦有分布。重瓣棣棠各地普遍栽培。自然生长多在海拔1000米左右，常在溪河岩边及乱石堆上或平缓坡地灌木丛生长，并多能形成小片群落，或者与珍珠梅、绣线菊、锦鸡儿、木兰等混生。喜温暖湿润气候，好光，也能耐半阴，耐干旱，耐寒性也较强，但重瓣棣棠抗寒性稍差，在北京栽培有时遇干旱寒冷稍有枯梢现象发生。根蘗力强，可自发根蘗形成群丛。

城市绿化配置： 棣棠叶翠绿细柔，金花满树，别具风姿，可栽在墙隅及管道旁，有遮蔽之效。宜作花篱、花径，群植于常绿树丛之前、古木之旁、山石缝隙之中，或池畔、水边、溪流及湖沼沿岸成片栽种，均甚相宜；若配植于疏林草地或山坡林下，则尤为雅致，野趣盎然；作盆栽观赏也可。

栽植技术：棣棠以分株、扦插和播种法繁殖。每年夏季中耕除草，要多浇水，其他时间不要经常浇水，在整个生长期视苗势酌量追施 1~2 次液肥。当发现枝条由上而下渐次枯死时，立即剪掉枯死枝，否则蔓延到根部，导致全株死亡。在开花后留 50 厘米高，剪去上部的枝，促使地下芽萌生。

52. 火棘

Pyracantha fortuneana（Maxim.）Li；蔷薇科火棘属

生长特性：常绿灌木，高 2~4 米。原产于我国，自甘肃、陕西、河南、湖北、安徽及江苏南部以南各地均有分布。在海拔 400~2000 米的丘陵、山地河谷多有生长，尤以西南最为集中。火棘喜光、好湿润，多生长于温暖地带，亦耐半阴。根系发达，深达 60 厘米，喜生长于沟谷、河岸及冲积滩等的排水性好的壤土上，忌透气性差、排水不良之处。萌发力强，耐修剪，根萌蘖力强。北京引种，植于避风向阳的楼前、院内可以安全越冬，并能正常开花结实。

城市绿化配置：可作绿篱，也适合栽植于护坡之上。可采取拼栽、截枝、放枝及修剪整形的手法将火棘作为球形布置，错落有致地栽植于草坪之上，点缀于庭院深处。火棘球规则式地布置在道路两旁或中间绿化带，还能起到绿化、美化和醒目的作用。也可作盆景和插花材料。火棘的果枝也是插花材料。

栽植技术：选择地势平坦，富含有机质的沙质壤土种植为宜，按株行距 2 米×2 米开穴，穴深 0.6 米，填入基肥和表土混匀，将树苗栽入穴中，分层覆土并踏实，浇足定根水。每年冬季施 1 次基肥。花前和坐果期各追施尿素 1 次。开花前后注意浇水，有利于火棘的生长发育，冬季进入休眠期前应灌 1 次封冻水。火棘具有较强的耐寒性，在-10℃仍能正常生长并安全越冬。如在冬季温度较高的地方种植，对植株休眠不利，就会影响翌年开花、结果，影响观赏性。

53. 月季

Rosa chinensis Jacq.；蔷薇科蔷薇属

生长特性：常绿、半常绿或落叶灌木。原产我国中部及西南地区，在全国各地均有栽植，东北及西北寒冷地区多盆栽。18 世纪即传入欧洲，后经国外杂交选育培育成现代月季，20 世纪风靡全球。月季为阳性灌木，喜温暖湿润气候，有一定抗寒及耐高温能力，适应性强，对土壤要求也不严，但过酸或过碱（最适 pH 值为 6~7.8）、过于黏重或含盐量高于 0.2% 的土壤不宜种植；萌发力强，耐修剪，并具一定耐旱力，但忌积水；海拔 5~3500 米，只要温度能满足，均可适应。其适生温度为 20~36℃，常年高温对其生长不利，使其寿命减短。

城市绿化配置：月季为世界著名观花灌木，品种、类型繁多，园林中随处均可种植观赏，其蔓生性月季还是立体绿化的好材料。月季因其攀缘生长的特性，主要用于垂直绿化，在园林造景、美化环境中具有独特的作用。如能构成赏心悦目的通道和花柱，做成各种拱形、网格形，或用框架式架子供月季攀附，再经过适当的修剪整形，可装饰建筑物，成为联系建筑物与园林的巧妙"纽带"。

栽植技术：月季生命力旺盛，移栽存活率较高，对土壤要求不严格，但是喜欢湿润而肥沃的土壤，有条件的，最好在栽前开沟施基肥。种下之后浇一次定根水，要完全打湿土壤，以便让根系与土壤有机结合，利于吸收养分。在缓苗期注意不能暴晒，可用遮阳措施防晒。缓苗期过后，植株正常生长的时候对浇水的依赖会相对减少，但是在春季和夏季生长旺盛的时候要经常浇水。在春季、夏季、秋季，修剪之后或生长最快的时候，可以结合浇水进行施肥。月季需要修剪次数较多，修剪对株形的控制、花朵大小以及花量多少都有影响，在修剪后 3 天内最好施一次肥，让植株有充足的养分生长。

54. 多花蔷薇

Rosa multiflora Thunb.；蔷薇科蔷薇属

生长特性：落叶灌木。原产我国华北、华中、华东、华南及西南地区，主产于黄河流域以南各地的平原和低山丘陵，品种甚多，宅院、亭台多见。朝鲜半岛、日本均有分布。喜光、耐半阴，耐寒，对土壤要求不严，在黏重土中也可正常生长。耐瘠薄，忌低洼积水。以肥沃、疏松的微酸性土壤最好。在阳光比较充足的环境中才能生长正常或生长良好，而在荫蔽环境中生长不正常，甚至死亡。

城市绿化配置：疏条纤枝、横斜披展、叶茂花繁、花香四溢，是良好的春季观花树种，适用于花架、长廊、粉墙、门侧、假山石壁的垂直绿化，也可植于围墙旁，引其攀附。园林中多将之攀附于各式通风良好的架、廊之上，可形成花球、花柱、花墙、拱门形、走廊等景观，具有很好的观赏价值。在山野间、公园里甚至庭院里都可以看到绽放灿烂的多花蔷薇。

栽植技术：参阅月季。

55. 玫瑰

Rosa rugosa Thunb.；蔷薇科蔷薇属

生长特性：落叶直立丛生灌木，高1~2米。原产我国华北、西北及西南各山地。栽培历史悠久，几乎遍布全国，并形成北京妙峰山、河南周口、山东半阴、浙江吴兴等地种植产业。玫瑰喜光，耐旱、耐寒，对土壤要求不严格，适应性强，但要求土壤排水及透气性好，不耐黏重土和土壤积水；根系强健，萌发性强；不耐荫蔽，在阴处虽能生存，但生长不良，开花稀少甚至不开花。

城市绿化配置：玫瑰花香浓郁而典雅，色艳而脱俗，可植于路旁、园边、地角等处，或用于做花柱、花架，也可群植或布置成专类园。

栽植技术：参阅月季。

56. 黄刺玫

Rosa xanthina Lindl.；蔷薇科蔷薇属

生长特性：落叶灌木，高2~3米。东北、华北各地庭园常见栽培。喜光，稍耐阴，耐寒力强。对土壤要求不严，耐干旱和瘠薄，在盐碱土中也能生长，以疏松、肥沃土地为佳。不耐水涝，少病虫害。

城市绿化配置：园林中用作绿篱栽培，春、夏间还可赏花，平时因有刺而可以起到防护隔离作用；草地上丛植、庭院中孤植也很合适；在坡地大量种植，既可观赏，又能起到保持水土的作用。

栽植技术：黄刺玫栽培容易，管理粗放，病虫害少。栽植黄刺玫一般在3月下旬至4月初进行。需带土球栽植，栽植时，穴内施有机肥作基肥，栽后重剪并浇透水，隔3天左右再浇1次水，便可成活。成活后一般不需再施肥，但为了使其枝繁叶茂，可隔年在花后施1次追肥。日常管理中应视干旱情况及时浇水，以免因过分干旱缺水引起萎蔫甚至死亡。雨季要注意排水防涝，霜冻前灌1次防冻水。花后要进行修剪，去掉残花及枯枝，以减少养分消耗。落叶后或萌芽前结合分株进行修剪，剪除老枝、枯枝及过密的细弱枝，使其生长旺盛。对1~2年生枝应尽量少短剪，以免减少开花数量。

57. 珍珠梅

Sorbaria sorbifolia（L.）A. Br.；蔷薇科珍珠梅属

生长特性：落叶丛生灌木，高2米。产于亚洲东北部，在我国分布在东北三省、内蒙古、河北北部山区，多生于海拔250~1500米山地林缘、疏林中或河谷湿润地。耐寒、耐阴、喜光、耐旱，不择土壤，耐一定盐碱。根系发达，萌发力强，耐修剪，萌蘖力强，生长快，适应力强。

城市绿化配置：花期正值夏季少花期，花期长而又耐阴，且耐修剪，故为园林中阴处栽植观赏灌木，可作绿篱，也可丛植、孤植于庭院供观赏，溪、河、池塘岸边栽植也较适宜。

栽植技术：珍珠梅适应性强，对土壤要求不严，但是栽培在深厚肥沃的沙壤土中则生长更好，开花更繁茂。对肥料要求也不高，刚栽培时施足基肥就能满足其生长要求，以后不需再追肥，只需浇水。春季干旱时要及时浇水，夏、秋干旱时浇水要透，以保持土壤不干旱，入冬前还需浇1次防冻水。花后要及时修剪掉残留花枝，以保持株形整齐，避免养分消耗，促使其生长健壮，秋后或春初还应剪除病虫枝和老弱枝，对1年生枝条可进行强修剪，促使枝条更新与花繁叶茂。

58. 珍珠绣线菊

Spiraea thunbergii Sieb. ex Bl.；蔷薇科绣线菊属

生长特性：落叶灌木，高可达 1.5 米。原产我国及日本，在我国主要分布于浙江、江西和云南等地，陕西、辽宁等省也有栽培。生长于河流沿岸、湿草原、空旷地和山沟中，海拔 200~900 米。喜光，耐寒，抗旱，不耐阴，喜温暖湿润的气候和深厚肥沃的土壤，萌蘖力和萌芽力均强，耐修剪。

城市绿化配置：珍珠绣线菊树姿优美，枝条潇洒，小枝纤细向上倾斜弯曲，花朵小巧密集，布满枝头，在阳光照射下，犹如串串珍珠，晶莹洁白，亮丽好看。秋季枝繁叶茂，叶变为橘红色，如羽毛，非常美丽。它在园林中用途很广，街道、草坪、公园、楼前等地均可栽植，是园林绿化中不可多得的观花、观叶树种。珍珠绣线菊可与常绿树搭配，组成色彩明快的人行隔离带。珍珠绣线菊可以单株点缀，也可以丛植在开阔的草坪中，还可以将其修剪成球形、半球形等形状，等距离地点缀在小面积草坪中，增加草坪的魅力。

栽植技术：珍珠绣线菊扦插成活率比较高，除冬季外均可扦插繁殖。扦插基质可选用保水性能较好的珍珠岩、蛭石或河沙。选取生长健壮、充实的当年生枝条作插穗。第二年春季即可移出，栽入庭院，每穴种植 2~4 株均可，栽植后应及时浇透定根水，存活后及时进行中耕除草。在花芽分化期，喷施药物，如促花王 3 号，能使植物从营养生长转化成生殖营养，抑制主梢疯长，促进花芽分化、多开花。

59. 栀子花

Gardenia jasminoides Ellis；茜草科栀子属

生长特性：常绿灌木，高 1~3 米。原产于我国大部分地区，在华东和西南、中南多数地区栽培较为集中。栀子花喜温暖、湿润、光照充足且通风良好的环境，但忌强光暴晒，适宜在稍庇荫处生长；耐半阴，怕积水，较耐寒。宜用疏松肥沃、排水良好的轻黏性酸性土壤种植，是典型的酸性花卉。

　　城市绿化配置：栀子花叶常绿而光亮，花洁白而芳香，花大且延续期长，其花期又正值暑热，馥郁芳香有消暑祛热之效，其抗大气污染的能力也很强。园林中无论庭院栽植，或丛植、列植，或植成绿篱，或在大型花坛边缘、建筑物基础、大型观赏山石基及近侧等处栽植，均极相宜。阴坡台地片植，形成栀子坡，花期满坡芳香，有"香雪海"气势。栀子花也是簪花、襟花，还可折花在室内浸放于盛水小碟中，满屋散香可持续数日。

　　栽植技术：栀子花是酸性土壤的指示植物，故土壤的酸碱性是决定栀子花生长好坏的关键。选用肥沃的酸性土壤地区种植，土壤 pH 值在 4.0~6.5 为宜。栀子花的最佳生长温度为 16~18℃，温度过低和太阳直射都对其生长极为不利。冬季温度不能低于 0℃，北方注意保温养护，南方可露地越冬。栀子花喜空气湿润，生长期要适量增加浇水次数，炎热季节应多浇水。但花现蕾后，浇水不宜过多，以免造成落蕾。冬季气温低，南、北方均宜控制浇水。冬季浇水以偏干为好，防止水大烂根。栀子花是喜肥的植物，为了满足其生长期对肥的需求，进入生长旺季，可每半月追肥一次。

60. 大花栀子

Gardenia jasminoides Ellis var. *grandiflora* Nakai. ；茜草科栀子属

　　生长特性：常绿灌木，是栀子花的变种，与原种的区别是花大重瓣、不结果。分布于我国中部及南部，全国大部分地区均有栽培，喜湿润、温暖、光照充足且通风良好的环境，但忌强光暴晒。

　　城市绿化配置：大花栀子枝叶繁茂，属木本植物，叶色四季常绿，花芳香素雅，绿叶白花格外清丽可爱，是城市美化、公路绿化、庭院盆景观赏的优良树种。它适用于阶前、池畔和路旁配置，也可用作花篱、盆栽和盆景观赏。

　　栽植技术：大花栀子宜用疏松肥沃、排水良好的酸性土壤种植。故土壤的酸碱度是决定大花栀子生长好坏的关键。选用肥沃的酸性土壤地区种植。温度过低和太阳光直射都对其生长极为不利。冬季温度不能低于 0℃，北方注意保温养护，南方可露地越冬。大花栀子喜空气湿润，生长期要适量增加浇水次数，炎热季节应多浇水。但花现蕾后，浇水不宜过多，以免造成落蕾。冬季气温低，南、北方均宜控制浇水。冬季浇水以偏干为好，防止水大烂根。大花栀子是喜肥的植物，为了满足其生长期对肥的需求，进入生长旺季，可每半月追肥一次。

61. 枸橘

Poncirus trifoliata（L.）Raf.；芸香科枳属

生长特性： 落叶灌木或小乔木，高可达 7 米。原产我国，陕西、甘肃、河北、山东、云南等地均有分布。喜微酸性土壤，不耐碱性土壤；生长速度中等，发枝力强，耐修剪；主根浅，须根多。喜光，喜温暖湿润气候，较耐寒，能耐-20℃左右的低温，在北京可露地栽培。

城市绿化配置： 枝条绿色而多刺，花于春季先叶开放，秋季黄果累累，可观花、观果和观叶。在园林中多栽作绿篱或者作屏障树，因耐修剪，可整形为各式篱及洞门形状，既有分隔园地的功能又有观花赏果的效果，是良好的观赏树木之一。多栽培于荒地、路旁，或作庭园绿篱。枸橘易管理，耐修剪，是良好的绿化树种。

栽植技术： 枸橘的繁殖以扦插较好，在 6~7 月采取当年生半木质化且无病虫害的枝条，剪成 15 厘米左右的插条，插入素沙土中，适当遮阴并保持 70% 以上的湿度，45 天左右即可生根，栽种年份的第二年 5 月可移栽。枸橘喜光，应栽种于光照充足处。枸橘喜温暖环境，也较耐寒，冬季气温不低于-25℃即可安全越冬，但幼苗需采取防寒措施，可用稻草绑扎防寒，成株则不需防寒。枸橘喜湿润环境，但怕积水，夏季雨天应及时做好排水工作，以防水大烂根。因其根系较浅，遇高温天气应及时浇水。给枸橘施肥可于春季萌芽时施 1 次三要素复合肥，坐果后也应追施 2~3 次圈肥，间隔时间为 20 天左右。

62. 接骨木

Sambucus williamsii Hance；忍冬科接骨木属

生长特性： 落叶灌木或小乔木，高可达 8 米。产于我国，分布于东北、华北及西北至长江流域各地，朝鲜半岛及日本也有分布。适应性广，耐寒、耐旱，喜光，亦耐阴，好湿润并能在短期浸水条件下不致受涝。天然分布多在海拔 2000 米以下至海平面以上的沙壤土上生长，常在林下或林缘散生，或在河滩冲积堆上形成小片群丛。根部萌发力强，旧时北京郊区农村有种作地界性篱笆者，若在一侧砍伐、挖根，即向这一侧延伸，因而被誉为"公道老"。其叶内异味，东北称为马尿骚。

城市绿化配置：接骨木枝叶繁茂，病虫害少，适应性广，且抗大气污染而有净化空气作用。春季白花芳香，夏、秋红果艳丽，是观赏性很高的树种。植于庭院、草坪、林间、林缘、池畔、溪岸，都是很好的观赏树。工矿企业植为防护林，可过滤有害气体，净化空气。在荒废坡地种植，利用庞大根系可保持水土，改善环境。花、果剪截可作插瓶切花欣赏。

栽植技术：接骨木每年春、秋季均可移苗。剪除柔弱、不充实和干枯的嫩梢，按植株大小适当开穴，穴中施加有机肥并与原土混匀，每穴移苗 1 株，填土、压紧，再盖土使稍高于地面。注意中耕除草、追肥，肥料以有机肥为主，移栽后 2~3 年，每年春季和夏季各中耕除草 1 次。生长期可施肥 2~3 次，对徒长枝适当截短，以增加分枝。

63. 文冠果

Xanthoceras sorbifolia Bunge.；无患子科文冠果属

生长特性：落叶乔木或灌木，高可达 10 米。我国特产，分布于吉林、辽宁、内蒙古、河北、山东、河南、山西、陕西、宁夏、甘肃、青海东南部及四川北部的广大地区。多生长于海拔 500~2000 米中低山区及黄土高原丘陵沟壑区和蒙古高原干旱地，也生长于高寒稀树地带。喜光，亦耐半阴，耐严寒，抗干旱，对土壤无严格要求，沙荒地、砾石地、黏重土壤或崖壁风化缝隙、一定盐碱地（含盐量 0.3% 以下）和轻酸土（pH 值为 6）都能生长，但在中性、肥沃、疏松土壤上生长最好，喜钙质土。深根性，侧根少而主根发达，萌蘖力强，生长缓慢，但成熟早，4~5 年生即可开花。寿命长，可达 300 年以上。忌水涝。

病虫害极少。

城市绿化配置： 可作园林中观花树木栽培，无论植于何处均可，花期持续约 20 天，开花时顶端及相近叶腋都有花序开放，几乎满树是花。栽培类型还有红色（花瓣红纹满布）及重瓣者。也可剪下花枝插瓶置于室内欣赏。

栽植技术： 文冠果既可秋季定植，也可春季移栽，以秋季落叶时栽植为最好。特别是大面积发展且不具备浇水条件的山区丘陵，要求秋栽，无须浇水成活率也能高达90%以上。春季早栽也可提高成活率。栽植时株行距为 2~3 米，挖穴规格一般为 60 厘米×60 厘米，穴中施加有机肥并与原土混匀，每穴移苗 1 株，填土、压紧，再盖土使稍高于地面。及时中耕除草，生长期一般一年可施肥 2~3 次，分别为萌芽前、花后和果实膨大期。萌芽前及时定干，定干高度 80 厘米左右。夏季修剪主要包括抹芽、除萌、摘心、剪枝、扭枝等，冬季修剪主要是修剪骨干枝和各类结果枝，疏去过密枝和病虫枝等。

64. 枸杞

Lycium chinense Mill.；茄科枸杞属

生长特性： 落叶灌木，株高 1~2 米。原产于我国黄河流域以南地区，河北省有野生，朝鲜、日本与欧洲有栽培。树体强健，耐寒、耐盐碱，喜阳光充足、温暖气候；在肥沃、排水良好、土层深厚的沙质土壤上生长旺盛，在气候凉爽地区也能生长良好。忌黏质土与低洼湿涝，是钙质土指示植物。栽培品种很多，有观花、观果珍品。

城市绿化配置： 可用作绿篱以及水土保持的灌木栽植，也可丛植于池畔、台坡，还可植于河岸护坡。孤植供观赏可选用较大的苗木，利用其枝条柔软、耐修剪的特性进行各种艺术造型。列植时，可沿园路两边种植形成花廊或搭拱形花架将其枝条绑扎形成花棚。丛植时，可作为岩石园或假山的植物配置。群植则可成片布置在园角、路隅、岩坡、池畔或在绿地中自成群落，果实成熟时红灿灿一片，颇为美丽壮观。

栽植技术： 栽前对苗木进行修剪，包括对根部以上的萌条和苗冠部位的徒长枝全部剪去，以及对挖苗时挖伤的根剪平，以防止栽后腐烂，造成死亡。定植穴施有机肥，并与原土混合均匀，施肥层上填土5厘米左右，再放苗栽植。枸杞定植后及时灌水，后根据土壤墒情，7~10天内再灌水一次。枸杞完全成活后灌第三次水，结合灌第三次水开始追施第一次肥，以后灌水，可结合追肥一并进行。第一次追肥以磷肥为主，氮肥为辅，深施为宜。第二次追肥以氮磷钾三元复合肥为主，追肥时间在果枝开花时为宜。第三次追肥以氮、磷肥混合使用，相应氮肥比例高于磷肥，这次施肥在果实成熟时进行。

65. 山茶

Camellia japonica L.；山茶科茶属

生长特性： 常绿乔木或灌木，高3~15米。广泛分布于东亚，主产于中国和日本。我国从山东沿海自青岛往南，沿长江流域及以南各地均有分布。喜温暖湿润气候，尤好空气湿润；喜光而又忌暴晒，半阴或侧方隐蔽处生长最好；可在-10℃低温而潮润的环境中生长良好；最高温度不宜超过35℃，在32℃以上高温，再遇强光暴晒，则易出现日灼焦叶；对土壤要求湿润而不积水，排水和透气性均好的中性至酸性土上最宜生长，好肥沃疏松壤土；在黏重土及钙质土上生长不良。温度变化缓慢、湿度高的地方生长良好。

城市绿化配置： 山茶四季常绿，分布广泛，树姿优美，是我国南方重要的植物造景材料之一，可孤植、群植，亦可作盆景插花、切花，还可通过人工整形成球形、伞形、圆柱形树冠，或山茶墙树式，或平卧铺地式，使山茶匍匐于地面生长。

栽植技术： 山茶喜阴，园林绿化栽培，旁边要有庇荫树；圃地栽培，要有成行的遮阴树。土壤选择肥沃、排水良好的微酸性壤土，pH值在5.5~6。2~3月春植以小苗为主，11月秋植，效果较好。山茶不喜肥，一般花前（10~11月）、花后（4~5月）施肥2~4次。肥料主要采用复合肥，并结合适量磷肥；山茶生长缓慢，不宜强度修剪；树冠发育均匀，不需特殊修剪，只需剪除病虫枝、过密枝、弱枝和徒长枝。新植苗为确保成活，也可适度修剪。摘蕾是栽培管理的重要一环，一般每枝最多保留 3 个花蕾，并保持一定间距，这样可减少植株养分消耗过大，避免影响开花。

66. 木绣球

Viburnum macrocephalum Fort.；忍冬科荚蒾属

生长特性：落叶或半常绿灌木，高可达 8 米。产于我国，分布于陕西秦岭以南的长江流域中下游各地。喜温暖湿润气候，好光，亦耐半阴，多生长于肥沃深厚、疏松而排水良好的土壤上，抗寒性中等，北京可栽培，生长发育良好。

城市绿化配置：木绣球是一种常见的庭院花卉，其伞形花序如雪球累累，簇拥在椭圆形的绿叶中，煞是好看。最宜孤植于草坪及空旷地，使其四面开展，体现个体美；若群植，花开之时有白云翻滚之效，十分壮观；栽于园路两侧，使其拱形枝条形成花廊，漫步于花下，顿时使人心旷神怡；配置于庭中堂前、墙下窗前，也极相宜。

栽植技术：常采用扦插或分株繁殖。分株繁殖在 11 月下旬或 3 月中旬进行，将母株根部由萌蘖生成的幼树掘出栽植在事先挖好的定植穴内即可。移栽时，小苗需带宿土，大苗需带土球，要施足基肥，浇足水。以后每年秋季落叶后要在根周围挖沟施有机肥，促使第二年多开花。木绣球主枝易萌发徒长枝，扰乱树形，花后可适当修剪。每年秋季进行一次适当疏剪，剪除徒长枝及弱枝，短截长枝。早春剪除残留果穗及枯枝。夏季剪去徒长枝先端，以整株形。花后应施肥 1 次，以利于生长。

67. 天目琼花

Viburnum sargentii Koehne；忍冬科荚蒾属

生长特性：落叶灌木，高达 3 米。原产于我国，发现于浙江天目山地区。天目琼花山野自生，天然分布于内蒙古、河北、甘肃及东北地区，国外分布于朝鲜、日本、俄罗斯等。生于溪谷边、疏林下或灌丛中，海拔 1000~1650 米。日本、朝鲜和前苏联西伯利亚东南部也有分布。耐寒，耐半阴，耐旱，少病虫害。喜光又耐阴，多生于夏凉湿润多雾的灌木丛中；对土壤要求不严，微酸性及中性土壤都能生长。根系发达，移植容易成活。

城市绿化配置：天目琼花的复伞形花序很特别，边花白色、很大，非常漂亮但却不能结实，心花貌不惊人却能结出累累红果，两种类型的花使其春可观花、秋可观果，在园林中广为应用。植于草地、林缘均适宜；其较为耐阴，是种植于建筑物北面的好树种。天目琼花树姿清秀，叶形美丽，花开似雪，果赤如丹，宜在建筑物四周、草坪边缘配植，也可在道路边或假山旁孤植、丛植或片植。

栽植技术：参阅木绣球。

68. 美国地锦

Parthenocissus quinquefolia Planch.；葡萄科爬山虎属

生长特性：落叶大藤本，长达 20 米。原产美国东部，我国引种栽培，较爬山虎更耐寒，可露地栽培，但攀缘能力、吸附能力较逊色，在北方墙面上的植株常被大风刮掉。美国地锦喜温暖气候，具有一定的耐寒能力；耐贫瘠，对土壤与气候适应性较强，干燥条件下也能生存，在中性、偏碱性土壤中均可生长，并具有一定的抗盐碱能力，是一种较好的攀缘植物。生长旺盛、抗病性强、少病虫害是美国地锦的主要优点。

城市绿化配置：广泛应用于南北广大地区庭院绿化，常用于垂直绿化建筑物的墙壁、假山等，短期内能收到良好的绿化、美化效果。夏季对墙面的降温效果明显，一般可以自然遮阴降温 1~6℃。20 世纪 90 年代后期，美国地锦逐步被引入公路绿化，作为地被和护坡材料，美化效果十分显著。

栽植技术：美国地锦常用繁殖方法主要有扦插、压条。扦插繁殖，无论硬枝、嫩枝叶均易生根，插后 20 余天即可见根，既有切口愈伤根，也有皮孔根；枝条着地见湿也能生根，截断移出即为新株。压条可于春季进行，将老株枝条弯曲埋入土中生根，第二年春切离母体，另行栽植。美国地锦的生命力极强，故而繁殖极易成活。小苗成活生长一年后，即可移栽定植。栽时深翻土壤，施足腐熟基肥。当小苗长至 1 米长时，即应用铅丝、绳子牵向攀附物。在生长期，可追施液肥 2~3 次，并经常锄草松土做堰，以免被草淹没，促其健壮生长。

69. 地锦

Parthenocissus tricuspidata（Sieb. et Zucc.）Planch.；葡萄科爬山虎属

生长特性：落叶藤木。产于我国，从东北吉林、辽宁，再经河北、山西、内蒙古南部至陕西、甘肃、青海、西藏东南部往东，沿长江流域各地及以南至海南，皆有生长。朝鲜、日本也有分布。自然生长多在海拔 200~1500 米中低山区及丘陵沟壑，华南及西南可升至海拔 2500 米。喜光，亦耐阴，自然分布多在半阴坡或阴坡；喜湿润，抗寒，亦耐高温，但长时间高温干旱，则出现落叶。对土壤适应性很强，甚至轻碱地和含盐量 0.2% 的轻盐地上也能生存。耐修剪，萌芽力很强。

城市绿化配置：爬山虎是建筑物墙体绿化的极好树种，适应性强，生长快，绝无任何破损墙体因素；相反，有它依附后，夏季墙体受热和冬季寒冷都可减轻，可以保护墙体，延长墙体寿命，同时室内夏季吸热减少，冬季散热降缓，可达到冬暖夏凉的目的，还可增添绿色面积，增加氧气并减少二氧化碳和其他不良气体的污染。园林山石、假山，若种上爬山虎贴附，则显示生机，较光颓枯干更觉美不胜收。悬崖峭壁、陡坡、堤岸种植覆盖，可起护堤固坡及减轻水土流失和绿化的多重效应；荒地或稀疏林地种植，可以覆盖地面，减轻风蚀扬沙飞土并增加绿量；古树旁种植令其附着生长，因其不缠绕而只吸盘附着，不致损伤古树，还可起到一定保护作用，更增添古树观赏意义。庭院粉墙一隅种植，稍加管理和修剪，可增加不少景色。

栽植技术：繁殖方法主要有压条、扦插。压条可于春季进行，将老株枝条弯曲埋入土中生根，第二年春切离母体，另行栽植。硬枝扦插于 3~4 月进行，将硬枝剪成 10~15 厘米插入土中，浇透水，保持湿润。嫩枝扦插取当年生新枝，在夏季进行。爬山虎的生命力极强，故而繁殖极易成活。小苗成活生长一年后，即可移栽定植。栽时深翻土壤，施足腐熟基肥。当小苗长至 1 米长时，即应用铅丝、绳子牵向攀附物。在生长期，可追施液肥 2~3 次，并经常锄草松土做堰，以免被草淹没，促其健壮生长。爬山虎怕涝渍，要注意防止土壤积水。

参考文献

曹凑贵. 生态学基础［M］. 北京：高等教育出版社，2002.

陈耀华，秦魁杰. 园林苗圃与花圃［M］. 北京：中国林业出版社，2001.

陈远吉. 景观树木栽培与养护［M］. 北京：化学工业出版社，2013.

崔洪霞. 大本花卉栽培与养护［M］. 北京：金盾出版社，1999.

郭学望. 园林树木栽植养护学［M］. 北京：中国农业出版社，2002.

胡长龙. 观赏花木整形修剪图说［M］. 上海：上海科学技术出版社，1996.

冷平生. 园林生态学［M］. 北京：中国农业出版社，2003.

李光晨，范双喜. 园艺植物栽培学［M］. 北京：中国农业出版社，2000.

李景文. 森林生态学［M］. 北京：中国林业出版社，1997.

刘晓东，李强. 园林树木栽培养护学［M］. 北京：化学工业出版社，2013.

沈国舫，翟明普. 森林培育学［M］. 北京：中国林业出版社，2011.

沈海龙. 苗木培育学［M］. 北京：中国林业出版社，2009.

孙时轩. 造林学［M］. 北京：中国林业出版社，1992.

田伟政，崔爱萍. 园林树木栽培技术［M］. 北京：化学工业出版社，2009.

吴泽民，何小弟. 园林树木栽培学［M］. 2 版. 北京：中国农业出版社，2009.

郗荣庭. 果树栽培学总论［M］. 北京：中国农业出版社，1996.

叶要妹，包满珠. 园林树木栽培养护学［M］. 3 版. 北京：中国林业出版
社，2012.

俞玖. 园林苗圃学［M］. 北京：中国林业出版社，1999.

张涛. 园林树木栽培与修剪［M］. 北京：中国农业出版社，2003.

张秀英. 观赏花木整形修剪［M］. 北京：中国农业出版社，1999.

张秀英. 园林树木栽培养护学［M］. 北京：高等教育出版社，2012.

张祖荣. 园林树木栽植与养护技术［M］. 北京：化学工业出版社，2009.

赵和文. 园林树木栽植养护学［M］. 北京：气象出版社，2004.

赵和文. 园林树木选择·栽植·养护学［M］. 北京：化学工业出版社，2009.

赵和文. 园林树木选择·栽培·养护学［M］. 2 版. 北京：化学工业出版
社，2014.

朱加平. 园林植物栽培养护 ［M］. 北京：中国农业出版社，2001.

祝遵凌. 园林树木栽培学 ［M］. 南京：东南大学出版社，2007.

Agrios G N. 植物病理学 ［M］. 陈永萱，许志刚，译. 北京：中国农业出版社，1995.

▲ 秋天的枫叶

▲ 白蜡树秋天的金黄树叶

▲ 银杏行道树

▲ 银杏行道树效果

▲苗圃培育的针叶树苗木

▲苗圃培育的阔叶树苗木

▲ 容器苗

▲ 苗木根系的包装保护

▲ 包扎完整的土坨

▲ 大苗起吊装车

▲ 苗木栽植前挖穴

▲ 大苗带土栽植

▲ 苗木装车运输

▲ 栽植地准备

▲ 树木栽植 —— 挖穴

▲ 树木栽植 —— 放苗

▲ 树木栽植 —— 培土踩实

▲ 树木栽植 —— 起树盘

▲ 树木栽植后的树盘有利于灌水

▲ 树木栽植管护工具

▲ 给绿植浇灌